普通高等院校计算机基础教育“十三五”规划教材

Visual Basic.NET 程序设计教程

胡浩民　主　编
张晓梅　王泽杰　向珏良　副主编

中国铁道出版社有限公司
CHINA RAILWAY PUBLISHING HOUSE CO., LTD.

内 容 简 介

本书是面向非计算机专业本科学生学习程序设计类课程的教材，内容涵盖了 Visual Basic.NET 概述、Visual Basic 语言基础、Visual Basic.NET 控件、控制结构、数组、过程、用户界面设计、面对对象程序设计、Visual Basic.NET 绘图以及文件等。每章后配有课后习题，以帮助读者巩固相应的知识点，并提高通过程序设计解决实际问题的能力。

本书适合作为高等学校程序设计课程的教材、计算机等级考试的指导用书，也可作为程序设计爱好者的自学参考书。

图书在版编目（CIP）数据

Visual Basic.NET 程序设计教程/胡浩民主编. —北京：中国铁道出版社，2019.1（2019.12 重印）
普通高等院校计算机基础教育“十三五”规划教材
ISBN 978-7-113-25354-7

Ⅰ.①V… Ⅱ.①胡… Ⅲ.①BASIC 语言-程序设计-高等学校-教材 Ⅳ.①TP312.8

中国版本图书馆 CIP 数据核字（2019）第 012823 号

书　　名：Visual Basic.NET 程序设计教程
作　　者：胡浩民 主编

策　　划：曹莉群　　　　读者热线：（010）63550836
责任编辑：陆慧萍　冯彩茹
封面设计：刘　颖
责任校对：张玉华
责任印制：郭向伟

出版发行：中国铁道出版社有限公司（100054，北京市西城区右安门西街 8 号）
网　　址：http://www.tdpress.com/51eds/
印　　刷：北京鑫正大印刷有限公司
版　　次：2019 年 1 月第 1 版　2019 年 12 月第 2 次印刷
开　　本：787 mm×1 092 mm　1/16　印张：14.5　字数：345 千
书　　号：ISBN 978-7-113-25354-7
定　　价：42.00 元

以培养创新能力为核心的信息技术基础系列教材
编委会

序

信息技术正在通过促进产品更新换代而带动产业升级，在我国经济转型发展中正发挥着基础性、关键性支撑作用。信息技术基础教材的编写需要体现新工科建设中对课程教学提出的新要求，体现现代工程教育的特点，适应新的培养要求。各专业的信息技术基础公共课程应将数字化思维、创新思维和创新能力培养作为课程教学的基本目标。

上海工程技术大学面向应用型工程人才的培养，组织编写一套以培养创新能力为核心的信息技术基础系列教材，以期为非计算机专业的大学生打下坚实的信息技术基础，提高其信息技术基础与专业知识结合的能力。本系列教材包括《计算机应用基础》《C语言程序设计》《Python程序设计》《Java程序设计》《Visual Basic.NET程序设计教程》等。

教材具有以下特点：

（1）以地方工科院校本科机械、电子工程专业的计算机基础教育为主，兼顾汽车、轨道交通、材料科学与工程、化工、服装等专业的计算机基础教育的需求。

（2）基于案例驱动的教学模式。教材以案例为分析对象，通过对案例的分析和讨论以及对案例中处理事件基本方案的研究、评价，在案例发生的原有情境下提出改进思路和相应方案。以课程知识点为载体，进行工程思维训练。

（3）以问题为引导。教材选择来源于具体的工程实践的问题设置情境，以问题为对象，通过对问题的了解、探讨、研究和辩论，学会应用和获取知识，辨别和收集有效数据，系统地分析和解释问题，积极主动地去探究，引导和启发学生主动发现、寻求问题的各种解决方案，培养计算思维、工程思维能力。

（4）配有实验教材。按“基础实验→综合实验→开放实验→实践创新”四层循序递进，逐步提升学生的实践能力。

本套教材可作为地方工科院校本科生信息技术基础教材，也可供有关专业人员学习参考。

蒋宗礼

2017年11月

前　言

D. E. KNUTH 在《计算机程序设计的艺术》一书中提到："为一台数字计算机编写程序的过程是饶有趣味的，因为它不但具有经济和科学价值，而且也是犹如赋诗或作曲那样的美学实践……"五十多年来，程序设计体现的创造力令人瞩目。尽管目前大数据、人工智能、云计算、物联网等新的领域不断地拓展，但其深层次的研究依然离不开程序设计方法的应用。

程序设计进入大学课堂由来已久，本书就是根据编者在讲授"Visual Basic 程序设计课程"多年来所取得的实践经验和教学研究成果的基础上编写而成的。编写的过程中，我们始终把握着"两个关键"：

（1）技术本身的发展。现如今，新的程序设计语言层出不穷，原有的程序设计语言也在不断地发展完善。Visual Basic 作为一种多范式、面向对象的编程语言，随着微软公司.NET 软件开发平台的演进，已经于 2017 年 3 月升级为 Visual Basic 15.0。然而，作为一门好的程序设计入门语言，Visual Basic 多年来仍然是保持相对稳定，依然具备入门学习的两大优势：一是语法简单。Visual Basic 具有功能强大的内置数据结构，减轻了记忆背诵的负担，能够将学习者的精力聚焦到寻找问题解决方法上来。二是应用广泛。Visual Basic 广泛应用于工业界和学术界，常用于解决网络访问、数据库操作等实际问题，能够为学习者学以致用提供更大的空间。

（2）结合学生的需求。全书内容涵盖了 Visual Basic.NET 概述、Visual Basic 语言基础、Visual Basic.NET 控件、控制结构、数组、过程、用户界面设计、面象对象程序设计、Visual Basic.NET 绘图以及文件等，内容设计力求突出实践性与应用性，在培养学生程序设计基本能力的同时，加深和拓宽知识面，使学生具有应用 Visual Basic .NET 解决专业技术领域问题的编程能力。此外，我们更加希望借由本书，探索培养学生的计算思维（Computational Thinking）能力。计算思维是运用计算机科学的基本概念进行问题求解、系统设计以及人类行为理解的、涵盖计算机科学之广度的一系列思维活动，通俗地讲就是要做到"像计算机科学家一样思考"。作为基础学科的教师，我们应该改变长期以来存在的"计算机只是工具""计算机就是程序设计"和"计算机基础课程主要是讲解软件工具的应用"等刻板印象，主动承担起培养学生综合素质与能力的重任。简言之，计算机基础教学不应只是要学生学会如何使用计算机或进行程序设计，而程序设计类课程应该将培养学生的计算思维能力作为主要目标，本系列教材在编写时始终遵循这一原则。

本书由胡浩民任主编，张晓梅、王泽杰、向珏良任副主编。具体编写分工如下：第 1 章由胡浩民、向珏良编写，第 2～4 章由周晶、胡浩民编写，第 5 章由王泽杰编写，第 6 章由张晓梅编写，第 7～8 章由刘惠彬、张晓梅编写，第 9 章由向珏良编写，第 10 章由胡浩民编写。全书由胡浩民统稿。在编写的过程中还得到了陈强、赵毅、黄容、潘勇、胡建鹏等老师的帮助，在此一并表示感谢。

由于编者水平有限，加之时间仓促，书中难免存在疏漏和不足之处，敬请专家和读者批评指正。

编　者

2018 年 11 月于上海

目　录

第1章　Visual Basic.NET概述

自然语言是人与人沟通的桥梁，程序设计语言则是人与计算机交流的纽带。Visual Basic（简称 VB）是微软公司开发的一种通用的基于对象的程序设计语言。Visual Basic.NET（简称 VB.NET）是以 Visual Basic 为编程语言，以微软.NET 框架为核心的集成开发环境。本章从案例入手，展示 Visual Basic.NET 的可视化布局与设计、事件驱动与代码编写、调试与运行的集成环境，以及使用该环境进行程序设计的方法和步骤。

1.1　计算机编程语言

1.1.1　编程语言的分类

计算机语言可分为低级语言和高级语言。低级语言分又可分为机器语言和汇编语言。

机器语言是用二进制代码表示的，计算机能直接识别和执行的一种机器指令的集合。它是计算机设计者通过硬件结构赋予计算机的操作功能。机器语言具有直接执行和速度快等特点，但是不同型号计算机的机器语言是不相通的，因此程序的可移植性差。此外，编程人员需要熟记所用计算机的全部指令代码和代码的含义，直观性差，容易出错。

汇编语言则是使用助记符和地址符来代表机器指令中的操作码和操作数，从而降低了程序的编写难度，增强了程序的可读性。但计算机不能直接识别这种使用汇编语言编写的程序，需要由汇编语言编译器转换成机器指令。汇编语言是面向机器的低级语言，通常是为特定的计算机或系列计算机专门设计的，缺乏可移植性。

高级语言是以人类自然语言为基础的编程语言，它与计算机的硬件结构及指令系统无关，因此具有更强的表达能力，程序可读性也得到很大的提高。高级语言不是特指某一种具体的语言，而是包括很多编程语言，如 C/C++、Java、C#、Pascal、Visual Basic、Python 等，不同语言的语法会有所不同。高级语言在执行时需要编译成计算机能识别的语言。

1.1.2　Visual Basic 语言

Visual Basic 是微软公司开发的一种通用的基于对象的程序设计语言，也是结构化、模块化、面向对象、并且包含协助开发环境的事件驱动为机制的可视化程序设计语言。Visual Basic.NET 则是以 Visual Basic 为编程语言，提供了代码编写、编译、调试与运行的集成开发环境。鉴于

Visual Basic 语言和.NET 工具之间的依赖关系，本书以 Visual Basic.NET 作为 Visual Basic 和.NET 开发环境的统称。以下通过例子来说明如何在 Visual Basic.NET 中设计一个简单的程序。

例题 1.1 设计一个计算函数 $y = x^2 + 1$ 值的程序。实现从键盘输入 x 值，通过计算后，将结果值 y 输出。

设计分析：从数学方程解题思路来看，该问题求解可分为四个步骤：① 设未知数变量；② 未知数设初值；③ 根据等量关系进行计算；④ 答结果。程序设计与数学解题非常相似，可以参照这些步骤来进行编程。

启动开发工具 Microsoft Visual Studio 后，在图 1.1 所示的“新建项目”窗口，选择 Visual Basic 语言的“控制台应用程序”。再输入项目的名称和存放位置。

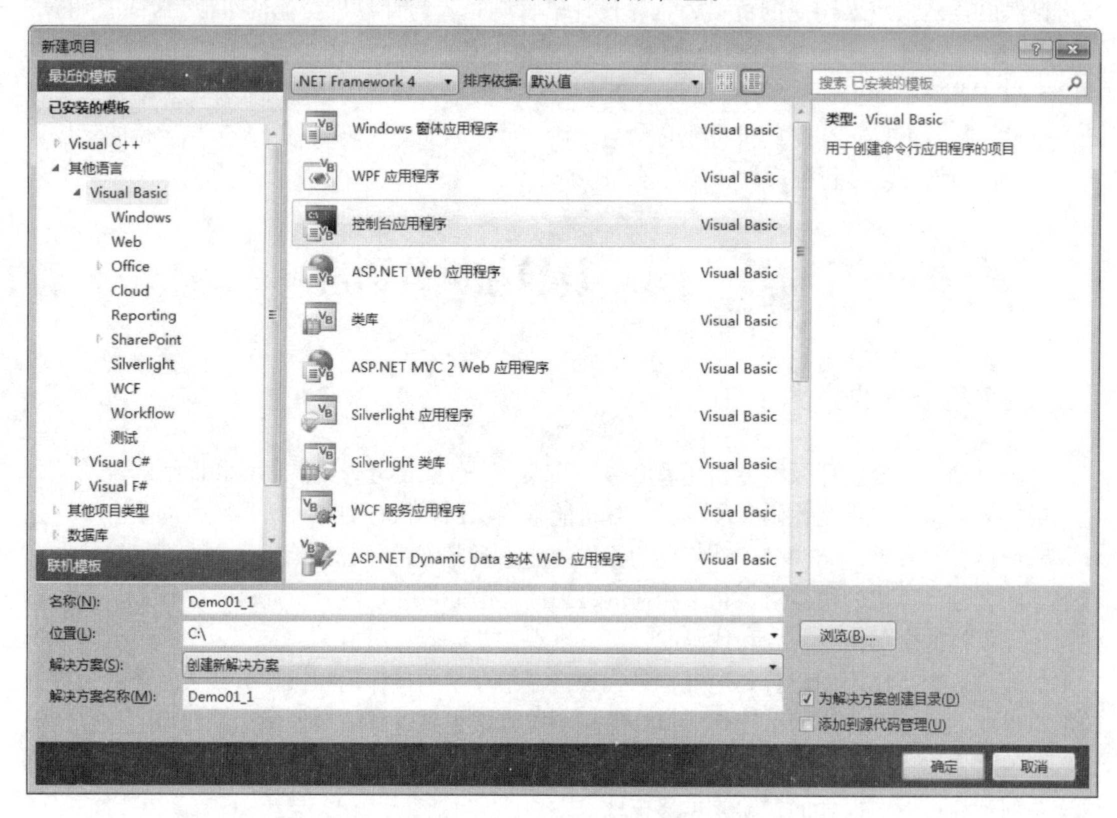

图 1.1 “项目”对话框

单击“确定”按钮后，Visual Basic.NET 会在选择的位置创建以项目名称命名的文件夹。项目有关的所有文件将会存放在该文件夹下。Visual Basic.NET 开发环境会自动创建 Module1.VB 模块文件。并且在模块内创建 Sub Main()...End Sub 的主过程，如图 1.2 所示。该过程是 Visual Basic.NET 控制台应用程序的入口，程序运行时会逐行执行 Main 过程中的代码。虽然 Windows 窗体应用程序的 Main 过程是 Visual Basic 编译器自动生成的，无须用户显式创建，但了解 Main 过程的作用有利于理解程序运行的机制与原理。

根据“设计分析”的四个步骤，在 Main 过程中输入图 1.3 所示的四行代码。（单引号'后的中文表示“注释语句”，只起到解释说明的作用，编译器不会编译运行，所以无须输入。）

代码中 Dim x, y As Double 表示：声明 x 和 y 是两个可以带小数的浮点型变量；Console 表示控制台应用程序的标准输入/输出流。Console.ReadLine 方法从标准输入流（即键盘）读取数据，Console.WriteLine 方法将数据写到标准输出流（即显示器），并加以行结束的“回车符”。

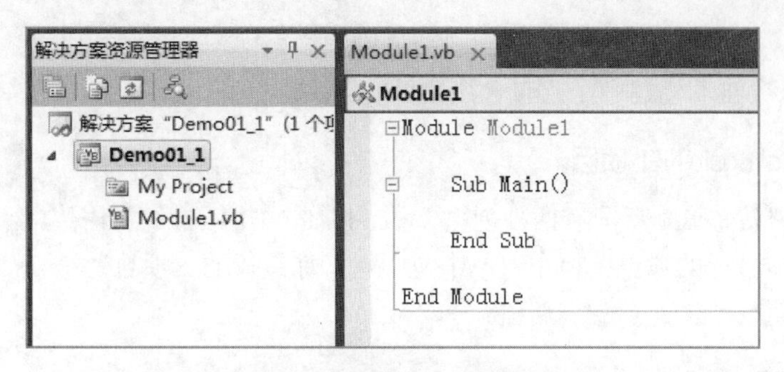

图 1.2　模块中的 Main 过程

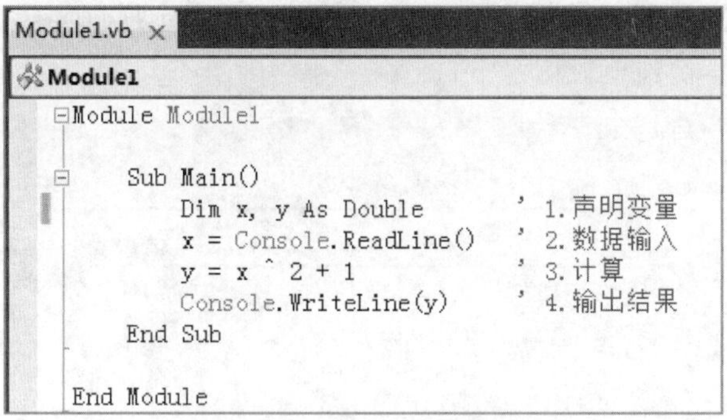

Module1.vb

Module1

```
Module Module1

    Sub Main()
        Dim x, y As Double          ' 1.声明变量
        x = Console.ReadLine()      ' 2.数据输入
        y = x ^ 2 + 1               ' 3.计算
        Console.WriteLine(y)        ' 4.输出结果
    End Sub

End Module
```

图 1.3　例 1.1 的程序代码

单击工具栏中的“启动调试”按钮或按 F5 键即可运行程序，效果如图 1.4 所示。

图 1.4　例 1.1 运行效果

1.2　Visual Basic.NET 集成开发环境

例题 1.1 的控制台应用程序结构清晰，易于理解。但在 Windows 操作系统中，更多地会使用界面友好的“窗体应用程序”。以下通过创建求解例题 1.1 的“Windows 窗体应用程序”为例加以说明。

Visual Studio.NET 集成环境（IDE）提供了.NET 框架下的 Visual Basic、C#、C++、J#开发语言平台。该 IDE 既满足传统的桌面应用程序开发，也适合 Web 应用程序、嵌入式移动设备程序的开发，还提供了许多中间件、类库的开发平台。因此，熟悉 Visual Studio.NET 集成环境是学习 Visual Basic.NET 编程的基础。

1.2.1　建立 Visual Basic.NET 解决方案

要创建一个 Visual Basic.NET 的 Windows 应用程序，先要创建一个 Visual Basic.NET 项目。Visual Studio.NET 会自动创建一个仅包含该项目的解决方案。

1. 创建 Visual Basic.NET 项目

进入 Visual Studio.NET 后，有两种创建 Visual Basic.NET 项目的方法：

启动页：在“最近的项目”栏中，单击“创建”标签行的“项目”。

菜单方式：执行“文件”→“新建”→“项目”命令。

2. 选择程序模板

进入图 1.5 所示的“新建项目”对话框，在“项目类型”中选择 Visual Basic 下的“Windows”；“模板”中选择“Windows 窗体应用程序”。

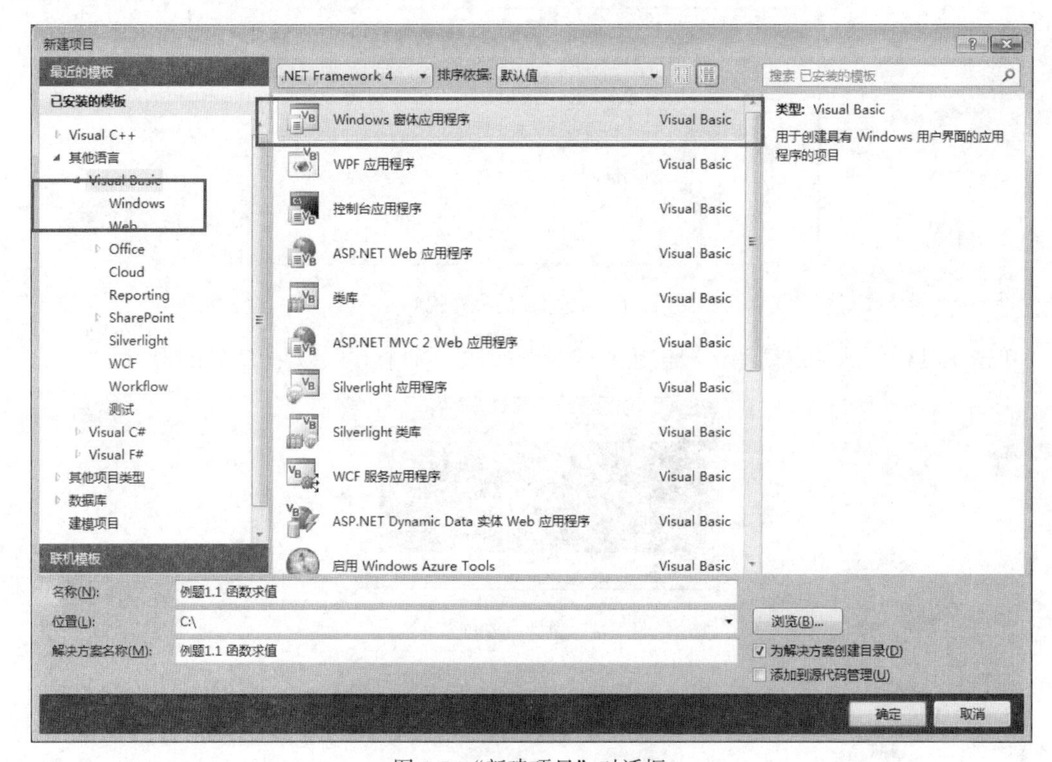

图 1.5　“新建项目”对话框

3. 拟定项目名称

默认项目名为“WindowsApplication1”。在“名称”处可以修改成用户想命名的项目名（如“例题 1.1 函数求值”）。单击“确定”按钮，进入图 1.6 所示的 Visual Basic.NET 集成环境的编程界面。

4. 建立并保存解决方案

建立解决方案后，Visual Basic.NET 会根据新建项目时设置的解决方案“名称”与选择“位置”自动保存有关的所有数据。若在新建项目时，没有出现解决方案“名称”与“位置”，则可执行“工具”→“选项”命令，在弹出的对话框中选择“项目和解决方案/常规”，勾选“创建时保存新项目”复选框，如图 1.7 所示。建议把第 3、4 步合并，这样在创建项目时就可指定存储路径，并且真正同时物理存储项目和解决方案。

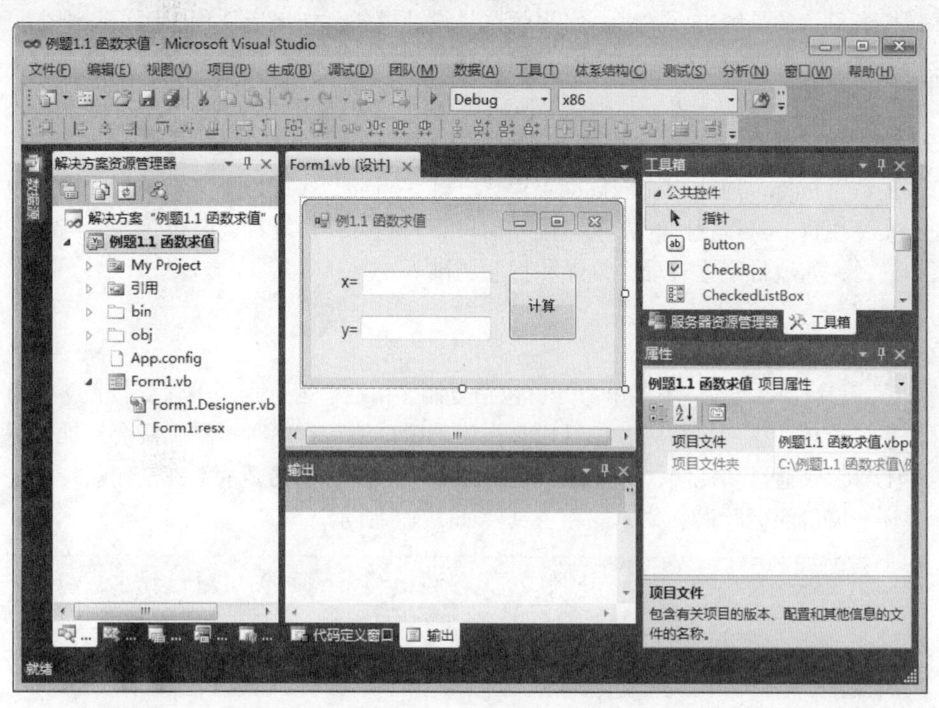

图 1.6　Visual Basic.NET 集成环境与对象可视化布局

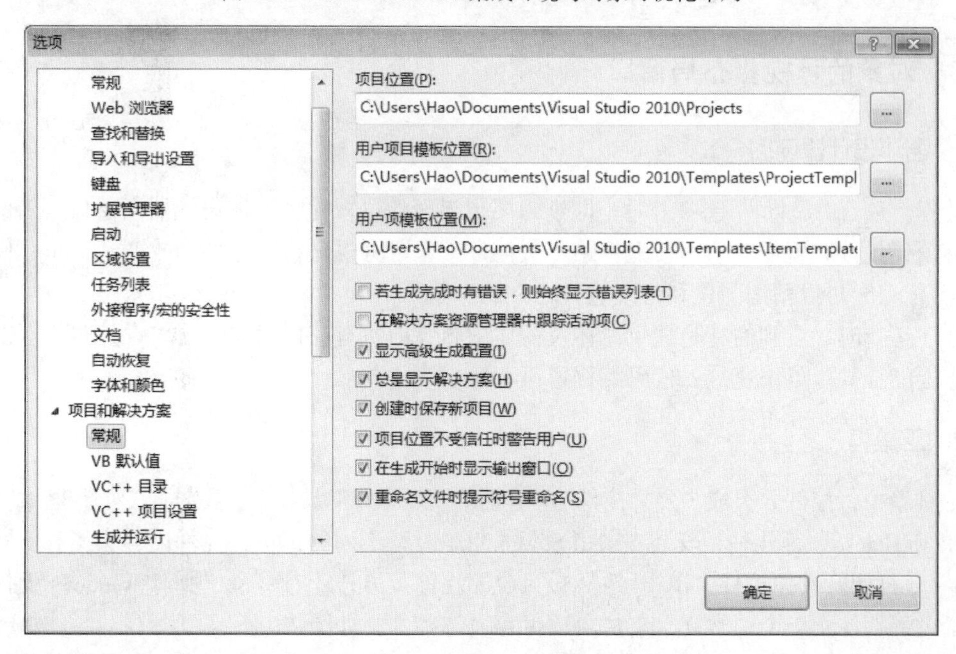

图 1.7　“选项”对话框

1.2.2 集成环境窗口的标题栏、菜单栏和工具栏

1. 标题栏

标题栏上显示的是解决方案名。常规状态是设计模式，如果启动程序运行，则会显示“正在运行”；遇到错误或断点暂停程序时，则会显示“正在调试”。

2. 菜单栏

与大多数 Windows 应用程序的标准菜单栏一样，Visual Basic.NET 集成环境菜单也包含了文件处理、文字编辑、窗口视图、格式编排、窗口布局和帮助系统，同时也包含了与程序紧密相关的菜单栏目，如项目配置、程序编译和程序调试等。

3. 工具栏

“标准”工具栏集结了常用菜单命令，包括复制、粘贴、运行程序等命令按钮。在窗体布局设计时，系统会自动显示“布局”工具栏；在代码窗口编写程序时，系统又会自动显示“文本编辑器”工具栏。通过“视图”→“工具栏”命令，可以个性化显示工具栏配置。

集成环境窗口的标题栏、菜单栏和工具栏如图 1.8 所示。

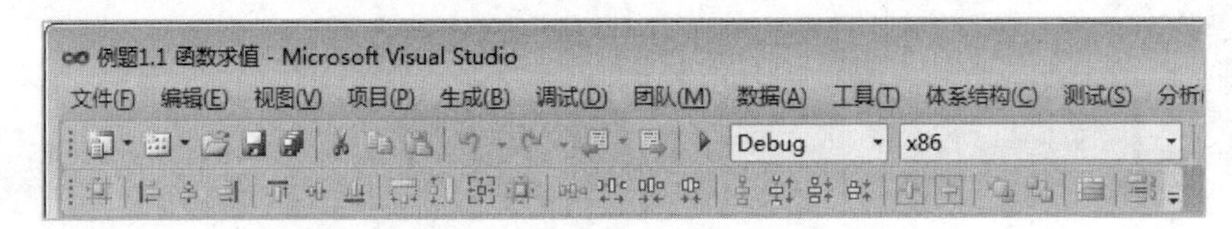

图 1.8 集成环境窗口的标题栏、菜单栏和工具栏

1.2.3 对象的可视化布局窗口

1. 窗体设计器窗口

选择“Form1[设计]”选项卡时，即进入用户界面的可视化“窗体设计器”窗口。借助于工具箱，窗体设计时就像在画图板上“贴”上控件，也可可视化移动控件和改变其大小；借助于“属性”窗口，可以精细配置和修改这些控件的参数。

程序运行时，看到的就是这个窗体及窗体中布置的所有控件对象。窗体设计时，双击窗体或窗体上的控件，可快速进入代码编程窗口。

2. 工具箱

工具箱中将控件分类成“公共控件”“容器”“菜单和工具栏”“数据”“对话框”“Visual Basic PowerPacks”等几种，安装 Visual Studio.NET 时，不同的选项，控件内容会稍有不同。单击“+”号可展开具体控件，单击“-”号可收缩控件。另外还有一个“所有 Windows 窗体”栏包含了全部控件；一个“常规”空栏可以保存自选控件，如图 1.9 所示。

注意工具箱上的大头针按钮，单击后变成（拔出大头针状态）。此时，当鼠标指针移出工具箱，整个工具箱将会收缩至集成环境的左边（仅显示一个工具箱标签），腾出大片窗体空间

供设计使用。当鼠标指针悬停在左边收缩的工具箱标签上，工具箱会再次展开。根据需要，可以单击按钮，使其变成（按下大头针状态），工具箱又牢牢地钉在集成环境窗体上。

3. “属性”窗口

“属性”窗口也可显示“事件”。“属性”窗口由 4 部分组成（假设在窗体设计器上选定控件 Button1），如图 1.10 所示。

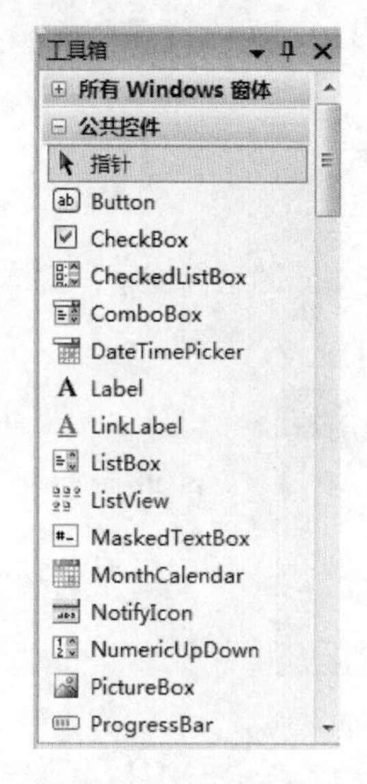

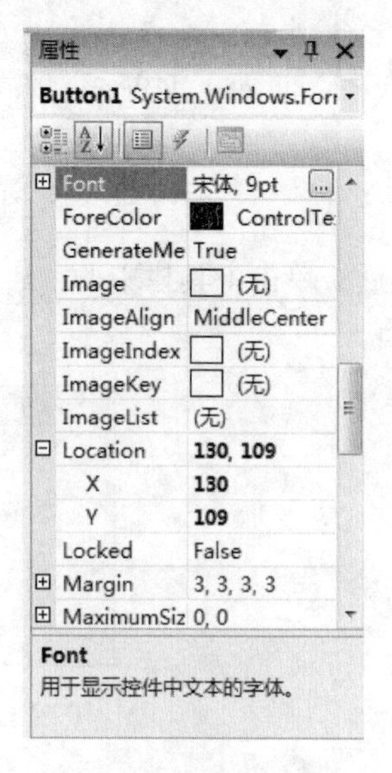

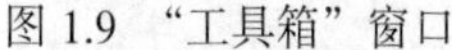

图 1.9 “工具箱”窗口　　　　图 1.10 “属性”窗口

（1）“控件名/父类名”下拉列表框：显示当前选定的控件是“Button1”，以及它归属的父类“System.Windows.Forms.Button”。也可以在这个下拉列表框中选择其他控件，改变当前的选择控件，窗体设计器上同步改变。

（2）命令按钮：显示内容的排列顺序和“属性/事件”控制。

① 按钮：分别将属性内容“按分类顺序”和“字母顺序”排列。

② 按钮：分别控制在属性窗显示当前控件的“属性”和“事件”。

③ 属性或事件内容主体：左边是控件“属性”或“事件”名；右边是其对应的值。

④ 注释文本：当前属性的注释。

如果把窗体设计器称作为可视化设计，则“属性”窗口可称作为数字化设计。前者直观简便，后者精细准确。单击属性名前的“+”号，可以展开当前属性的下级属性；单击属性名前的“-”号，可以收缩当前属性的下级属性。没有符号的属性是末级属性。

属性值可以直接输入数值（如 Location）、文字（如 Text），也可在下拉列表框中选择（如 ForeColor），或者单击按钮打开对话框设置（如 Font）。

1.2.4 代码编程窗口

选择“Form1.vb”选项卡，或者双击控件时，即进入代码编程窗口，如图 1.11 所示。窗口上方左边下拉列表框可以选择控件对象，右边下拉列表框可以选择当前控件对象的事件。在代码编程窗口中，系统自动构造事件的代码框架，只需要在框架内编写或修改代码即可。代码编写时要充分运用 Visual Studio.NET 的智能感知技术和格式自动对齐技术。

```
Form1.vb × Form1.vb [设计]
(常规)
Public Class Form1

    Private Sub Button1_Click(ByVal sender As System.Object, ByVal e As
        Dim x, y As Double
        x = Val(TextBox1.Text)
        y = x ^ 2 + 1
        TextBox2.Text = y
    End Sub
End Class
```

图 1.11　代码编程窗口

输入代码后，单击工具栏中的“启动调试”按钮或按 F5 键运行程序，窗体程序运行效果如图 1.12 所示。

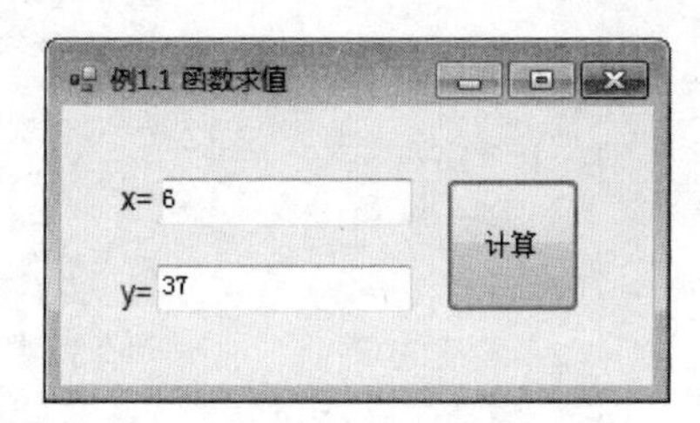

图 1.12　窗体程序运行效果

1.2.5 “解决方案资源管理器”窗口

Windows 应用程序就是一个包含若干个项目的解决方案容器包。图 1.13 所示的“解决方案资源管理器”窗口中可以看到仅包含了 1 个项目。项目名为“例题 1.1 函数求值”，是一棵项目树，不断展开可以看到这棵树下的所有相关文件。将鼠标指针悬停在命令按钮上可知：

：显示所有文件（包含隐藏的“引用”、bin、obj）。

：刷新项目树下的更新内容。

：查看代码，进入“代码编程”窗口。

：进入“窗体设计器”窗口。

在资源管理器中，通过右键快捷菜单可以方便地进行复制、删除、粘贴和重命名等操作。

图 1.13　“解决方案资源管理器”窗口

1.2.6 其他窗口

除了上述几个在窗体设计、代码设计中的相关窗口外，还有“命令”窗口、“输出”窗口、“错误列表”窗口等。如果意外关闭了某些窗口，可以在集成环境菜单栏的“视图”菜单中，重新打开这些窗口。

程序运行发生错误或遇调试断点暂停程序时，系统还会跳出“监视”窗口（见图 1.14）和“调用堆栈”窗口。前者可以观察变量当时的取值；后者可以在复杂程序中观察事件、进程的调用关系。“监视”窗口下方还分别设有“局部变量”选项卡和自定义监视变量的“监视 1”选项卡。随着编程复杂度的提高，这些技术和手段是必不可少的。

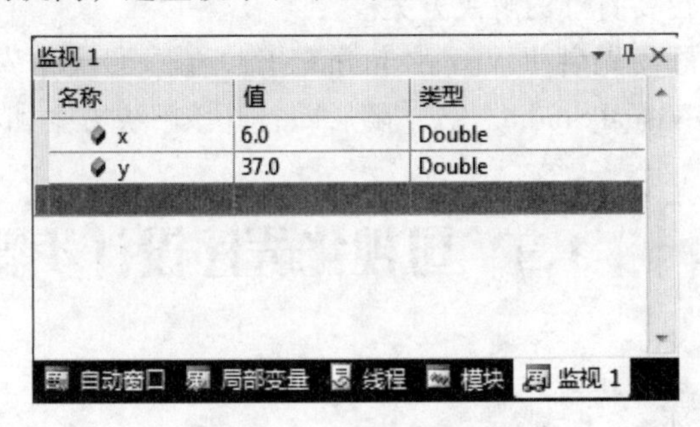

图 1.14 “监视”窗口

“起始页”窗口可以快速新建、切换解决方案。如果关闭了“起始页”窗口，可以在工具栏上单击按钮（或执行“视图”→“其他窗口”→“起始页”命令），重新打开“起始页”窗口。

1.2.7 窗口的布置

在集成环境中，诸多窗口如何合理布置、协调也是衡量一个程序员水平的指标。除了普通窗口的移动、叠置、大小和关闭操作，对于附属的工具窗口，系统还提供了可浮动、可停靠、选项卡式、自动隐藏 4 种功能。单击按钮或右击标题栏，会显示图 1.15 所示的窗口布置菜单。

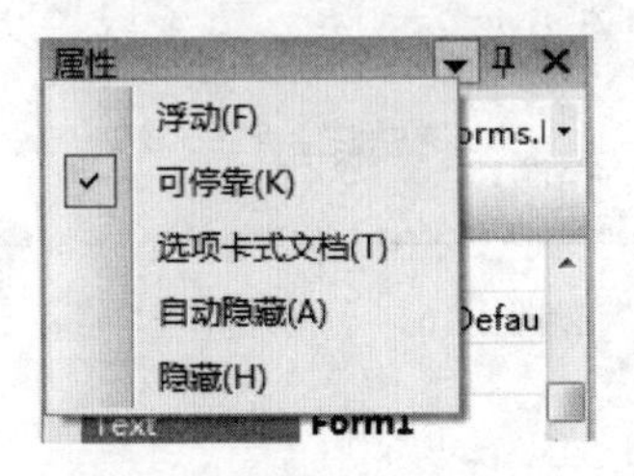

图 1.15 窗口布置菜单

浮动：使原来可停靠的窗口变成普通的浮动窗口。

可停靠：按住窗口标题不放，系统会显示 4 个方向的半隐按钮，将窗口拖入某一方向的按钮上，窗口就停靠在该边上。

选项卡式文档：窗口并列显示在与“Form1.vb”等选项卡一起。

自动隐藏：就像单击和按钮，只显示窗口的标题标签。

隐藏：关闭窗口。

如果想恢复原来默认的窗口布局，可以执行“窗口”→“重置窗口布局”命令。

1.2.8 打开已经存在的项目

对于已经保存过的解决方案（项目）有三种打开方式：

（1）启动页：先启动 Visual Studio.NET，然后在“启动页”的“最近的项目”栏中，单击“打开”标签行的“项目”，对话框方式定位要打开的解决方案。

（2）菜单方式：先启动 Visual Studio.NET，然后执行“文件”→“打开”→“项目/解决方案”命令，对话框方式定位要打开的解决方案。

（3）双击解决方案：不用先启动 Visual Studio.NET，在文件夹中先找到解决方案文件，双击该文件，系统首先启动 Visual Studio.NET，随后即打开该解决方案和项目。

1.3 可视化程序设计步骤

1.3.1 程序设计三步骤

在例题 1.1 中，我们简单地把程序设计归纳成三步骤（用户界面设计、代码设计和调试运行程序）。

例题 1.2 在 300×200 的窗体上设计一张自动计算的水费单据。供水、排水单价分别是 1.63 元、1.30 元。输入水表抄写的供水用量，按 90%自动计算排水量。单击“计算”按钮，分别计算出供水、排水金额以及总金额，程序运行界面如图 1.16 所示。

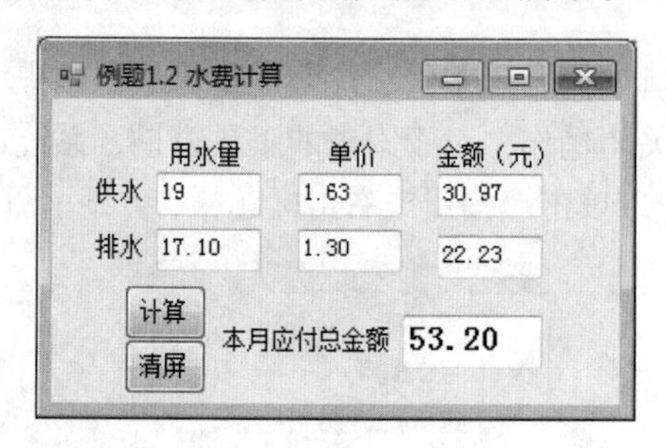

图 1.16 水费计算程序

1. 用户界面设计

首先，新建项目“例题 1.2 水费计算”。

然后，根据水费单据建立控件对象，并拖动至合适位置布局。建立 TextBox1～TextBox3 的文本框对象表示供水的“用水量”“单价”“金额”；再建立 TextBox4～TextBox6 的文本框对象表示排水的“用水量”“单价”“金额”；以及 TextBox7 表示“本月应付总金额”。建立“计算”（Button1）、“清屏”（Button2）命令按钮对象，以及若干标签对象。已经在窗体上的同类控件也可以通过复制、粘贴来快速完成布局，并拖动至指定位置，如图 1.11 所示。

最后，可以个性化设置一些控件的属性。选中 TextBox7 控件，在属性窗中设置其 Font 的 Size 属性值为 12，Bold 值为 True。Button1.Text=计算，Button2.Text=清屏。Label1～Label6 的 Text 属性值为相应文字。

2. 代码设计

完成窗体上控件的事件驱动编程，尽量运用智能感知技术和语法自检提示。

（1）双击窗体空白处，进入窗体载入初始化 Load 事件，代码如下：

```
Private Sub Form1_Load(…) Handles MyBase.Load      '****** 窗体载入事件
    TextBox2.Text=1.63                             '供水单价
    TextBox5.Text=Format(1.3,"0.00")               '排水单价，控制 2 位小数格式
End Sub
```

（2）双击“计算”按钮 Button1，进入 Click 事件，代码如下：

```
Private Sub Button1_Click(…) Handles Button1.Click   '****** “计算”Click 事件
    TextBox3.Text=Format(TextBox1.Text * TextBox2.Text,"0.00")
                                                          '供水金额
    TextBox4.Text=Format(TextBox1.Text * 0.9, "0.00")     '折算排水量
    TextBox6.Text=Format(TextBox4.Text * TextBox5.Text,"0.00")   '排水金额
    TextBox7.Text=Format(Val(TextBox3.Text)+Val(TextBox6.Text),"0.00")
                                                          '总金额
End Sub
```

（3）在代码窗口选择 Button2 对象，进入 Click 事件，代码如下：

```
Private Sub Button2_Click(…) Handles Button2.Click   '****** “清屏”Click 事件
    TextBox1.Text=""
    …
    TextBox7.Text=""
End Sub
```

注意：系统会自动构建事件的框架（Private Sub … End Sub），我们只需编写内部的代码。Visual Studio.NET 的智能感知技术和语法自检系统是提高编程效率的锐器。

3. 保存方案与调试运行程序

（1）保存修改：被编辑过的窗体设计器、代码设计窗的选项卡后都会有一个“*”标记。单击按钮（或执行“文件”→“全部保存”命令）可以保存全部被修改过的文件，“*”标记同时消失。如果尚未保存过项目，会弹出“保存项目”对话框。输入项目“名称”，并指定解决方案存储的“位置”后，单击“保存”按钮即可。

（2）运行程序：即使没有上述保存，如果单击按钮运行程序，系统会在运行前自动保存所有被编辑过的文件。

（3）调试：如果程序遇错暂停，需要根据系统提示或现场变量值找出原因，修改后重复上述步骤；如果程序运行结果不符，则需要设置断点分段或单步跟踪调试，直至找出原因。

1.3.2 Visual Basic.NET 项目树结构

参考图 1.8“解决方案资源管理器”中的项目树结构，认识一下项目树在 Windows 下的存储结构。建立 Visual Basic.NET 项目后，系统会产生一个与解决方案（项目）同名的文件夹（如“例题 1.2 水费计算”），这是这棵项目树的最高根结点，它一般会包含如下内容：

1. 解决方案

进入“例题 1.2 水费计算”的根结点文件夹，可看到图 1.17 所示的内容。

图 1.17 “例题 1.2”解决方案文件夹

“例题 1.2 水费计算.sln”：解决方案文件。这是项目组的容器包，双击该文件不仅可以启动 Visual Studio.NET，而且可以直接打开该解决方案。

“例题 1.2 水费计算”项目树文件夹：这是根结点文件夹下的同名项目树文件夹。

2. 项目树文件夹

进入项目树文件夹“例题 1.2 水费计算”，看到了项目体系中的项目文件、窗体文件组和子文件夹等，如图 1.18 所示。

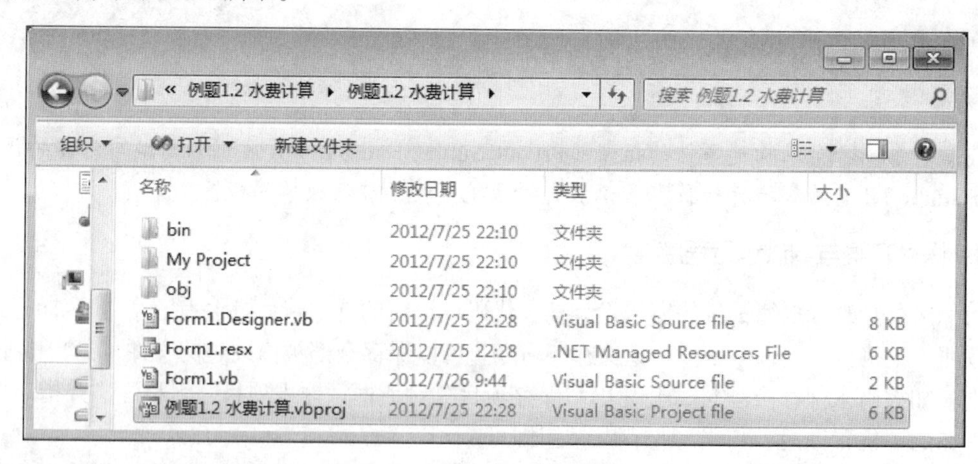

图 1.18 “例题 1.2”项目树文件夹

“例题 1.2 水费计算.vbproj”：项目工程文件。主要作用是存储项目关联信息。

“Form1”窗体文件组：

- Form1.vb：窗体文件。窗体设计与代码设计的主体文件，非常重要。

- Form1.Designer.vb：窗体控件信息定义文件，系统自动建立。
- Form1.resx：窗体资源文件，存放控件、图片、素材等资源的索引路径。窗体上一旦有对象等要素建立，系统就会自动产生该文件。

"bin"文件夹：系统自动建立的运行调试文件夹，包含 Debug 文件夹。

"obj"文件夹：系统自动建立的存储编译时中间文件的文件夹，结构类似 bin。

"My Project"文件夹：系统自动建立的包含项目装配、环境、配置信息等文件。

3. 运行调试文件夹

"bin\Debug"文件夹是运行调试程序的当前路径，进入该文件夹，如图 1.19 所示。

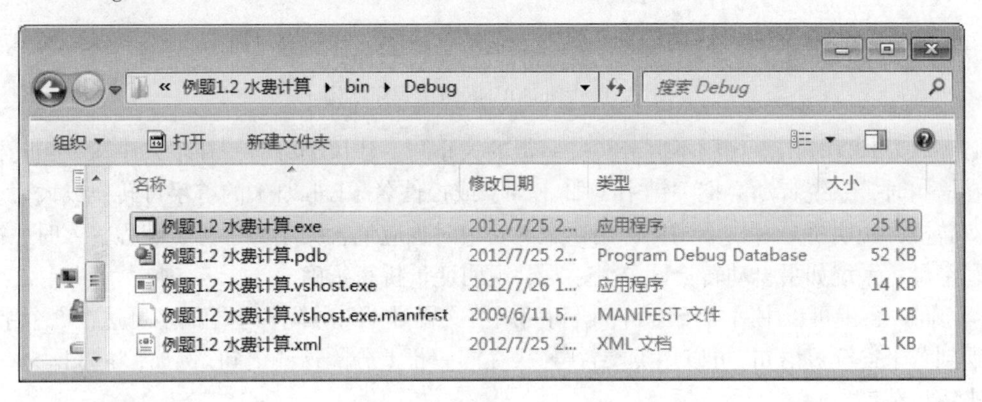

图 1.19 "bin\Debug"文件夹

"例题 1.2 水费计算.exe"：Windows 应用程序文件。这是编译后可在 Windows 下可直接运行的程序文件。

注意：在解决方案文件夹中，最为关注的是解决方案 sln 文件；项目 vbproj 工程文件；窗体 Form1 文件组；Windows 应用程序 exe 文件。

1.3.3 Visual Basic.NET 程序结构和编码规则

1. 程序结构

Visual Basic.NET 程序由一个或多个源程序组成。程序中声明的类型，包含类、模块、结构、接口、枚举、委托等类型。类型中包含成员，如常量、变量、属性、方法、运算符、事件过程和用户自定义过程等。

图 1.20 所示是一个简单的程序结构。在 Form1 窗体类中，构成程序的主体是事件过程、用户自定义过程和一些辅助语句。模块级变量定义在 Form1 窗体类的块中，事件过程和用户自定义过程是平行关系，与位置前后没有关系。过程中主要包含声明语句、执行语句和注释语句三类。

2. 编码规则

不同的编程语言，代码编写规则会有很大不同。因此，初学 Visual Basic.NET 需要熟记以下编码规则：

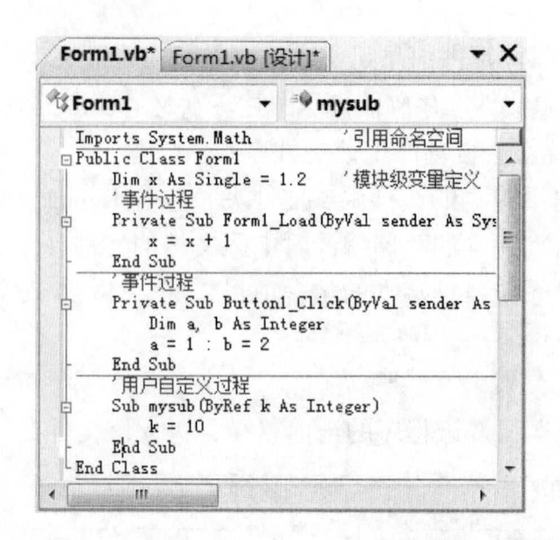

图 1.20 Visual Basic.NET 程序结构

（1）Visual Basic.NET 代码不区分英文字母的大小写。建议编程时一律输入小写，当光标离开所在语句时，系统自动会把关键字（如 Else）或控件名（Label1）的首字母转换成大写。如果没有转换，说明拼写有错。同样，用户定义变量时也应包含大小写字母，编程输入时一律输入小写字母，系统如果自动转换区分大小写，说明变量拼写正确。

（2）同一行上可以书写多条语句，语句间用英文冒号“:”分隔，一行最多可达 255 个字符。如果遇到若干连续短语句，可以用英文冒号“:”在同一行上分隔这些语句。例如，“a=3:b=5:c=6”，读起来短小精悍。

（3）一条语句如果太长，可分成多行书写，在每行最后加入续行符，即空格加下画线“_”，使下一行语句成为前一行语句的延续。

（4）适当增加注释，以增加程序的可读性，有利于程序的维护和调试。在英文单撇符号“'”或单词“REM”后，可以撰写注释，有利于程序阅读。也可以使用“文本编辑器”工具栏的“注释选中行”“取消对选中行的注释”按钮，轻松地对选中的若干行语句增加注释或取消注释。

（5）代码编写中尽量运用智能感知技术和自动格式对齐功能。遇到波浪下画线，随时可以单击查看语法错误，进行纠正。

1.4 .NET 框 架

1.4.1 .NET 框架概述

1. .NET 框架结构

.NET 框架（.NET Framework）是由微软开发的一个软件开发平台。它致力于平台无关性和网络透明化的敏捷软件开发、快速应用开发、团队开发。它一方面继承了传统 Windows 桌面应用程序开发的技术，另一方面大力发展了 Web 程序和 Web 服务开发的技术。因此，.NET 框架迅速成为当前 Windows 桌面和 Web 程序开发的锐器。

.NET 框架提供了一个跨语言跨平台的统一编程环境。它由三个主要组成部分：公共语言运行库（CLR：Common Language Runtime）、服务框架（Services Framework）和两种应用程序模板（传统的 Windows 应用程序模板、Web 应用程序模板），如图 1.21 所示。

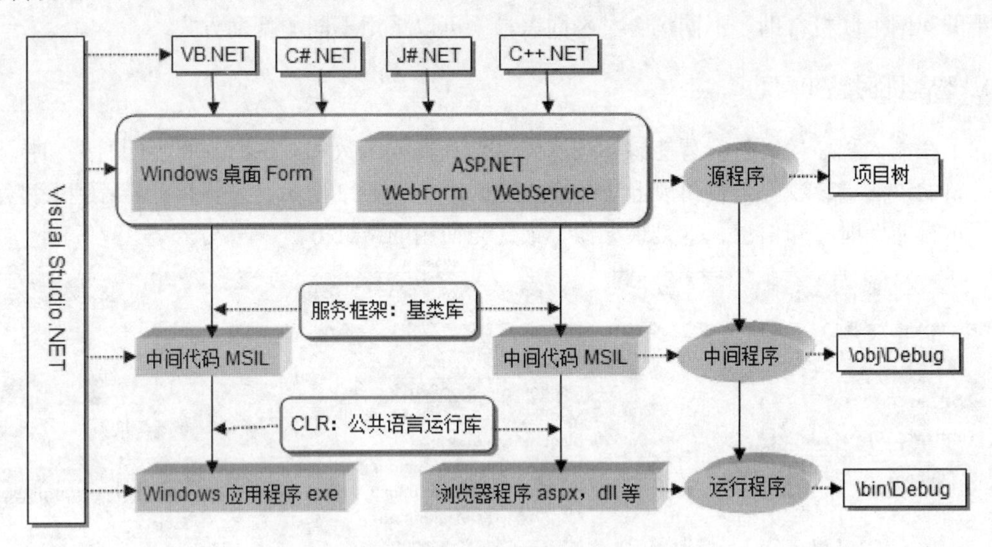

图 1.21　.NET 框架与 Visual Studio.NET 构架

服务框架可定义为某领域一类服务的可复用设计与不完整的实现。一个服务框架通常由一组用于服务整合的关联组件和一组外部服务构成，它由众多基类库组成。

CLR 也可以看作一个在执行时管理代码的代理，管理代码是 CLR 的基本原则，能够被管理的代码成为托管代码，反之称为非托管代码。CLR 包含两个组成部分，CLS（Common Language Specification，公共语言规范）和 CTS（Common Type System，通用类型系统）。前者制定了一种以.NET 平台为目标的语言所必须支持的最小特征，以及该语言与其他.NET 语言之间实现互操作性所需要的完备特征；后者解决了不同语言的数据类型问题。

2. Visual Studio.NET 的编译模式

为了实现跨语言开发和跨平台的战略目标，.NET 所有编写的应用都不是编译为本地代码，而是编译成微软中间代码 MSIL（Microsoft Intermediate Language）。它将由 JIT（Just In Time）编译器转换成机器代码。C#和 Visual Basic.NET 代码通过它们各自的编译器编译成 MSIL，MSIL 遵守通用的语法，CPU 不需要了解它，再通过 JIT 编译器编译成相应的平台专用代码，这里所说的平台是指我们的操作系统。这种编译方式实现了代码托管，还能够提高程序的运行效率。

Visual studio.NET 提供了 Visual Basic.NET、C#.NET、J#.NET 和 C++.NET 开发语言工具，以及这些工具开发 Windows 应用程序和 Web 程序的模板（源程序）；通过服务框架转换成 MSIL 中间代码；最后，通过 CLR 托管成与 CPU 无关的运行代码（运行程序）。Visual Studio.NET 提供了一体化可视设计、智能感知、调试编辑的集成环境。

1.4.2　帮助文档

Visual Studio.NET 无处不在的帮助是最好的老师。当 Visual Studio.NET 安装完毕后，需要在安装菜单上选择继续安装 MSDN。本地 MSDN 包含了.NET 框架和 Visual Basic、C#、J#和 C++语言的帮助信息。

从使用帮助的角度和场合，我们有智能即时感知帮助、本地上下文关联帮助、动态帮助、查找帮助和网上联机帮助。不同场合、不同需求，可以采用不同的帮助方式。

1. 智能即时感知帮助

除了在输入程序代码时的智能感知技术外，遇到输入函数和方法时，智能即时感知技术会给出完整的语法、参数、类型和预定义常量的提示，如图 1.22 所示。鼠标指针悬停到关键字上也能显示智能即时感知信息，这是最方便、最优先使用的帮助方法。

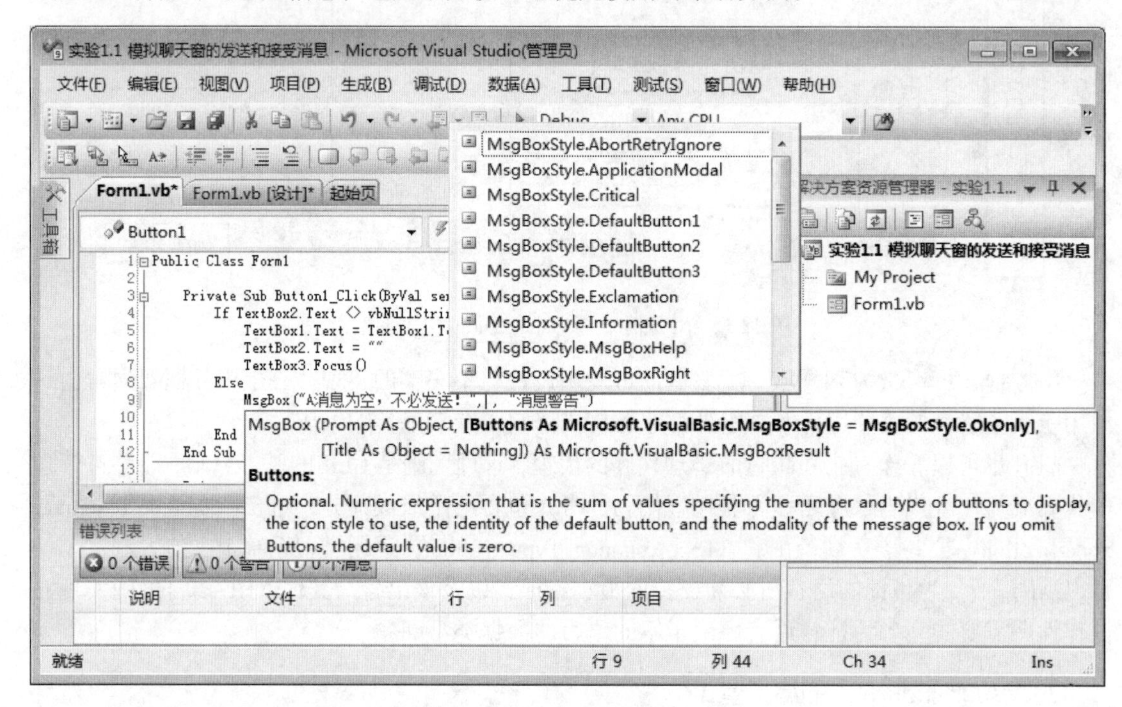

图 1.22　智能即时感知帮助

2. 本地上下文关联帮助

（1）如果在阅读程序时，遇到不懂的关键字、属性、语句、函数、事件和方法等，只要光标落在其上，按 F1 键将随时打开相关内容的帮助信息选项卡。

（2）如果在窗体设计时，不知某控件的用法，只要选中该控件，F1 键将随时打开该控件的帮助信息选项卡。

（3）如果在属性窗设置属性或事件时，若遇到问题，F1 键将随时打开该属性或事件的详细帮助信息选项卡。

（4）如果遇到语法出错、运行出错，在错误列表中，F1 键将随时打开该错误分析的帮助信息选项卡。

3. 动态帮助

执行“帮助”→“动态帮助”命令，打开“动态帮助”窗口。在窗体设计时，选中某控件，动态窗口即时显示与该控件相关的帮助条目链接，单击感兴趣的链接，可以打开详细帮助信息选项卡。在代码设计时，输入完整的关键字、函数、方法和属性，或光标落在其上，动态帮助窗口也会即时显示相关的帮助条目链接。

4. 查找帮助

当需要查找不确切的关键字帮助时，可以执行“帮助”→“索引”命令，打开索引窗口。在“筛选依据”中，选择“Visual Basic”，在“查找”文本框中输入部分关键字，系统会按字典序模糊匹配，使用户快速找到可能的关键字帮助信息。

5. 网上联机帮助

如果要获得最新的帮助信息，并且正在 Internet 上，那么，只要在起始页的“MSDN 中文网站最新更新”栏目中，就可查找最新的信息。单击某条栏目，即进入中文 MSDN 网站，在该网站上可以获得最新、最权威的资料，如图 1.23 所示。

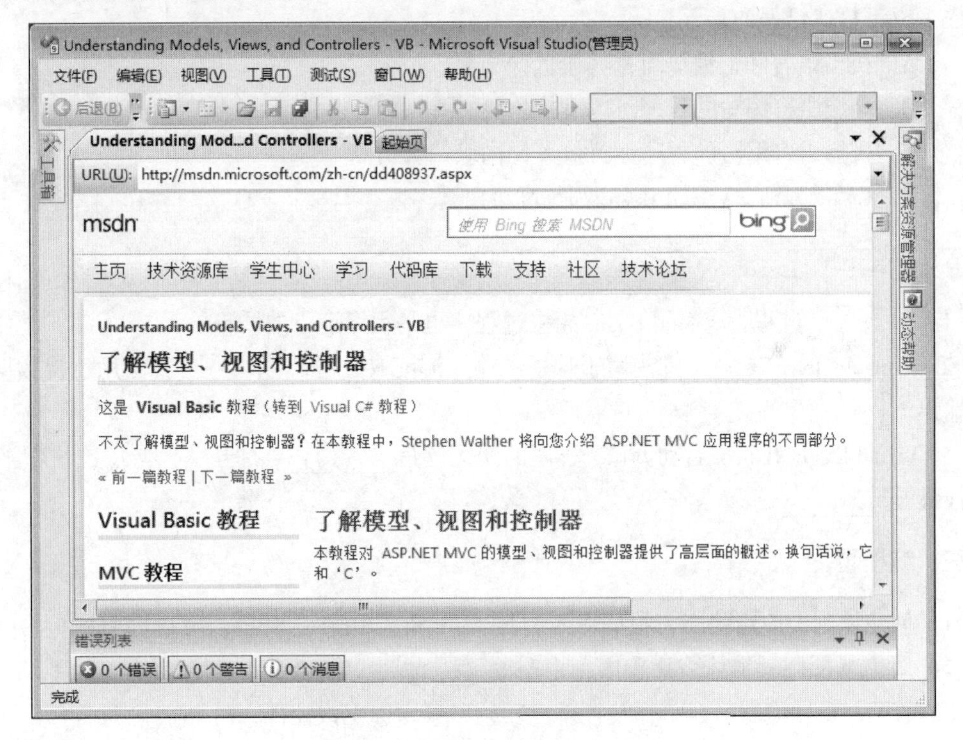

图 1.23　联机中文 MSDN 网站

课 后 习 题

一、单选题

（1）Visual Basic 是一种________程序设计语言。

A．低级　　　　　　　　　　　　B．高级

C. 汇编　　　　D. 机器

（2）Visual Basic.NET 中，注释语句可用________开始。

A. :　　　　B. _

C. &　　　　D. '

（3）如果在一行上要书写多条语句，需要用以下________符号分隔。

A. :　　　　B. ;　　　　C. 空格　　　　D. |

（4）如果一条语句需要分多行书写，可用________作为续行符。

A. 两个_　　　　B. 空格_

C. &&　　　　D. ++

（5）若要用 1、5、9 三个整数分别对变量 x、y、z 进行赋值，以下正确的方法是________。

A. x = 1　y = 5　z = 9　　　　B. x = 1 ; y = 5 ; z = 9

C. x = 1 : y = 5 : z = 9　　　　D. x = 1 _ y = 5 _ z = 9

（6）以下描述错误的是________。

A. 机器语言和汇编语言都属于低级语言

B. 高级语言编写的程序可以直接执行

C. 机器语言编写的程序运行效率比高级语言更高

D. C++、Java、Visual Basic 都是高级语言

二、填空题

（1）________过程是 Visual Basic 的主过程，也是程序运行的入口。

（2）Console 的________方法用于从标准输入流读取数据，________方法用于将数据写到标准输出流。

（3）Visual Basic.NET “启动调试”程序的快捷键是________，打开“本地上下文关联帮助”的快捷键是________。

三、编程题

（1）创建控制台应用程序，根据输入的长（a）和宽（b），计算长方形的面积（s）。

（2）创建 Windows 窗体应用程序，根据输入的 A、B 点坐标，计算两点之间的距离，效果如图 1.24 所示。

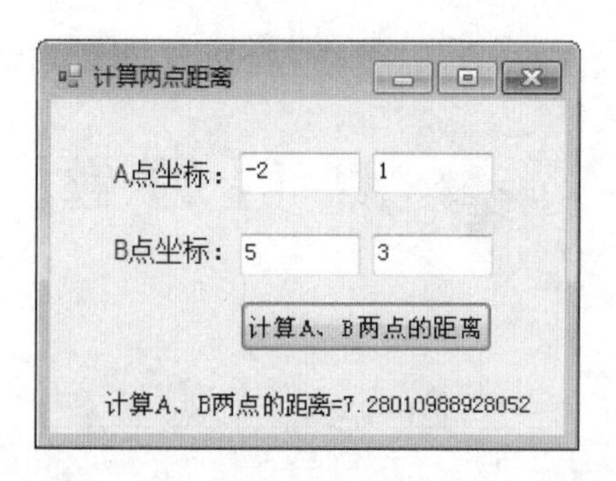

图 1.24　计算两点距离

四、简答题

（1）简述 Visual Basic.NET 程序设计三步骤及其操作细节。

（2）Visual Basic.NET 编程有哪些优点与特点？

（3）新建 Visual Basic.NET 项目主要有哪四个步骤？

（4）请列举 Visual Studio.NET 集成环境中 6 个以上的主要窗口，并说明其作用。

（5）请叙述集成环境中附属的工具窗口有哪几种布置方式？

（6）打开一个已经存在的项目有哪几种方式？你认为哪种方式更方便？请说明理由。

（7）在解决方案项目树中，最重要的有哪些文件？它们起什么作用？

（8）请叙述.NET 框架的 3 个重要组成部分以及它们的作用。

（9）Visual Studio.NET 提供哪几种开发语言？简述 Visual Studio.NET 的编译模式。

（10）Visual Studio.NET 中的帮助系统，你试用过几种？请叙述不同帮助在不同场合的作用和主要特点。

第2章 Visual Basic.NET 语言基础

虽然 Visual Basic.NET 中的可视化控件提供了方便、快捷地设计用户交互界面的途径，但是在涉及计算、处理、搜索等操作时，还需要大量的程序代码和控制结构来完成。本章主要介绍 Visual Basic.NET 的基本数据类型、变量、常量、运算符及运算优先级、表达式、常用函数和书写规则等程序设计语言基础知识。

2.1 数据类型

现实生活中很多数据是有类型的。例如人的姓名往往是一串字符，而年龄是一个整数，出生年月则是一个日期型数据。又如商品的价格通常会用带两位小数的浮点数表示，有时又会用“是”与“否”标识是否是特价商品。

例题 2.1 设计一个计算平均分的程序。分别输入姓名、考试日期和三门课成绩，单击“平均分”按钮，程序运行结果如图 2.1 所示。

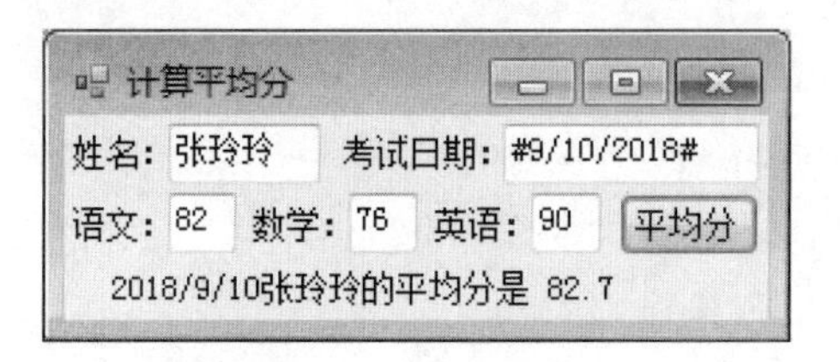

图 2.1 计算平均成绩

设计分析：TextBox1～TextBox5 分别用于输入姓名、考试日期和三门课程成绩；Button1 表示“平均分”；Label6 用于输出计算结果（格式是"日期+姓名+'的平均分是'+平均分"）。使用 Format 函数显示保留一位小数的平均分，函数 CStr 将日期型日期转换为字符串型与其他字符串型数据连接显示在标签中。

程序代码：

```
Private Sub Button1_Click(…) Handles Button1.Click        '******平均分
    Dim myName As String          'myName 为字符串型，用于存放姓名
    Dim testDate As Date          'testDate 为日期型，用于存放考试日期
    Dim a,b,c As Integer          'a、b 和 c 为整型，用于存放语文、数学和英语成绩
    Dim aver As Single            'aver 为单精度型，用于存放平均分
```

```
        myName=TextBox1.Text : testDate=TextBox2.Text
                                    '分别获得字符串型姓名和日期型考试日期
        a=Val(TextBox3.Text) : b = Val(TextBox4.Text) : c = Val(TextBox5.Text)
                                    '获得整型成绩
        aver=(a+b+c) / 3            '已知 a、b 和 c，计算平均分
        Label6.Text = CStr(testDate) & myName & "的平均分是 " & Format(aver, "0.0")
                                    '输出结果
    End Sub
```

本例用到了字符串型、日期型、整型、单精度型四种数据类型。它们有不同的取值集合，在计算机内部的表示方式也不同。根据不同问题，可以采用合适的数据类型进行程序设计。

2.1.1　基本数据类型

描述客观事物的数、字符、符号等的集合称为数据。程序能够处理大量的数据，所有数据都具有数据类型。数据类型确定了数据在计算机内部的表示方式，同时确定了可取值的集合，以及对这些值可以执行运算的集合。Visual Basic.NET 不仅提供了多种系统定义的可直接使用的基本数据类型，而且允许用户根据需要自定义数据类型。

基本数据类型是由 Visual Basic.NET 系统提供的，用户可以直接使用。表 2.1 列出了经常使用的基本数据类型、短类型符、占用字节数和取值范围。

表 2.1　基本数据类型

数据类型	类型符	占字节数	取值范围
整型（Integer）	%	4	-2^{31}～$2^{31}-1$
长整型（Long）	&	8	-2^{63}～$2^{63}-1$
短整型（Short）		4	-2^{15}～$2^{15}-1$（-32 768～32 767）
单精度浮点型（Single）	!	4	-3.402823E38～-1.401298E-45（负） 1.401298E-45～3.402823E38（正）
双精度浮点型（Double）	#	8	-1.79769313486232E308～ -4.94065645841246E-324（负） 4.94065645841246E-324～ +1.79769313486232E308（正）
定点数型（Decimal）	@	16	$-2^{92}-1$～$2^{92}-1$（无小数时）
日期型（Date）		8	1/1/0001～12/31/9999
逻辑型（Boolean）		2	True 或 False
字符型（Char）		2	单一的 Unicode 字符
字符串型（String）	$	见右	0～20 亿个 Unicode 字符
字节型（Byte）		1	0～$2^{8}-1$（0～255）
对象型（Object）		4	任何数据类型

其中常用的基本数据类型是 Integer（整型）、Single（单精度）、String（字符串）、Boolean（逻辑型）和 Date（日期型）等。

1. 数值数据类型

Visual Basic.NET 支持多种数值数据类型，包括 Integer（整型）、Long（长整型）、Single（单精度浮点型）和 Double（双精度浮点型）等。

如果所使用的变量总是存放整数值（如 456），而不是带小数点的数字（如 4.56），则应该将它们声明为 Integer 或 Long，它们的运算速度较快，而且比其他数据类型占用的内存单元少。如果变量要存放带小数的数字（如 4.56），则应该将它们声明为 Single 或 Double。Single 的有效位数是 7 位，而 Double 的有效位数可达 15 位。

2. 字符串型数据（String）

如果一个变量总是存储诸如“可视化程序设计”之类的字符串，而不是 123.45 这样的数值，则可将其声明为 String 类型。默认情况下，String 类型变量或其参数是一个可变长度的字符串，其长度随赋给其的值而变化。

在 Visual Basic.NET 中，一个字符串可包含大约 20 亿个 Unicode 字符。Unicode 码是一种国际标准编码，它采用两个字节编码，能够表示英文字符、中文文字和其他符号。

3. 布尔型数据（Boolean）

如果变量只有真或假两个值，则可将它声明为 Boolean。Boolean 型变量的默认值为 False。

布尔数据只能取逻辑值 True 或 False。当把布尔型数据转换为数值型数据时，False 转换为 0，True 转换为-1。当把数值型数据转换为布尔型数据时，0 转换为 False，其他非 0 值转换为 True。

4. 日期型数据（Date）

日期型数据用于表示日期和时间，格式可以多种，要用两个“#”符号把表示日期和时间的值括起来，如#05/21/98#、#05-21-98#、#05/21/98 12:45:01#。

2.1.2 标识符

用来对变量、函数、过程、数组和类型等数据对象命名的有效字符序列称为标识符。Visual Basic.NET 规定标识符只能由字母、数字或下画线（“_”）三种字符组成，而且第一个字符必须是字母或下画线。例如，sum、average、count、myname、_day、class_1 是合法的标识符，而 123xyz、Ii’spen、￥abc 是不合法的标识符。

Visual Basic.NET 定义的关键字不能用作用户自定义的标识符（如 For、Loop、Select、Sub 等）。

Visual Basic.NET 不区分变量名的大小写，如 ABC 和 abc 视为相同的变量。

2.2　变量与常量

例题 2.2　设计一个计算摄氏温度的程序。在文本框中输入华氏温度，按公式 $c=\frac{5\times(f-32)}{9}$ 计算其对应的摄氏温度，其中：c 表示摄氏温度，f 表示华氏温度，单击“计算”按钮在标签中输出如图 2.2 所示的结果。

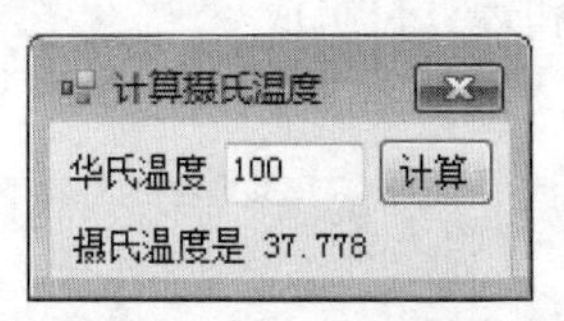

图 2.2　计算摄氏温度

设计分析：TextBox1 用于输入华氏温度，Label2 用于显示计算结果，Button1 表示“计算”。f 和 c 是变量，用于存放输入的华氏温度和计算得到的摄氏温度；5、32 和 9 是常量。

程序代码：

```
    Private Sub Button1_Click(…) Handles Button1.Click     '******计算
        Dim c,f As Single           'c 和 f 为单精度型，用于存放摄氏温度和华氏温度
        f=TextBox1.Text             'f 从文本框获得华氏温度
        c=5*(f-32)/9                '已知 f，计算摄氏温度
        Label2.Text="摄氏温度是 " & Format(c, "0.000")
                                    '显示摄氏温度，保留三位小数
End Sub
```

在程序执行期间，变量用来存储可能变化的数据，而常量则表示固定不变的数据。

2.2.1　常量

在程序运行过程中，其值不能被改变的量称为“常量”。我们不能像变量那样修改常量，也不能给常量赋值。Visual Basic.NET 有三种常量：直接常量、用户声明的符号常量、系统提供的常量。

1. 直接常量

直接常量就是在程序代码中，以直接明显的形式给出的数，值直接反映了其类型。如 87、0 和–32 为整型常量，12.34 和–2.45 为单精度浮点型常量，""（表示空字符串）、" "（表示有一个空格的字符串）和"可视化程序设计"为字符串常量，True 和 False 为布尔型常量，#05/21/98# 为日期型常量。

2. 用户声明的符号常量

用户声明的符号常量要使用 Const 语句，该语句用来声明符号常量并设置它的值，Const 语句格式为：

```
Const 符号常量名  [As 类型 ]=表达式
```

符号常量名：命名必须符合标识符的命名规则，为了便于与一般变量名区别，符号常量名一般采用大写字母。符号常量通常使用易于理解的名称来代替数字或字符串，以提高程序的可读性和可维护性。

As 类型：说明该常量的数据类型。如省略该选项，数据类型由表达式决定。用户也可在常量后加短类型符。

表达式：由直接常量、圆括号和运算符组成。

例如：

```
Const BIRTHDAY=#5/21/1997#              'BIRTHDAY 为日期型常量
Const NO$="345678"                      'NO 为字符串型常量
Const PI As Double=3.14159              'PI 为双精度常量
```

3. 系统提供的常量

Visual Basic.NET 提供许多系统预先定义的内部常量和枚举常量以方便编程。

1）内部常量

Visual Basic.NET 内部常量一般以小写“vb”开头，后面跟有意义的字符序列。其中常用的有 vbCrLf（回车换行符，也可以用 Chr(13)+Chr(10)表示）、vbTab（制表跳格符）等。内部常量可以在代码中的任何位置使用。

2）枚举常量

Visual Basic.NET 在使用控件时常常要处理控件的颜色、边框线型等属性，为了直观地表示这些离散的、有限的相关常数集，提高程序的可读性，Visual Basic.NET 提供了枚举类型。

枚举名是一组值的符号名，提供了处理相关联的常数集的方便途径；枚举常量是该常数集中的一个。如 Color 是枚举名，可取 Black 或 Blue 等枚举常量；FontStyle 也是枚举名，可取 Bold、Strikeout、Underline、Italic 或 Regular 枚举常量。

```
Label1.BackColor=Color.Blue                 '将 Label1 的背景色改为蓝色
Label1.Font=New Font("黑体",16,FontStyle.Italic)
                                            '将 Label1 的字体设为黑体 16 号斜体
```

2.2.2 变量

在程序运行过程中，可以改变的量称为变量。每一个变量都有一个名字和相应的数据类型，并在对应的若干字节内存中保存该变量的内容。通过变量名可以引用变量值。

1. 变量的命名规则

（1）只能以字母开头，后跟字母、数字和下画线组成。

（2）不能用 Visual Basic.NET 的关键字作变量名。

例如，变量 x、abc、x2、c_d 等都是合法变量；而 2x、x+y、While 等都是不合法变量。

2. 变量定义时应注意的几点

（1）最好使用具有明确意义、容易记忆的变量名，如用 average 表示平均、用 student_no 表示学号等。

（2）变量名不能与 Visual Basic.NET 关键字冲突，也不能与过程名、符号常量名相同。

（3）Visual Basic.NET 不区分变量名的大小写，如 sum、Sum 和 SUM 视为同一变量。

（4）实际使用时中文字符或下画线开头的变量也是可以使用的。

程序中使用的任何变量都要在使用之前进行声明。声明变量使用 Dim 语句，其一般格式为：

```
Dim  变量名 [As 类型 ][=初始值]
```

例如：

```
Dim name1 As String                '定义 name1 为可变长字符串变量
Dim average As Single              '定义 average 为单精度浮点型变量
Dim age As Integer                 '定义 age 为整型变量
Dim ob As Object                   '定义 ob 为对象型变量
Dim flag As Boolean=True           '定义 flag 为布尔型变量，并赋初值 True
Dim xDate As Date=#5/21/1998#      '定义 xDate 为日期型变量，并赋初值为 1998 年 5 月 21 日
```

不同数据类型的变量占用的内存字节数不同。变量名后的类型说明也可以采用短类型符。例如“Dim name1$,average!,age%”声明语句具有上述变量相同的意义。不同数据类型的变量占用的内存字节数和采用的短类型符见表 2.1。

VB6.0 中默认的 Variant 数据类型，在 Visual Basic.NET 中变为 Object 类型。如果变量声明为 Obiect，则它可以指向任何程序可处理的对象，但是在声明时最好指定为特定类型，而不要指定为通用的 Object。

当一个变量声明为一个类型后，该变量的 MaxValue 和 MinValue 属性分别表示所定义类型的最大值和最小值。

Visual Basic.NET 在默认状态下，系统对使用的变量都要求显式声明，这样只要在运行程序时，遇到未经明确声明的变量名，Visual Basic.NET 就会发出警告。

3. 显式声明和隐式声明

在 Visual Basic.NET 默认状态下，系统对使用的变量都要求显式声明。如果使用的变量没有声明，则该变量名下就会有波浪线，表示语法错误。如果希望变量不声明而直接使用，称为隐式声明。隐式声明的变量是由赋值表达式来决定变量类型的，这样不利于程序的查错和调试。在模块中所有程序代码的最前面可以设置显式声明或隐式声明。例如：

```
Option Explicit Off             '对设置变量默认为隐式声明，如果要显式声明只要将 off 变为 on
Public Class Form1
    Dim s As Single             '显式声明 s 为单精度型变量
    Private Sub Button1_Click(…) Handles Button1.Click      ******按钮单击事件
        r=5                     '隐式声明 r 为整型变量，因为赋值表达式“5”决定了是整型
        s=3.14159 * r * r       '计算表达式的值赋给 s
        Label1.Text=s * r       '在标签中显示单精度型
    End Sub
End Class
```

变量 r 是隐式说明，由“r=5”右边的表达式的类型决定 r 的类型为整型。

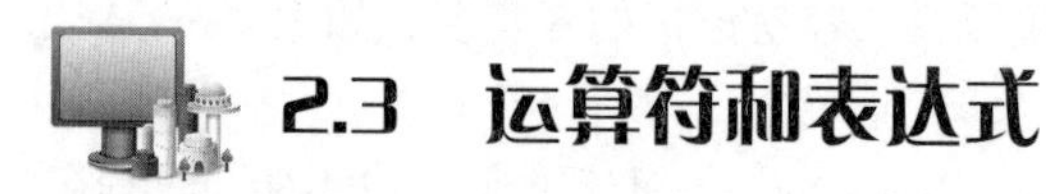

2.3 运算符和表达式

2.3.1 运算符

Visual Basic.NET 的运算符可以分为四种：算术运算符、连接运算符、关系运算符和逻辑运算符。

1. 算术运算符

算术运算符用于对数值型数据执行各种算术运算。在 Visual Basic.NET 中按运算优先级从高到低分别为^（乘方）、-（负号）、*（乘法）、/（浮点除法）、\（整除）、mod（取模）、+（加法）、-（减法）。其中，乘法与浮点除法同优先级，加法与减法同优先级。例如：

```
7 ^ 2           '运算结果为 49
7 * 2           '运算结果为 14
7 / 2           '运算结果为 3.5
7 \ 2           '运算结果为 3
7 Mod 2         '运算结果为 1
7 + 2           '运算结果为 9
7 - 2           '运算结果为 5
```

2. 连接运算符

在 Visual Basic.NET 中有两个连接运算符+、&。“&”能将两个表达式强制转换成字符串后，再连接；“+”只有当两旁的操作数都是字符串时才对字符串连接，即将两个字符串连接成一个字符串。例如，"你"+"好"或"你"&"好"的运算结果都为"你好"。“&”和“+”在连接数字时是有区别的：“&”具有强连接特性；“+”具有强加法特性。例如：

```
7 & 2           '运算结果为"72"
"7" & 2         '运算结果为"72"
"7" + 2         '运算结果为 9
"7" & "2"       '运算结果为"72"
"7" + "2"       '运算结果为"72"
```

3. 关系运算符

关系运算符用于对两个表达式的值进行比较，运算结果是一个逻辑值。

在 Visual Basic.NET 中关系运算符有=、<>、>、>=、<、<=、Like，这些运算符的优先级相同。其中“Like”运算符用于字符串匹配比较，可使用通配符“?”（任意一个字符）或“*”（任意一个字符序列）等。例如：

```
7 > 5 * 3                    '运算结果为 False
7 = 5 * 3                    '运算结果为 False
7 <> 5 * 3                   '运算结果为 True
```

```
"be" > "bee"                    '运算结果为 False
"superstar" Like "*star"        '运算结果为 True
"superstar" Like "?star"        '运算结果为 False
```

4. 逻辑运算符

Visual Basic.NET 中的逻辑运算符，按优先级从高到低分别是 Not（取反）、And（与）、Or（或）、Xor（异或）。除 Not 是单目运算符外，其余都是双目运算符。表 2.2 为逻辑运算符的真值表，其中 A 和 B 代表两个关系表达式。

表 2.2　逻辑运算符真值表

A	B	Not B	A And B	A Or B	A Xor B
True	True	False	True	True	False
True	False	True	False	True	True
False	True		False	True	True
False	False		False	False	False

例如：

```
Not (2 < 7)              '运算结果为 False
(2 < 7) And (6 < 5)      '运算结果为 False
(2 < 7) Or (6 < 5)       '运算结果为 True
(2 < 7) Xor (6 < 5)      '运算结果为 True
```

2.3.2　表达式

用 Visual Basic.NET 提供的各种类型运算符将常量、变量和函数连接起来的有效式子称为表达式。表达式通过运算后产生运算结果，运算结果的类型由操作数和运算符共同决定。

1. 书写规则

（1）乘号不能省略，例如 x 乘 y 应写成 x*y。

（2）运算符不能相邻，例如 a+ –b 是错误的。

（3）括号必须成对出现，而且只能使用圆括号。

（4）表达式从左到右在同一基准上书写，无高低、大小区分。

2. 不同数据类型的默认转换

运算结果的数据类型默认向精度高的数据类型转换。

```
Integer → Long → Single → Double
```

3. 运算符的优先级

一个表达式中可能含有多种运算，不同运算符的优先级为：

```
算术运算符 > 字符运算符 > 关系运算符 > 逻辑运算
```

2.4 常用函数

函数是对值、变量或表达式实施运算的一种指令，其结果将返回一个值。

Visual Basic.NET 函数一般分为两类，一类是内部函数，另一类是用户自定义函数，也称过程函数，本节主要介绍内部函数。

2.4.1 数学函数

数学函数主要用于各种数学运算，包括三角函数、平方根运算、绝对值运算、对数和指数运算等，其函数返回值为数值型。数学函数是由 Math 类提供的，若要不受限制地使用这些函数，可以在源代码的顶端添加“Imports System.Math”代码，引入 System.Math 命名空间。

1. 三角函数

Sin(x)：返回自变量 x 的正弦值。
Cos(x)：返回自变量 x 的余弦值。
Tan(x)：返回自变量 x 的正切值。
Atn(x)：返回自变量 x 的反正切值。
其中，Sin、Cos、Tan、Atn 函数的自变量 x 是以弧度为单位的角度。

2. 绝对值函数 Abs(x)

返回自变量 x 的绝对值，如 Abs(−2)返回值为 2。

3. 平方根函数 Sqrt(x)

反回自变量 x 的算术平方根。其中，x 必须是大于等于 0 的数，如 Sqrt(3)= 1.73205080756888。

2.4.2 类型转换函数

1. 取整函数 Int()

```
Int(数值型表达式)
```

函数返回值是最接近该数值型表达式，但不大于该表达式值的整型数值。例如，Int(3.58)返回 3，而 Int(−3.58)返回−4。

2. 去小数点函数 Fix()

```
Fix(数值型表达式)
```

函数返回的是去掉小数后的数值表达式值。例如，Fix(3.58)返回 3，而 Fix(−3.58)返回−3。

3. 求 ASCII 码函数 Asc()

```
Asc(字符)
```

函数返回的是字符对应的 ASCII。例如，Asc("A")返回 65。

4. 求 ASCII 码值对应字符的函数 Chr()

```
Chr(ASCII 码值)
```

函数返回的是 ASCII 对应的字符。例如，Chr(65)返回字符"A"。

5. 将字符型转换成数值的函数 Val()

```
Val(字符型表达式)
```

函数返回“字符型表达式”转换成的数值。例如，Val("23")返回 23，Val("23AB45")也返回 23。

6. 数值转换成字符型的函数 Str()

```
Str(数值表达式)
```

函数返回数值表达式转换成的字符串。例如，Str(23.45)返回"23.45"。

2.4.3 字符串函数

1. 测试字符串长度函数

```
Len(字符串或变量名)
```

函数返回值是字符串的长度，例如，Len("Visual Basic.NET 程序设计")返回 10。

2. 产生空格的函数

```
Space(number)
```

函数返回值是 number 个空格。例如 Space(6)返回 6 个空格。

3. 删除字符串左右空格函数

Trim()、Ltrim()及 Rtrim()函数完成将字符串中的两端或一端空格去掉。Trim 去掉字符串中的左右两端空格，而 Ltrim 仅去掉字符串的左端空格，Rtrim 仅去掉字符串的右端空格，例如：

```
Label4.Text=Trim("    VB.NET 程序设计     ")         '返回"VB.NET 程序设计"
Label5.Text=LTrim("    VB.NET 程序设计     ")        '返回"VB.NET 程序设计     "
Label6.Text=RTrim("    VB.NET 程序设计     ")        '返回"    VB.NET 程序设计"
```

4. 字符串左右截取函数

```
Left(字符串,截取的个数)
```

函数返回从字符串的左边开始截取指定个数的字符串。

```
Right(字符串,截取的个数)
```

函数返回从字符串的右边开始截取指定个数的字符串。

调用 Left 和 Right 时函数名前要加命名空间的限定“Microsoft.VisualBasic”，否则 Left 和 Right 会被认定为控件的 Left 和 Right 属性。例如：

```
Microsoft.VisualBasic.Left("Visual Basic",4)返回"Visu"。
Microsoft.VisualBasic.Right("Visual Basic",5)返回"Basic"。
```

5. 任意截取字符串函数

```
Mid(字符串,截取开始的位置,截取个数)
```

函数返回从字符串指定的开始位置，截取指定个数的字符串。例如，Mid("I am a boy",3,2)返回“am”。

6. 字符重复函数

```
StrDup(重复次数, 待重复字符)
```

函数返回将指定字符重复指定次数的字符串。例如，StrDup(3, "+")返回"+++"。

7. 字符串大小写转换函数

```
UCase(字符串)
```

函数返回将字符串中的小写字母改成大写字母后的字符串。

```
LCase(字符串)
```

函数返回将字符串的大写字母改成小写字母后的字符串。

例如，UCase("Basic")返回"BASIC"，LCase("Basic")返回"basic"。

8. 字符串匹配函数

```
InStr([搜索起始位置,] 字符串1, 字符串2 )
```

该函数是在“字符串 1”中从“搜索起始位置”开始搜索“字符串 2”。如果搜索成功，则函数返回“字符串 2”在“字符串 1”中最先出现的位置；若不成功，则返回 0。“搜索起始位置”默认值为 1。

例如，InStr(4,"AABBCC","BB")返回 0，InStr("AABBCC","BB")返回 3。

2.4.4 日期和时间函数

1. 获得系统当前日期与时间的 Now()函数

```
Now()
```

函数返回一个 Date 类型的值，该值包含了系统的当前日期和时间。例如 Now()返回 2018-03-19 23:30:15。

2. Day()函数

```
Day(日期型表达式)
```

函数返回日期型表达式中的 day 分量，取值范围在 1～31 之间，例如，Day(#3/27/2018#)返回 27。

3. Month 函数

```
Month(日期型表达式)
```

函数返回日期型表达式中的 Month 分量，取值范围在 1～12 之间，例如，Month (#3/17/2018#)返回 3。

4. Year 函数

```
Year(日期型表达式)
```

函数返回日期型表达式中的 Year 分量，例如，Year(#3/17/2018#)返回 2018。

2.4.5　随机函数

函数 Rnd()或 Rnd(x)产生一个 0～1 之间的随机数（不包括 1）。若 x>0 或省略，则以上一个随机数为种子，产生下一个随机数；若 x=0，则产生与最近生成的随机数相同的数；若 x<0，则每次都以 x 为种子得到相同的结果。

如果要产生[a,b]范围的随机整数值，其表达式为 Int(Rnd*(b−a+1)+a)。例如，要产生[26,78]范围的随机整数，表达式应为 Int(Rnd*53+36)。

随机数发生器初始化，可以消除随机数序列循环出现的可能，随机数发生器的语句是 Randomize()。

2.5　命名空间

2.5.1　命名空间概念

命名空间（namespace）也称“名称空间”“名字空间”，它是程序设计语言使用的一种代码组织形式。

由于作为标识符的单词数量有限，不同人编写的程序很可能会出现标识符（包括变量和常量名称、过程名称等）重名现象。在建立公用的代码库时，这个问题尤其严重。为了解决这个问题，引入了“命名空间”这一概念，类库定义在某一名字空间下，这样就不会引起冲突。

1. 常用命名空间

.NET Framework 类库提供了丰富的类，诸如字符串处理、数据收集、数据库连接，以及文件访问等。这些类库可以直接使用，使开发程序变得十分简单。

.NET Framework 类库包含很多的类，使用命名空间可以避免这些类名称产生冲突。除了可以避免命名冲突外，命名空间也被设计成帮助组织代码的元素。表 2.3 中列出了.NET Framework 类库的主要命名空间和命名空间类别。

表 2.3　.NET Framework 类库的主要命名空间

命名空间	命名空间中的部分类和结构		说　明
System	Array DateTime String	Console Exception Math	包含定义常用值和引用数据类型、事件和事件处理程序、接口、属性及处理异常的类和基类
System.Collections	ArrayList		包含定义维护数据集合的数据结构类

续表

命名空间	命名空间中的部分类和结构		说　明
System.IO	StreamReader	StreamWriter	包含使程序能输入或输出数据的类
System.Drawing	Bitmap Color	Brush	包含对 GDI+基本图形功能访问的类
System.Windows.Forms	Button TextBox MenuStrip	CheckBox Label Form	包含创建并操作基于 Windows 的应用程序的丰富用户界面功能的类
System.Data	DataColumn DataTable	DataRow DataSet	包含操作数据表的类
System.Data.OleDb	OleDbCommand OleDbConnection	OleDbDataAdapter OleDbDataReader	包含操作 Ole 数据库的类

System 命名空间是.NET Framework 中基本类型的根命名空间，它包含用于定义常用值和引用数据类型、事件和事件处理程序、接口、属性和处理异常的基础类和基类。其他类提供支持下列操作的服务：数据类型转换、方法参数操作、数学计算、远程和本地程序调用、应用程序环境管理以及对托管和非托管应用程序的监管。

2. 默认命名空间

新创建一个项目时，Visual Basic.NET 根据所建项目的类型，自动导入部分命名空间的引用，如图 2.3 所示，用户可以使用其中“引用”的快捷菜单添加所需的命名空间。

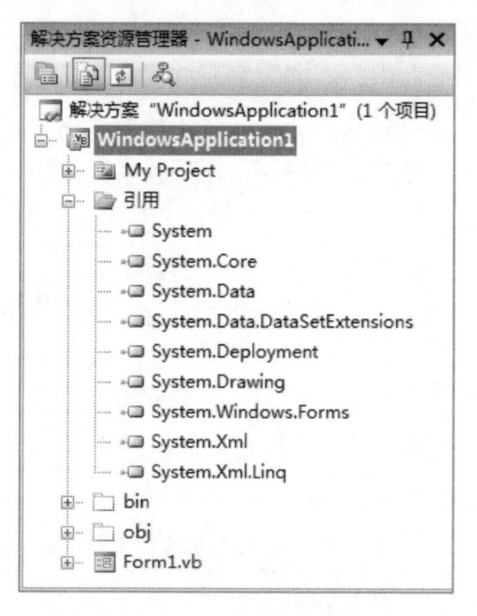

图 2.3　项目引用的默认空间

2.5.2　命名空间的使用

如果默认的命名空间中没有要引用的命名空间，而又需要引用该命名空间时，可以采用“完全限定名引用”和“非限定名引用”方法。例如，需要使用 Math 类中的开平方根 Sqrt()函数，默认命名空间就没有包含该命名空间。

1. 完全限定名引用

完全限定名是在类的名称之前加上包含该类的命名空间以及一个点操作符。例如，System.Math 表示 Math 类，该类属于 System 命名空间。可以使用 System.Math 类执行特定的数学运算。例如：

```
Label1.Text=System.Math.Sqrt(64)
```

由于默认命名空间已经包含 System，所以也可相对引用为：

```
Label1.Text=Math.Sqrt(64)
```

2. 非限定名引用

使用 Imports 语句来引入一个命名空间，可以在不使用限定名的情况下即可直接使用它的类名。Imports 语句应写在程序的最前面，一个模块中可以包含多个 Imports 语句。例如，包含如下声明的程序：

```
Imports System.Math
```

在事件过程中的语句可改为：

```
Label1.Text=Sqrt(100)
```

Imports 语句可以在大量使用函数时使用，如果是偶尔使用则可使用完全限定名。

课后习题

一、单选题

（1）变量 a$的数据类型是________。

A．Single　　B．Integer

C．String　　D．Double

（2）以下标识符中，可以作为合法变量名的是________。

A．3x　　B．VB123

C．for　　D．x+y

（3）表达式 Int(Rnd() * 100 + 10)的取值范围为________。

A．[0, 110]　　B．[10, 110]

C．[10, 109]　　D．[10, 100]

（4）以下 Visual Basic.NET 语句能取得字符串“VisualBasic”的第一个字符“V”的是______。

① Mid(s, 1, 1)　　② Right(s, 11)

③ Left(s, 1)　　④ Mid(s, 0, 1)

A．①②　　B．①③

C．②④　　D．③④

（5）执行下列代码后，字符串 firstName 的值是________。

```
Dim firstName As String="Tom"
Dim secondName As String=firstName
secondName=secondName & " Jerry"
```

A．Tom　　B．Jerry
C．Tom Jerry　　D．Tom & Jerry

（6）执行下列语句后，变量 x 的值是________。

```
Dim x as Integer=0
x=3/2
```

A．0　　B．1　　C．2　　D．3

（7）下列表达式的值为________。

```
True and 100+10*3<12^2
```

A．True　　B．False　　C．130　　D．144

（8）按照变量的命名规则，下列变量名中不合法的是________。

A．strMystring　　B．intCount
C．svg_D　　D．5G

（9）以下定义常量不正确的是________。

A．Const Num As Integer = 200
B．Const Num1 As Long = 200, Sstr$ = "World"
C．Const str$ = "World"
D．Const Num$=#World#

（10）将 sin(2π)+[2a(7+b)+c]写成 Visual Basic.NET 表达式正确的是________。

A．sin(2*π)+(2a(7+b)+c)　　B．sin(2*3.14159)+[2*a*(7+b)+c]
C．sin(2*π)+(2*a*(7+b)+c)　　D．sin(2*3.14159)+(2*a*(7+b)+c)

二、填空题

（1）Visual Basic.NET 内部常量中表示回车换行符的是________，表示制表跳格符的是________。

（2）表达式 Microsoft.Left("Visual",3)+LCase("AB")的结果是________。

（3）表达式 6+9 Mod 5 \ 6 / 3+1 的值是________。

（4）数据类型为 Long 的数据在内存中占用的字节数为________，其类型标识符为________。

（5）若在程序代码中有语句 y = Sqrt(x)，则就引入相应命名空间语句的是________。

三、写表达式

将下列表达式改写成 Visual Basic.NET 的表达式：

（1）$a+9(b-1)^2$

（2）$\sin 27^\circ$

（3）$5|x+y|$

（4）$6\left(x+\frac{z+1}{2}\right)$

（5）$\sqrt[5]{ac-1}$

（6）$x^2+\frac{3xy}{y+z}$

（7）写出判断 ch 是否英文字母的表达式。

（8）写出判断 x 能被 3 整除，或能被 5 整除的表达式。

（9）写出判断 k 能被 5 整除的非负偶数表达式。

（10）写出判断 y 是否是闰年的表达式。

（11）写出声明变量 average 为单精度浮点型的两种方法。

（12）写出声明变量 count 为整型的两种方法。

（13）写出产生[45,98]范围内随机整数的表达式。

四、读程序写结果

（1）将以下程序运行后，变量 A 与 B 的值分别填写在对应的横线上。

```
Dim X As String,Y As Integer
Dim A As String,B As String
Private Sub Button1_Click(…) Handles Button1.Click
    X=123:Y=123:A=X+Y:B=X&Y
    MsgBox(A)        __________
    MsgBox(B)        __________
End Sub
```

（2）运行以下程序，单击 Button1 按钮，则在文本框中显示________。

```
Private Sub Button1_Click(…) Handles Button1.Click
    Dim x,y,z As Integer
    x=5:y=7:z=19
    TextBox1.Text=x^2&y Mod 3 & z\2
End Sub
```

五、程序填空

（1）下列程序的功能用于实现：每次单击按钮使 Label1 的文字颜色发生随机变化（RGB 颜色模型分别对应 0～255 的一个整数），并且使文字的大小在 12～28 之间随机改变。补充程序，使之正确运行。

```
Private Sub Button1_Click(…) Handles Button1.Click
    Dim r,g,b As __________
    r=__________
    g=__________
    b=__________
    Label1.ForeColor=Color.FromArgb(r,g,b)             '设置前景颜色
    Label1.Font=New Font("华文彩云", ____________________)
End Sub
```

（2）以下程序的功能是将 32 位二进制的 IP 地址转换成“点分十进制”的形式，程序运行界面如图 2.4 所示。补充程序，使之正确运行。

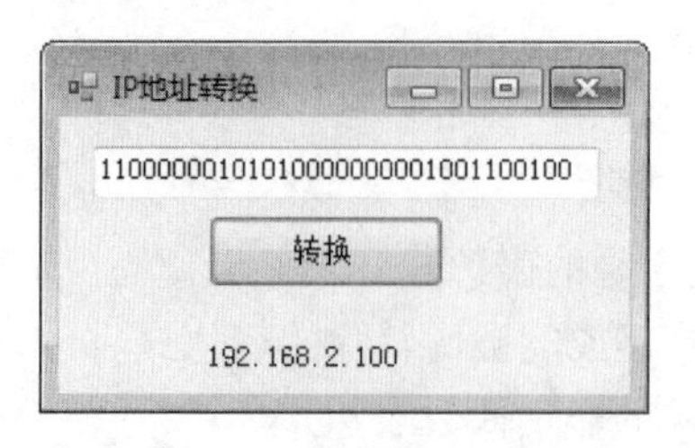

图 2.4　IP 地址转换

说明：32 位二进制的 IP 地址由 4 个字节（每个字节 8 位）组成。转换方法是将各字节的 8 位组成的二进制数转换成十进制数，再用“.”连接起来。例如：

32 位二进制的 IP 地址：11000000 10101000 00000010 01100100

192　　168　　2　　100

```
Private Sub Button1_Click(…) Handles Button1.Click
    Dim s,ip,str8 As String
    Dim i,j,sum As Integer
    s=Trim(TextBox1.Text)
    If __________ <> 32 Then
        MsgBox("不是 32 位地址! ")
            Exit Sub
        End If
        ip=""
        For i=1 To 4                '从左到右逐个字节进行转换
            sum=0
            str8=Mid(s, __________, 8)      '提取第 i 个字节
            For j=1 To 8            '转换为十进制
                sum=sum * 2+Val(Mid(str8, __________, 1))
            Next j
            ip=ip & __________
            If i<4 Then ip=ip & "."
        Next i
        Label1.Text=__________
End Sub
```

六、编程题

（1）根据输入的半径 r，计算圆的周长 l 与面积 s。要求使用双精度浮点常量π。请编程实现。

（2）公民身份号码是特征组合码，由十七位数字本体码和一位校验码组成。排列顺序从左至右依次为：六位数字地址码，八位数字出生日期码，三位数字顺序码和一位数字校验码。其中第十七位奇数为男性，偶数为女性。编程实现：根据输入的身份证号码计算年龄，并输出性别。

七、简答题

（1）Visual Basic.NET 提供哪些常用的基本数据类型？在声明类型时，相应的类型关键字和短类型符分别是什么？

（2）请叙述变量的命名规则和注意事项。

（3）Visual Basic.NET 中有哪几种常量？如何声明一个符号常量？符号常量与变量的区别是什么？

（4）整除与除法运算有何区别？谁的优先级更高？

（5）下列哪些是合法的变量名？

3x　　12345　　23a2　　ABC　　VB123　　do_while

x+y　　12fd　　x13　　r2　　select　　x\y

（6）下列哪些是常量？如果是，请指出常量的数据类型。

"asdf"　　asdf　　"1234"　　1234　　#2008/11/10#　True

"False"　　a3　　123+True PI　　Val("369B")　　e

（7）分别写出将数字字符串转换成数值的函数和将数值转换成字符串的函数，并各试举一例。

（8）使用什么函数能求出字符对应的 ASCII 码？反过来使用什么函数能得到 ASCII 码对应的字符？

第3章 Visual Basic.NET控件

可视化程序设计的重要内容，就是通过使用控件来构建应用程序的可视化界面。本章介绍一些常用的基本控件及其相关的属性、方法和事件。

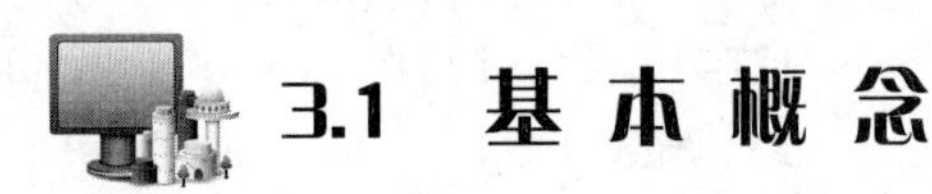

3.1 基本概念

3.1.1 类和对象

在面向对象程序设计中，类（Class）和对象（Object）是两个非常重要的概念。类是对象的抽象，而对象则是类的具体实例。以“人”这个类为例，它是一个抽象的概念，而张三和李四作为人，则是具体的对象。

“类”具有属性、方法和事件，同一类的不同“对象”具有相同的属性、方法和事件，但可以有不同的属性值、方法参数与事件响应方式。例如，人具有姓名、性别、年龄、身高、体重等共同的属性；具有跑、跳、走等动作（方法）；具有对不同刺激做出的响应（事件）。而张三和李四作为两个具体的人，他们往往会有不同的属性值、动作参数与事件的响应方式（见表3.1）。

表3.1 类与对象的举例说明

类	对　象
人	张三、李四
属性：姓名 性别 年龄 身高 体重	属性值：张三　李四 男　女 19　20 175　168 69　57
方法：跑	张三.跑(8m/s)　李四.跑(6m/s)
事件：被蚊子叮咬后的响应	拍蚊子　赶蚊子

因此，类和对象的区别可归纳为以下几点：

（1）不同的对象具有相同的属性，但可以有不同的属性值。

（2）不同的对象具有相同的方法，但可以有不同的参数。

（3）同一个对象对于不同的事件可以有不同的响应方式。

（4）不同的对象对于同一事件也可以有不同的响应方式。

3.1.2　控件类与控件对象

工具箱中的可视化图标是 Visual Basic.NET 系统设计好的标准控件类。通过将控件类实例化，就可以得到真正的控件对象。将工具箱上的控件类拖放到窗体上，就像在窗体上“画”出一个控件，实际上就是将类转换成对象，创建出一个控件对象（简称控件）。每个对象都有属性、方法和事件，如图 3.1 所示。

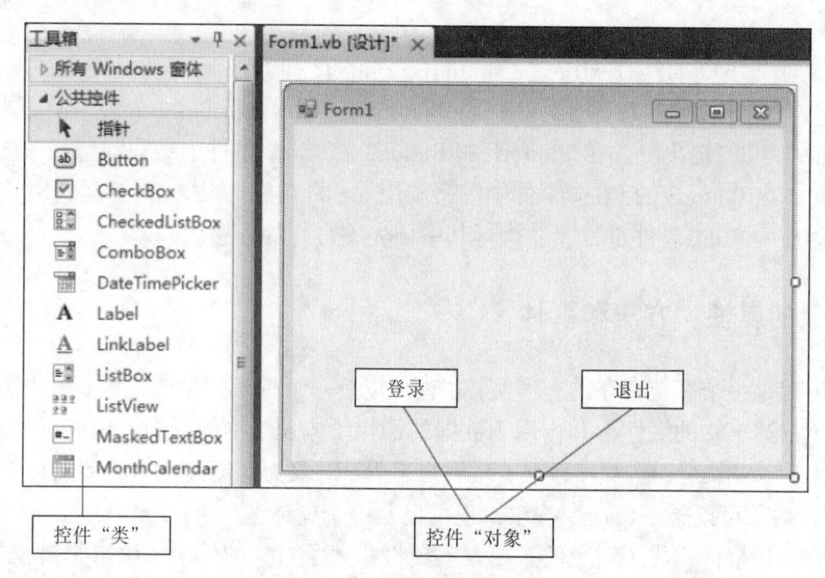

图 3.1　控件类与控件对象

例如，工具箱内的 Button 是一个类，它确定了 Button 的属性、方法和事件；图 3.1 所示的窗体上显示的就是 Button1 和 Button2 对象。窗体 Form1 本身也是对象，只是在项目新建时，系统已经默认创建完成。当前窗体可以用 Me 表示，如果要关闭窗体，可以简单地调用 Me.Close() 方法。通过引例可以清楚地看到通过对象的三要素来轻松进行程序设计。

例题 3.1　在窗体上建立一个文本框和三个命令按钮控件。单击“显示”按钮，显示“可视化程序设计 Visual Basic.NET”文本；单击“清除”按钮，清空文本框；单击“退出”按钮，关闭窗口，结束程序。程序运行界面如图 3.2 所示。

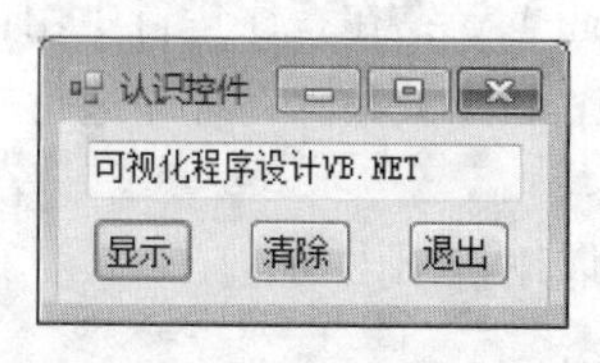

图 3.2　认识控件

设计分析：TextBox1 用于文本的显示，Button1～Button3 分别表示“显示”“清除”“退出”命令按钮。“显示”和“清除”功能通过修改文本框的 Text 属性实现；“退出”功能通过调用窗体的 Close 方法实现。将这些操作的程序代码写在相应命令按钮的 Click 事件中。

程序代码：

```
    Private Sub Button1_Click(…) Handles Button1.Click          '******显示
        TextBox1.Text="可视化程序设计 VB.NET"                      '设置文本框的显示内容
    End Sub
    Private Sub Button2_Click(…) Handles Button2.Click          '******清除
        TextBox1.Text=""                                         '清除文本框的显示内容
    End Sub
    Private Sub Button3_Click(…) Handles Button3.Click          '******退出
        Me.Close()                                               '关闭窗体
End Sub
```

引例中的对象有 Form1、TextBox1、Button1、Button2 和 Button3。通过属性窗口，将 Form1 的 Text 属性（标题）设为“认识控件”；将 Button1、Button2 和 Button3 的 Text 属性分别设为“显示”“清除”和“退出”。在 Button1 和 Button2 的 Click 事件中编写动态修改 TextBox1 的 Text 属性语句；在 Button3 的 Click 事件中编写调用 Me 的 Close 方法代码。运行时，单击按钮，就会响应其对应的 Click 事件过程，并执行其中预先编写好的程序代码。

3.1.3 对象的属性、方法和事件

对象既可以是一个客观存在的有形实体，也可以是一个抽象无形的规则、想法等虚拟事例。对象由数据（描述事物的属性）和作用于数据的操作（体现事物的行为）构成一独立整体。从程序设计者来看，对象是一个程序模块；从用户来看，对象为他们提供所希望的行为。在 Visual Basic.NET 中，对象可以是一个命令按钮，也可以是一个窗体。

属性、方法和事件构成了对象的三要素。属性描述了对象的性质，决定了对象的外观；方法是对象的动作，决定了对象的行为；而事件是对象的响应，决定了对象之间的联系。

1. 对象的属性

在 Visual Basic.NET 中，属性是对控件特征的描述，如对象的大小、位置、标题、边框和颜色等。例如，对象的大小可以用对象的宽度（Width）和高度（Height）属性来指出，对象的标题可以用文本（Text）属性来指出。每一个对象都具有自己的属性。

在设计程序时，可以在对象的属性窗口设置或修改对象的属性，也可以在程序运行过程中用代码设置或修改属性。例如，用“属性”窗口进行设置的属性有窗体的标题（Text）、对象的名称（Name）、对象的字体（Font）等；在程序运行中用代码引用的属性有文本框的显示内容（Text）、定时器的可操作性（Enabled）等。在程序运行中用代码引用属性的语句格式是：

```
对象名.属性名=属性值
```

例如，设置标签的显示内容可以用以下语句：

```
Label1.Text="可视化程序设计 VB.NET"
```

设置后的标签将显示“可视化程序设计 Visual Basic.NET”。

2. 对象的事件

“事件”是对象能够识别并且能对其做出响应的一种动作关联，响应的结果是由事件编写的

代码而定的。程序运行时，操作系统不断地监视每一个窗口的活动和一切触发事件的信号。事件可以通过用户的操作产生。例如，单击鼠标或按键。事件也可以通过事先编写的程序代码在程序的执行中产生。

当事件被触发时，对象就会对该事件做出响应。对象对事件做出的响应是通过一个与事件相关的事件过程来实现的。事件过程是响应事件时自动调用的过程。该过程中的代码通常根据要实现操作的要求由设计人员编写。事件过程的一般格式为：

```
Private Sub 对象名_事件名（对象引用,事件信息）Handles 对象名.事件
    ...
    实现要求操作的程序代码
    ...
End Sub
```

其中，Private Sub 为定义事件过程的开始，End Sub 为定义事件过程的结束，在 Private Sub 和 End Sub 的中间部分编写实现要求操作的程序代码。“对象名”是对象的 Name 属性；“事件名”是指 Visual Basic.NET 预先定义好的赋予该对象的事件，并能被该对象识别；“对象引用”是指触发事件的对象；“事件信息”是指与事件相关的信息；“对象名.事件”是对象所响应的事件。

对控件而言，对象名就是指该对象的控件名，只要在代码编辑器窗口中选择了对象和该对象的相关事件。在代码编辑器窗口中会自动产生对应的事件过程框架。

例如，要为某一个窗体中所包含的对象名为 Button1 的命令按钮编写事件过程，它要求当用户单击（Click）这个命令按钮时具有关闭窗体的功能。可以在代码编辑器窗口的对象列表框中选择名为 Button1 的对象，再在事件列表框中选择名为 Click 的事件。然后在系统自动产生的事件过程框架中输入程序代码，这里只需要输入 Me.Close()语句。这是由于 Me.Close()语句在 Visual Basic.NET 中具有关闭窗体的功能。上述操作的事件过程如下：

```
Private Sub Button1_Click(…) Handles Button1.Click
   Me.Close()
End  Sub
```

3. 对象的方法

对象的“方法”指的是系统为该对象提供的一些特定的子程序，利用这些子程序来实现对象的一些特定的动作。应用程序可以通过调用对象的方法来控制对象的工作。不同的对象拥有不同的方法，对象方法的调用格式是：

```
对象名.方法名()
```

例如，窗体对象拥有 Hide 方法和 Show 方法，它们分别用来隐藏和显示窗体。Me.Hide()可以将当前窗体隐藏起来，Button1.Focus()使 Button1 获得焦点。

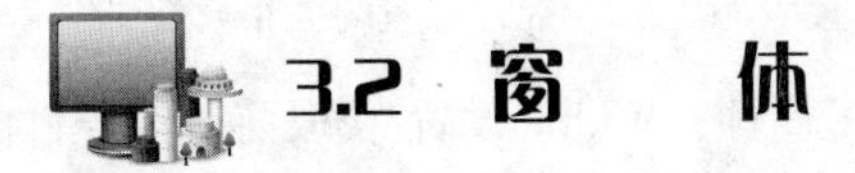

3.2 窗　体

在 Windows 窗体应用程序中，窗体（Form）是一块“画布”，是所有控件的容器，用户可以根据自己的需要将工具箱中的控件添加到窗体上。控件是显示数据或接受数据输入的相对独立的用户界面元素，如标签、文本框、单选按钮、复选框等。Visual Basic.NET 的窗体设计器可

以轻松创建 Windows 窗体应用程序。只需使用鼠标将选中的控件拖放到窗体上适当的位置，即可创建丰富的用户界面。

3.2.1 窗体的属性

窗体的属性决定了窗体的外观和操作。大部分窗体属性既可以通过属性窗口设置，也可以在代码设计窗口通过代码来设置；但是有少量属性只能在设计状态中设置，或只能在窗体运行期间进行设置。

窗体的主要属性有：

（1）Name 属性：所有对象都具有的属性，是所创建的对象名称，用于标识对象。所有的控件在创建时由 Visual Basic.NET 自动提供一个默认名称，如 Form1、Form2、Button1 等，也可根据需要更改对象名称。在应用程序中，Name 是作为对象的标识在程序中引用，不会显示在窗体上。Me 表示当前窗体，而不能用 Form1 表示（只有在事件过程中的窗体名用 Form1 表示）。

（2）Text 属性：在窗体或控件上显示的文本。对于窗体来说，是窗体标题栏上显示的文本；对于文本框来说，是获取用户输入或设置显示的文本；对于标签、命令按钮、复选框等控件来说，是获取或设置控件上显示的文本。

（3）Left 属性和 Top 属性：如图 3.3 所示，控件的 Left 属性表示控件离窗体（窗体的 Left 属性表示窗体离桌面）左边缘的距离，以像素为单位，也可以用 Location.X 来表示；控件的 Top 属性表示控件离窗体（窗体的 Top 属性表示窗体离桌面）上边缘的距离，以像素为单位，也可以用 Location.Y 来表示。例如，Button1.Left=60（等价于 Button1.Location.X=60）。

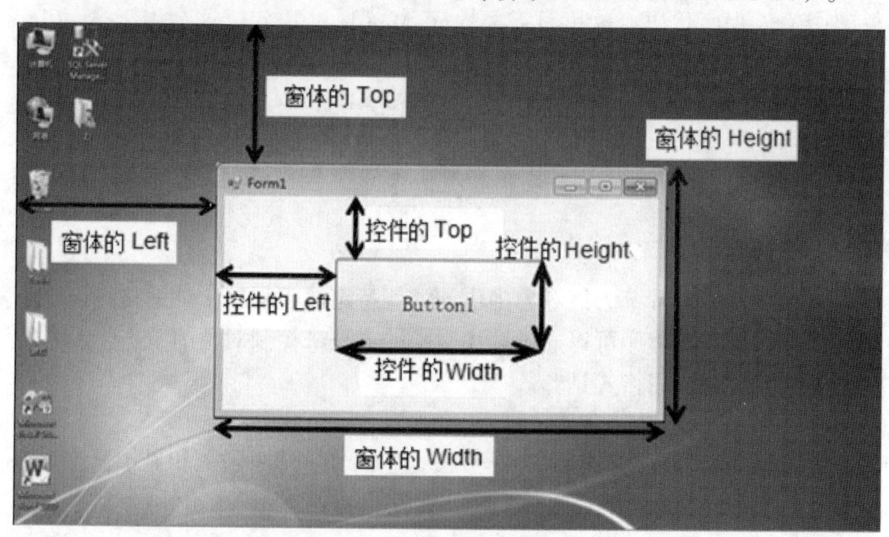

图 3.3 控件位置与大小属性

（4）Width 属性和 Height 属性：Width 设置/获取窗体或控件的宽度，也可以用 Size.Width 表示；Height 设置/获取窗体或控件的高度，也可以用 Size.Height 表示。例如，TextBox1.Width=45（等价于 TextBox1.Size.Width=45）。

（5）ForeColor 和 BackColor 属性：ForeColor 用来设置/获取窗体或控件的前景（即正文）颜色，BackColor 用来设置/获取控件的正文以外的显示区域的颜色。它们均是枚举类型。用户可以在调色板中直接选择所需颜色，也可以在程序代码中设置。例如，Me.BackColor=Color.Blue 用于设置窗体背景色为蓝色。

（6）Font 属性：设置/获取窗体或控件文本的字体、大小和样式等系列属性。一般在设计时通过 Font 属性对话框设置，如果在程序代码中需要改变文本的外观，则应通过 New 创建 Font 对象来改变字体。例如：

```
Me.Font=New Font("黑体",10,FontStyle.Bold)    '设置窗体的字体为黑体、10 磅和粗体
```

（7）MaximizeBox 和 MinimizeBox 属性：最大化、最小化按钮属性。当它们的值为 True 时，窗体右上角有“最大化”“最小化”按钮；值为 False，则隐去“最大化”“最小化”按钮。

（8）FormBorderStyle 属性：设置窗体的边框类型，以及窗体的标题栏状态与可缩放性，FormBorderStyle 属性值为枚举类型，枚举名为 FormBorderStyle，其枚举值及意义如表 3.2 所示。

表 3.2　FormBorderStyle 枚举值及意义

枚举值	意义
None	窗体无边框，无法移动及改变大小
FixedSingle	窗体为单线边框。不可改变窗体边框大小，有“最大化”“最小化”等按钮
Fixed3D	显示 3D 边框效果。不可改变窗体边框大小，有“最大化”“最小化”等按钮
FixedDialog	固定的对话框样式。不可改变窗体边框大小，有“最大化”“最小化”等按钮
Sizable	默认属性，可改变窗体边框大小，有“最大化”“最小化”等按钮
FixedToolWindow	用于工具窗口。不可改变窗体边框大小，无“最大化”“最小化”按钮
SizableToolWindow	窗体外观与工具栏相似，有“关闭”按钮，能改变大小

例如，在运行时执行如下语句：

```
Me.FormBorderStyle=Windows.Forms.FormBorderStyle.FixedDialog
                                                    '设置窗体为固定对话框
```

3.2.2　窗体的事件

窗体的事件较多，最常用的事件有 Load、Activated、Click、DoubleClick 和 Resize 等。

（1）Load：当窗体被加载到内存且尚未在屏幕上显示时触发。Load 事件通常用于启动应用程序时对属性和变量进行初始化。

（2）Activated：当窗体成为活动窗体时触发。

（3）Click：当鼠标单击窗体空白处时触发。

（4）DoubleClick：当鼠标双击窗体空白处时触发。

（5）Resize：当改变窗体的大小时触发。

3.2.3　窗体的常用方法

窗体方法主要有 Show、Hide、Close 等，主要用于多窗体的显示、隐藏和关闭等。例如，Me.Show()用于显示窗体，Me.Hide()用于隐藏窗体，Me.Close()用于关闭窗体。

例题 3.2　设计一个窗体移动的程序。单击“右移”“上移”按钮分别右移、上移窗体；单击“增加窗体宽度”“增加窗体高度”按钮分别增加窗体宽度、增加窗体高度；单击“清空

提示”按钮清空下面的标签文本；单击“退出”按钮关闭窗体；单击窗体空白处将前景色变为红色；双击窗体空白处将背景色变为蓝色。改变窗体大小，还能触发 Resize 事件，程序运行界面如图 3.4 所示。

图 3.4　窗体实例

设计分析：Button1～Button6 分别是“右移”“上移”“增加宽度”“增加高度”“清空显示”和“退出”按钮。Label1 用于显示状态文本。通过设置窗体的 Text、Left、Top、Width 和 Height 属性来修改窗体标题栏的显示文本和实现窗体的右移、上移、增加宽度、增加高度；设置标签的 Text 属性来改变 Label1 的显示文本；使用窗体的 Close 方法来关闭窗体。通过修改窗体的 ForeColor 和 BackColor 属性来设置窗体的前景色和背景色。增加窗体宽度和增加窗体高度会触发 Resize 事件，在其事件处理程序中设置 Label1 的 Text 属性为“窗体大小变化触发 Resize 事件”。

程序代码：

```
Private Sub Form1_Load(…) Handles MyBase.Load       '窗体加载
    Me.Text="窗体实例"                               '设置窗体标题栏显示文本
    Label1.Text=""
End Sub
Private Sub Form1_Resize(…) Handles Me.Resize       '改变窗体大小
    Label1.Text="窗体大小变化触发 Resize 事件"        '提示已触发 Resize 事件
End Sub
Private Sub Form1_Click(…) Handles Me.Click
    Me.ForeColor=Color.Red                           '设置窗体的前景色为红色
End Sub
Private Sub Form1_DoubleClick(…) Handles Me.DoubleClick
    Me.BackColor=Color.Blue                          '设置窗体的背景色为蓝色
End Sub
Private Sub Button1_Click(…) Handles Button1.Click            '右移
    Me.Left=Me.Left+10              '修改 Left 属性以实现右移
End Sub
Private Sub Button2_Click(…) Handles Button2.Click            '上移
    Me.Top=Me.Top-10                '修改 Top 属性以实现上移
End Sub
Private Sub Button3_Click(…) Handles Button3.Click            '增加宽度
    Me.Width=Me.Width+10            '修改 Width 属性以实现增加宽度
End Sub
```

```
Private Sub Button4_Click(…) Handles Button4.Click            '增加高度
   Me.Height=Me.Height+10    '修改 height 属性以实现增加高度
End Sub
Private Sub Button5_Click(…) Handles Button5.Click            '清空显示
   Label1.Text=""               '将标签的显示文本清空
End Sub
Private Sub Button6_Click(…) Handles Button6.Click            '退出
   Me.Close()                   '关闭窗体
End Sub
```

3.3 基本控件

3.3.1 标签

标签（Label）控件用来显示文本信息，运行时只能通过代码改变 Label 控件显示的文本。一般用 Label 显示处理状态的消息。使用 Label 的情况很多，例如，可以使用标签为文本框附加描述信息。Label 控件不接受焦点。

1. 属性

标签控件的 Name、Text、Font、Left、Top、Width、Height、ForeColor、BackColor 等属性与窗体用法一样，其他的主要属性有：

（1）AutoSize 属性：指定控件是否自动调整自身大小以适应其内容。True（默认值）：自动改变控件大小，以显示全部文本；False：不改变控件大小，超出控件区域的文本将被裁剪。

（2）TextAlign 属性：在 AutoSize 为 False 时设置文本的对齐方式。在“属性”窗口中可以通过九种可视化位置设置；在代码中 TextAlign 通过枚举名为 ContentAlignment 的九种枚举值设置，九种枚举值分别为 TopLeft（靠上左对齐）、TopCenter（靠上居中对齐）、TopRight（靠上右对齐）、MiddleLeft（中部左对齐）、MiddleCenter（垂直水平居中对齐）、MiddleRight（中部右对齐）、BottomLeft（靠下左对齐）、BottomCenter（靠下居中对齐）、BottomRight（靠下右对齐）。

（3）BorderStyle 属性：设置控件是否有可见的边框。BorderStyle 是枚举类型，有 None（无边框）、FixedSingle（单线边框）、Fixed3D（三维边框）几种边框类型。

（4）Enabled 属性：设置控件是否有效。True（默认值）为有效，对用户操作做出反应（响应事件）；False 为无效，不响应事件。

（5）Visible 属性：设置控件是否可见。True（默认值）为可见；False 为隐藏。

2. 事件

（1）Click 事件：单击标签对象时触发该事件。

（2）DoubleClick 事件：双击标签对象时触发该事件。

例题 3.3　设计一个观察 AutoSize 和 BorderStyle 属性的程序。在窗体上建立若干标签。分别单击“AutoSize 属性：”和“BorderStyle 属性：”标签，右侧标签显示不同属性值效果。程序运行界面如图 3.5 所示。

图 3.5 标签实例

设计分析：Label1～Label8 分别表示“AutoSize 属性：”“True”“False”“BorderStyle 属性：”“None”“FixedSingle”“Fixed3D”和提示标签。在“AutoSize 属性：”的 Click 事件处理程序中设置“True”和“False”标签的 AutoSize 属性分别为 True 和 False；在“BorderStyle 属性：”的 Click 事件处理程序中设置“None”“FixedSingle”和“Fixed3D”标签的 BorderStyle 属性分别为 None、FixedSingle 和 Fixed3D。

程序代码：

```
Private Sub Label1_Click(…) Handles Label1.Click
                                                  '******单击“AutoSize 属性：”
    Label2.AutoSize=True                          '使标签能自动改变大小以显示全部内容
    Label3.AutoSize=False                         '使标签不能自动改变大小以显示全部内容
    Label2.Width=30                               '设置 Label2 宽度为 30
    Label3.Width=30                               '设置 Label3 宽度为 30
End Sub
Private Sub Label4_Click(…) Handles Label4.Click
                                                  '******单击“BorderStyle 属性：”
    Label5.BorderStyle=BorderStyle.None                 '设置标签无边框
    Label6.BorderStyle=BorderStyle.FixedSingle          '设置标签有单线边框
    Label7.BorderStyle=BorderStyle.Fixed3D              '设置标签有三维边框
End Sub
```

3.3.2 文本框

文本框（TextBox）控件也可称为编辑字段或编辑控件。它常用于用户的信息输入和信息反馈，在程序运行时作为人机对话的交互对象。

1. 属性

文本框除了有 Text、Enabled、Font、ForeColor、BackColor、Height、Width、Left 和 Top 常用属性外，其他主要属性还有：

（1）ReadOnly 属性：设置文本能否被编辑。False（默认值）为可编辑文本，运行时，用户可以编辑控件中的文本内容；True 为不可编辑文本框中的文本，只可在运行时操作滚动条滚动文本或加亮显示选择的文本，但可由程序修改 Text 属性，改变控件中的内容，并仍能响应事件。

（2）MaxLength 属性：设置 TextBox 控件中能够输入的最多字符数。默认值为 32767，0 表示没有限制长度。

（3）MultiLine 属性：设置 TextBox 控件是否能够接受和显示多行文本，在运行时为只读。False（默认值）为不允许多行显示，即忽略回车符，并将文本限制在一行内；True 为允许多行显示。

（4）PasswordChar 属性：设置 TextBox 控件中的显示占位符。该属性非空时，表示使用占位符（即不显示输入的文本），只有将 MultiLine 设置为 False 时，PasswordChar 才有效。当 PasswordChar 为空白（默认值）时，将显示实际文本。该属性不影响 Text 值，Text 能准确地接收所输入的内容。该控件用作输入密码时，常设为“*”。

（5）ScrollBars 属性：配合 MultiLine 为 True 时，设置控件是否有水平、垂直滚动条，在运行时为只读。一旦设置了滚动条，将失去自动换行属性，必须输入 Enter 换行。None（默认值）为没有滚动条；Horizontal 为水平滚动条；Vertical 为垂直滚动条；Both 为水平和垂直滚动条。

（6）WordWrap 属性：指示多行编辑时是否自动换行。

（7）SelectionLength、SelectionStart、SelectedText 属性：这三个属性在程序界面设计时不可用。SelectionLength 为返回所选择的字符数；SelectionStart 为设置/获取所选择文本的起始点，如果无文本选中，则指出插入点的位置；SelectedText 为设置/获取包含当前所选择文本的字符串。

2. 事件

（1）TextChanged 事件：在文本框中输入或改变内容，或者程序运行时代码改变了 Text 属性值而触发该事件。

（2）KeyPress 事件：在文本框内发生一次键盘按下时触发该事件。

（3）LostFocus 事件：当一个对象失去焦点时，触发该事件。按 Tab 键或单击其他对象，当前对象将失去焦点。在代码中可使用 Focus 方法来改变焦点。

（4）GotFocus 事件：当一个对象获得焦点时，触发该事件。为获得焦点，用户可以通过 Tab 键切换，或单击对象等操作，或在代码中用 Focus 方法设置焦点。

3. 方法

Focus 方法：用于将焦点移至调用该方法的控件上。例如，TextBox1.Focus()将焦点移至 TextBox1 上。

例题 3.4　设计一个关于文本框焦点的程序。在窗体上建立两个文本框和一个标签，观察获得焦点的文本框事件 GotFous 和失去焦点的文本框事件 LostFocus。程序运行界面如图 3.6 所示。

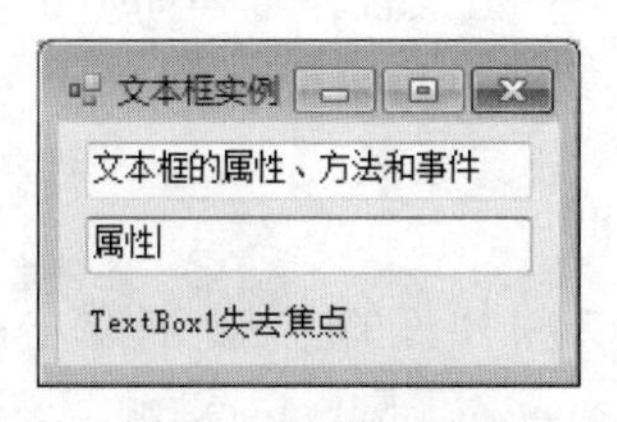

图 3.6　文本框实例

设计分析：TextBox1 用于文本显示，TextBox2 用于显示 TextBox1 的选中文本。TextBox1 和 TextBox2 的 ReadOnly 属性默认为 False；Label1 用于显示 TextBox1 是获得焦点还是失去焦点。

通过 TextBox1 的 SelectionStart 和 SelectionLength 属性选中 TextBox1 中的文本，SelectionStart 从 0 开始，通过 TextBox1 的 SelectedText 将通过 TextBox1 的选中文本复制到 TextBox2 中。单击 TextBox1 触发 TextBox1 的 GotFocus 事件，单击 TextBox2 触发 TextBox1 的 LostFocus 事件。

程序代码：

```
Private Sub TextBox1_GotFocus(…) Handles TextBox1.GotFocus
                                                    '******TextBox1 获得焦点
        TextBox1.SelectionStart=4                   '设置选中文本的起始点（从 0 开始计）
        TextBox1.SelectionLength=2                  '从起始点开始选中 2 个字符
        Label1.Text="TextBox1 获得焦点"
    End Sub
    Private Sub TextBox1_LostFocus(…) Handles TextBox1.LostFocus
                                            '******TextBox1 失去焦点
        Label1.Text="TextBox1 失去焦点"
        TextBox2.Text=TextBox1.SelectedText
                                            '设置 TextBox2.Text 为 TextBox1 所选中文本
End Sub
```

3.3.3 命令按钮

命令按钮（Button）控件主要用于在程序执行过程中，当用户选择或单击某个按钮时就能执行相应的事件过程。

1. 属性

（1）Text 属性：设置命令按钮上显示的文本。可以通过 Text 属性创建快捷键，只要在快捷键的字母前添加一个连字符（&），就可使该字符带有下画线。例如，设置 Text 属性为“&Copy”，就可见字母“C”下有一个下画线。这样，在运行时按 C 键或 Alt+C 组合键就相当于单击命令按钮。

（2）FlatStyle 属性：设置命令按钮的外观，FlatStyle 是枚举类型有 Standard（默认值，按钮以三维样式显示）、Flat（按钮以平面样式显示）、Popup（按钮以 Flat 平面样式显示，当鼠标指针在命令按钮上时以 Standand 三维样式显示）、System（由用户的操作系统决定外观形式）几种类型。

（3）Image 属性：当 FlatStyle 属性值设置为非 System 的值时，则可以使用 Image 属性为命令按钮设置图形，显示不同的图形文件（.bmp 或.ico）。

2. 事件

（1）Click 事件：有三种触发 Click 事件的方法，即单击命令按钮；当该控件有焦点时（通过 Tab 键可以转变焦点），可以按 Space 键或 Enter 键触发该事件；当命令按钮上有带下画线字母文本时，可以用快捷键触发该事件。

（2）MouseDown 事件：按下鼠标键时，触发该事件。

（3）MouseUp 事件：释放鼠标键时，触发该事件。

（4）MouseMove 事件：移动鼠标时，触发该事件。

例题 3.5 设计一个数字按钮输入数的程序。在窗体上建立 0~9 的命令按钮，连续单击数字按钮，或直接输入快捷键数字时，可以在标签中输入一串数字，观察标签内容的变化。程序运行界面如图 3.7 所示。

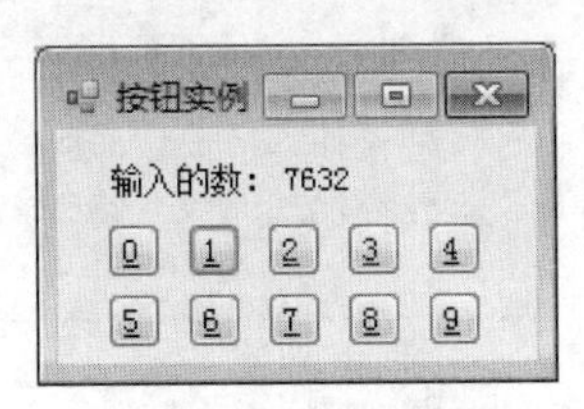

图 3.7 按钮实例

设计分析：将数字 0~9 的命令按钮控件默认名（Name）分别改为 bt0~bt9。在其 Text 属性的数字前输入“&”来创建按钮的快捷键，如 bt0 的 Text 属性设为“&0”。标签 Label2 显示连续输入的数值。分别在 bt0~bt9 的 Click 事件过程中为 Label2 合成新数，具体算法是：Label2 的原有内容乘以 10 加上当前数字。例如，Label2 的原有内容为 763，单击“2”按钮后，Label2 的内容变为 7632，即 763×10+2。

程序代码：

```
Private Sub bt0_Click(…) Handles bt0.Click              '******按钮 0
   Label2.Text=Val(Label2.Text) * 10+0                  '将 Label2 的内容乘 10 再加 0
End Sub
Private Sub bt1_Click(…) Handles bt1.Click              '******按钮 1
   Label2.Text=Val(TextBox1.Text) * 10+1                '将 Label2 的内容乘 10 再加 1
End Sub
```

上述程序代码省略了按钮 2~9 的代码，可仿照按钮 0 和 1 编写其他按钮事件代码。

3.3.4 复选框

复选框（CheckBox）常用于对逻辑命题的选择，通过勾选或不勾选进行选择。

1. 属性

除了常用的 BackColor、ForeColor、Top、Left、Height、Width 等属性外，还具有以下一些属性：

（1）Text 属性：设置复选框显示的文本内容。

（2）Checked 属性：指示控件是否处于选中状态。False（默认值）为未勾选；True 为勾选。

2. 事件

Click 事件：当单击复选框对象时触发 Click 事件。该控件不支持 DoubleClick 事件。

例题 3.6 设计一个兴趣爱好调查程序。在窗体上先勾选“上网”“读书”“运动”和“旅游”的兴趣爱好复选框；然后，单击“显示爱好”按钮，在文本框中显示出所勾选的兴趣爱好结果。程序运行界面如图 3.8 所示。

设计分析：CheckBox1～CheckBox4 分别表示“上网”“读书”“运动”和“旅游”兴趣爱好；Button1 表示“显示爱好”按钮；TextBox1 表示所勾选的爱好结果。在按钮的 Click 事件中，依次判断四个复选框是否被选中。如果选中，则将该兴趣爱好显示在文本框中。

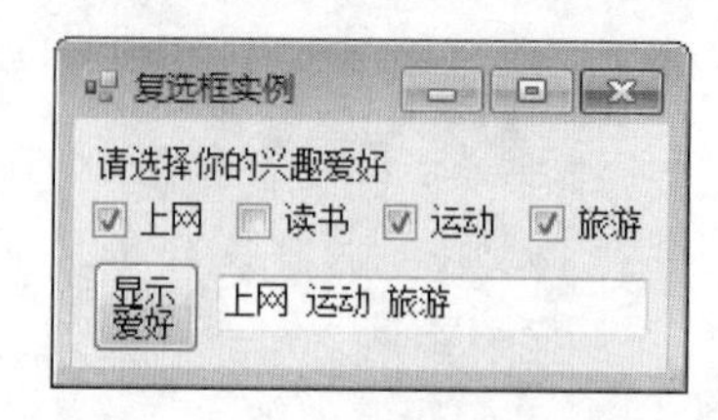

图 3.8 复选框实例

程序代码：

```
Private Sub Button1_Click(…) Handles Button1.Click   '******显示爱好
        If CheckBox1.Checked Then
            TextBox1.Text=CheckBox1.Text + " " '设置 TextBox1 的显示内容为"上网"
        End If
        If CheckBox2.Checked Then
            TextBox1.Text &=CheckBox2.Text + " " '在 TextBox1 的显示内容后增加"读书"
        End If
End Sub
```

上述程序代码省略了“运动”和“旅游”的代码，可仿照“上网”和“读书”编写。

3.3.5 单选按钮和分组框

1. 单选按钮

单选按钮（RadioButton）是一组多选一的控件。在同一组单选按钮中，只能选择其中的一个选项，即当选中某一个单选按钮时，其他单选按钮会自动失选。

1）属性

单选按钮的常用属性有 BackColor、ForeColor、Top、Left、Height、Width，此外还有以下属性：

（1）Text 属性：单选按钮旁的显示文本。

（2）Checked 属性：设置单选按钮的选择状态。False（默认值）为失选状态；True 为选中状态，当中有一个圆点，这时同组的其他单选按钮失选。

2）事件

单选按钮控件支持 Click 和 DoubleClick 事件。

例题 3.7 设计一个可设置字体的单选按钮程序。在窗体上建立一组字体单选按钮，选择“宋体”“楷体”“隶书”或“黑体”，在文本框中显示字体效果。程序运行界面如图 3.9 所示。

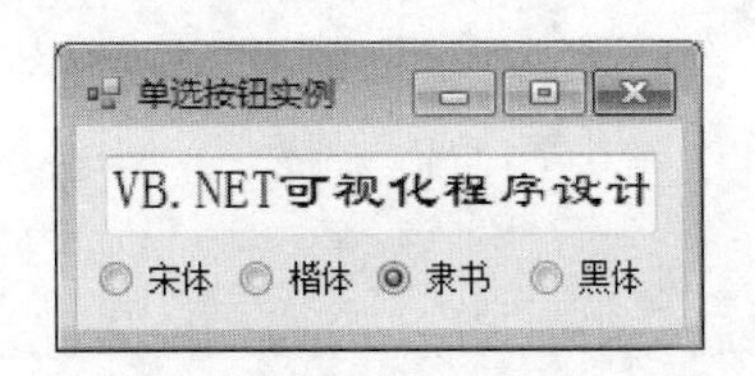

图 3.9　单选按钮实例

设计分析：RadioButton1～4 分别表示“宋体”“楷体”“隶书”或“黑体”单选按钮，TextBox1 用于文本的显示。在单选按钮的 CheckChange 事件中，如果单选按钮的 Checked 属性是 True，则将 TextBox1 的 Font 字体设置成相应字体。

程序代码：

```
Private Sub Form1_Load(…) Handles MyBase.Load      '******窗体加载
    RadioButton1.Checked=True                      '运行初始时"宋体"为选中
End Sub
Private Sub RadioButton1_CheckedChanged(…) Handles RadioButton1.CheckedChanged
                                                   '****宋体
    If RadioButton1.Checked Then
        TextBox1.Font=New Font("宋体", TextBox1.Font.Size)'设置字体为"宋体"
    End If
End Sub
Private Sub RadioButton2_CheckedChanged(…) Handles RadioButton2.CheckedChanged
                                                   '****楷体
    If RadioButton2.Checked Then
        TextBox1.Font=New Font("楷体_GB2312", TextBox1.Font.Size)
                                                   '设置字体为"楷体"
    End If
End Sub
```

读者可仿照“宋体”和“楷体”事件代码，编写完成“隶书”和“黑体”事件的代码。

2. 分组框

分组框（GroupBox）是一种容器类控件，对窗体中的控件进行逻辑分组。GroupBox 包含的所有控件会随 GroupBox 一起移动，并受到 GroupBox 某些属性的控制。

GroupBox 可以将单选按钮进行逻辑分组，也可以美化窗体界面。GroupBox 本身不能被选中或接收焦点，但 GroupBox 控件中包含的控件可以被选中或接收焦点。

1）属性

分组框的常用属性有 BackColor、ForeColor、Top、Left、Height、Width，此外主要属性还有：

（1）Text 属性：显示分组框标题内容，若设置为空，则分组框显示为一个封闭的矩形框。

（2）Enabled 属性：设置分组框是否有效。True（默认值）为分组框中的对象可被用户操作；False 为禁止用户操作分组框中的对象。

2）事件

分组框支持 Click 和 DoubleClick 事件，但一般不编写事件过程。

3）分组框中对象的产生

先建立分组框，再在分组框中建立子控件；或者，选中分组框外控件，剪切后，粘贴到分组框中。

例题 3.8 设计一个单选按钮分组的程序。用分组框分别建立“名山”和“海边”两组独立的单选按钮组。在窗体上首先选择“旅游地”单选按钮组（名山、海边）中的选项；根据前述选项，使对应的单选按钮组有效（亮）或失效（暗）。程序运行界面如图 3.10 所示。

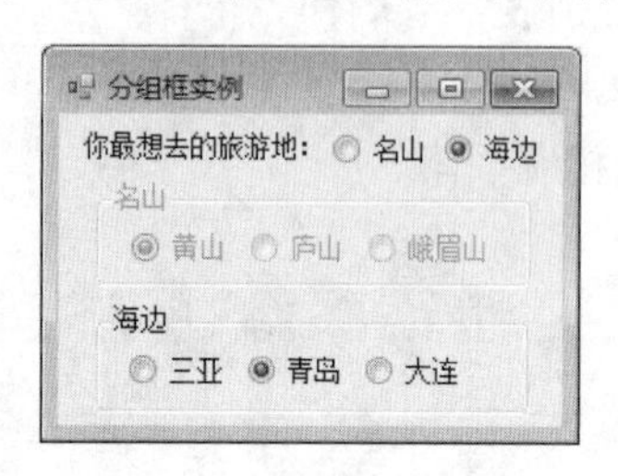

图 3.10 分组框实例

设计分析：RadioButton1 和 RadioButton2 分别表示“旅游地”单选按钮组中的选项；GroupBox1 和 GroupBox2 分别表示“名山”和“海边”独立单选按钮组的分组框。如果在旅游地单选了“名山”或“海边”的按钮，其 Checked 属性就是 True。根据该值，将相应分组框的 Enabled 属性设置为 True，否则设置为 False。

程序代码：

```
Private Sub RadioButton1_CheckedChanged(…) Handles RadioButton1.CheckedChanged
                                                    '***名山
    If RadioButton1.Checked Then'如果选中名山，则设置 GroupBox1 有效，GroupBox2 无效
        GroupBox1.Enabled=True
        GroupBox2.Enabled=False
    End If
End Sub
Private Sub RadioButton2_CheckedChanged(…) Handles RadioButton2. CheckedChanged
                                                    '***海边
    If RadioButton2.Checked Then '如果选中海边，则设置 GroupBox1 无效，GroupBox2 有效
        GroupBox1.Enabled=False
        GroupBox2.Enabled=True
    End If
End Sub
```

3.4 更多属性、事件和方法

3.4.1 属性

除了前面介绍的 Text、Enabled、Font、ForeColor、BackColor、Height、Width、Left 和 Top 等常用属性外，还有以下属性也经常用到。

（1）TabIndex 属性：决定了当 Tab 键被按下时焦点移动的顺序。当在窗体上建立控件时，系统按先后顺序自动为控件设置 TabIndex 属性。如果希望改变顺序，则需要修改控件的 TabIndex 属性。

程序开始运行时，焦点会停在具有最低 TabIndex 值（通常是 0）的控件上面，如果要将程序开始运行时的焦点停在某个控件上，即可将该控件的 TabIndex 属性值设为 0。

大多数交互控件可以接收焦点，如文本框、按钮、复选框和单选按钮；但有些控件却不能接收焦点，如标签和分组框。

（2）AcceptButton 属性：使窗体上的某个命令按钮成为确认按钮。程序运行时，该命令按钮常常会自动获得焦点。按 Enter 键后，该命令按钮的 Click 事件就会自动响应。

（3）CancelButton 属性：使窗体上的某个命令按钮成为取消按钮。程序运行时，按 Esc 键后，该命令按钮会被自动选中，并执行 Click 事件代码。

（4）StartPosition 属性：设置程序运行时窗体在屏幕上的初始位置。

（5）ToolTip 属性：当鼠标指针悬停在工具栏按钮或控件上时会弹出淡黄色小标签。通过在窗体上添加一个 ToolTip 控件后，窗体上的每一个控件就会有一个新的属性“ToolTip1 上的属性”，用于设置 ToolTip 的文本内容。运行时不可设置。

3.4.2 事件

1）TextChanged 事件

当用户在文本框中输入新内容，或程序运行时文本框的 Text 属性被设置成新值，此时文本框的 Text 属性改变就会触发 TextChanged 事件。用户在文本框中每输入一个字符就会触发一次 TextChanged 事件。例如，用户输入“Apple”一词时，会触发五次 TextChanged 事件。

2）KeyPress 事件

当用户在文本框中按下并释放键盘上的一个 ANSI（根据不同国家和地区制定的不同标准，包括 GB2/32、GBK、Big5、Shift JIS 等编码标准，键盘上主要包括可显示的打印字符及空格、退格等键）键时，就会触发文本框的 KeyPress 事件，并将用户所按的 ANSI 键返回给 e.KeyChar 参数。例如，当用户输入字符“v”，返回 e.KeyChar 的值为“v”。与 TextChanged 事件一样，每按下并释放一个键时就会触发该事件一次。

3.4.3 方法

Clear 方法：用于清空控件的文本内容。例如，TextBox1.Clear()等价于 TextBox1.Text=""。

例题 3.9 设计一个数字输入控制程序。在窗体上建立若干文本框、标签和命令按钮，先在文本框中输入数字。如果输入的不是数字，提示出错并重新输入。单击“=”命令按钮，在标签中显示计算结果。程序运行界面如图 3.11 所示。

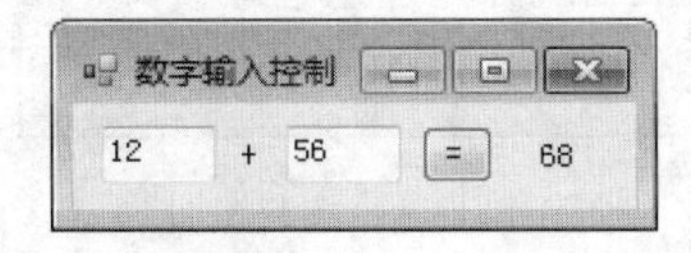

图 3.11 数字输入控制

设计分析：TextBox1 和 TextBox2 分别表示两个操作数，Label2 表示计算结果，Button1 是“=”命令按钮。ToolTip 用于为控件添加提示，设置两个文本框的“ToolTip1 上的属性”。在 TextBox1 和 TextBox2 中输入数，单击 Button1，在 Label2 中显示计算结果。TextBox1 的输入控制在其 LostFocus 事件中实现，如果不是数字则清空文本框并提示出错；TextBox2 的输入控制在其 KeyPress 事件中实现，如果输入非数字字符则将其清除并提示出错。

程序代码：

```
Private Sub TextBox1_LostFocus(…) Handles TextBox1.LostFocus' TextBox1 失去焦点
    If IsNumeric(TextBox1.Text)=False And TextBox1.Text <> "" Then
                                                'TextBox1 非空且非数字
        TextBox1.Clear()                        '清空 TextBox1
        MsgBox("输入了非数字字符，请重新输入！") '提示出错
        TextBox1.Focus()                        '将焦点停在 TextBox1 上
    End If
End Sub
Private Sub TextBox2_KeyPress(…) Handles TextBox2.KeyPress
                                                ' 在 TextBox2 中按下了键
    If e.KeyChar > "9" Or e.KeyChar < "0" Then  '判断按下的键是不是数字字符
        MsgBox("只能输入数字字符")                '提示出错
        e.KeyChar=""                            '清除该字符
    End If
End Sub
Private Sub Button1_Click(…) Handles Button1.Click    '等于
    Label2.Text=Val(TextBox1.Text)+Val(TextBox2.Text)
                                                '函数 Val()将字符串转换为数字
End Sub
```

3.4.4 共享事件

Visual Basic.NET 中的某一个事件处理过程可以被多个控件共享。如果在某一个事件过程“Handles 对象名.事件”后面继续添加不同的“对象名.事件”，则该过程就能同时响应其他一些控件的事件。

例题 3.10 设计一个运用共享事件处理文字字体样式的程序。单击“粗体”“斜体”和“删除线”，文本框中的字体显示相应的字体样式效果。程序运行界面如图 2.12 所示。

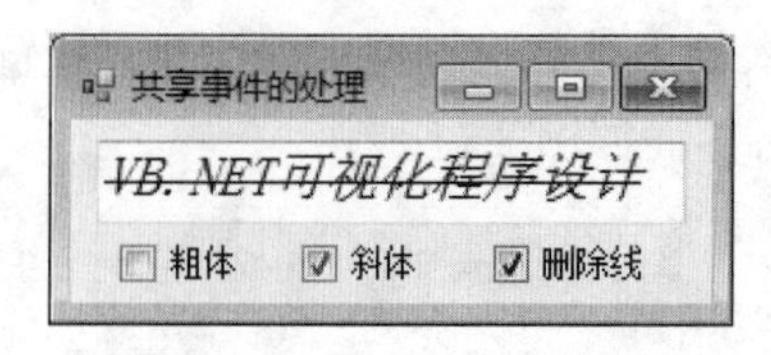

图 3.12 共享事件的处理

设计分析：CheckBox1～CheckBox3 分别表示“粗体”“斜体”和“删除线”。在 CheckBox1 的 CheckedChanged 事件过程的 Handles 后面继续添加 CheckBox2.CheckedChanged 和 CheckBox3.CheckedChanged，这样 CheckBox2 和 CheckBox3 控件就能共享响应 CheckBox1 的 CheckedChanged 事件。

程序代码：

```
Private Sub CheckBox1_CheckedChanged(…) Handles CheckBox1.CheckedChanged,
CheckBox2.CheckedChanged,CheckBox3.CheckedChanged    '三个复选框的共享事件
    Dim style As FontStyle                           '定义字形变量
    style=FontStyle.Regular                          '设置字形初值
    If CheckBox1.Checked Then                        '如果勾选粗体
       style=style Or FontStyle.Bold                 '字形增加粗体
    End If
    If CheckBox2.Checked Then                        '如果勾选斜体
       style=style Or FontStyle.Italic               '字形增加斜体
    End If
    If CheckBox3.Checked Then                        '如果勾选删除线
       style=style Or FontStyle.Strikeout            '字形增加删除线
    End If                                           '合成显示效果
    TextBox1.Font=New Font(TextBox1.Font.Name, TextBox1.Font.Size, style)
                                                     '仅改变字形
End Sub
```

课后习题

一、单选题

（1）在 Visual Basic.NET 程序中，对象可执行的操作称为对象的________。

A．属性　　B．方法　　C．事件　　D．状态

（2）标签控件的作用是________。

A．输入文本信息　　B．编辑文本信息　　C．显示文本信息　　D．相当于文本编辑器

（3）以下可实现按钮 Button1 不可操作的语句是________。

A．Button1.Lock()　　B．Button1.Visible = False　　C．Button1.Enabled = False　　D．Button1.Disabled = True

（4）若输入光标可定位到文本框，但无法修改其中的内容，很可能是以下________属性设置了 True。

A．ReadOnly　　B．Lock　　C．Enabled　　D．Text

（5）TextBox 控件限制用户输入字符长度的属性为________。

A．SelectionLength　　B．TextLength

C．MaxLength　　D．Width

（6）要使文本框能够多行显示，则应使________属性设为 True。

A．MultiLine　　B．Enabled

C．Locked　　D．Visible

（7）在窗体 Form2 中，要使 Form1 窗体的标题栏显示“Visual Basic.NET”的正确语句是________。

A．Me.Text = "Visual Basic.NET"　　B．Form1.Name = "Visual Basic.NET"

C．Form1.Caption = "Visual Basic.NET"　　D．Form1.Text = "Visual Basic.NET"

（8）TextBox 控件的 PasswordChar 属性的作用：________。

A．该属性是 Boolean 类型，表示是否使用*号隐藏输入的信息

B．该属性是 String 类型，表示输入的隐藏信息的实际内容

C．该属性是 Char 类型，表示是用哪个字符隐藏输入的信息

D．该属性是 Boolean 类型，表示是否提供用户输入密码

二、填空题

（1）面向对象程序设计中，________是抽象概念，________是具体实例。

（2）文本框与窗体的 Left 属性和 Width 属性分别表示________和________，也可以用________和________属性替代。

（3）________属性用来标识对象的名称；________方法可使对象获得焦点。

（4）要使窗体在运行时不可改变窗体的大小和没有“最大化”和“最小化”按钮，应对________属性进行设置。

（5）可通过________属性值判断复选框和单选按钮是否被选中。

三、写表达式

（1）用代码使按钮 btnLogin 在运行时不可见。

（2）用代码设置 TextBox1 的显示字体为“黑体，18 号，粗体”。

（3）用一行代码实现 CheckBox1 控制 TextBox1 的显示与隐藏，如图 3.13 和图 3.14 所示。

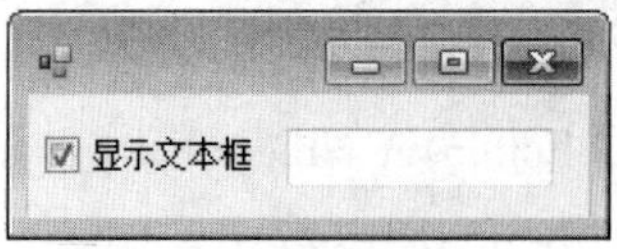

图 3.13　选择显示

图 3.14　未选择显示

四、编程题

（1）设计如图 3.15 所示的“用户登录”界面，控件及其相应的属性设置如表 3.3 所示。要

求实现：①账号文本框内容为空时，“确定”按钮不可用；非空时，“确定”按钮可用。②单击“确定”按钮，判断输入的账号与密码。若输入的账号是“User”（不区别大小写），密码是“123”，则用 MsgBox 显示“登录成功！”信息框，否则显示“账号或密码错误，请重试！”信息框。③单击“取消”按钮，关闭“用户登录”界面，退出程序。请编程实现。

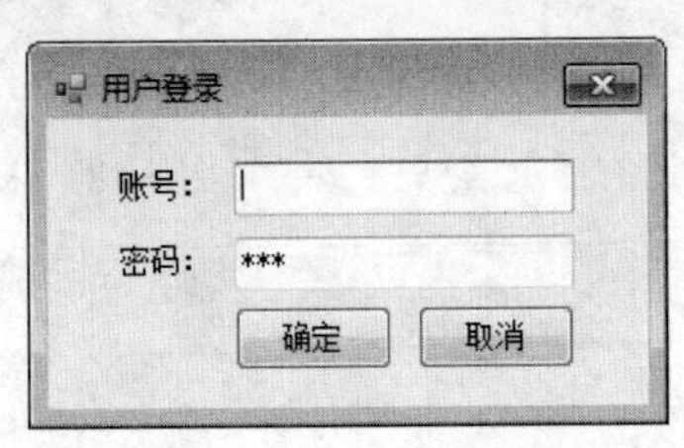

图 3.15　“用户登录”界面

表 3.3　控件及属性值

控　　件	属 性 设 置
窗体	标题“用户登录”，无“最大化”和“最小化”按钮
“账号”标签框	名称为 lblAcnt，显示“账号:”
“账号”文本框	名称为 txtAcnt，最多允许输入 12 个字符
“密码”标签框	名称为 lblPswd，显示“密码:”
“密码”文本框	名称为 txtPswd，用*代替输入的内容
“确定”文本	名称为 btnOk，显示“确定”
“取消”文本	名称为 btnCancel，显示“确定”

（2）设计“信息查询”程序，界面效果如图 3.16 所示。要求实现：①勾选“全选”复选框时，“艺术、科学、自然、地理”四个复选框自动全部选中；未勾选“全选”复选框时，则相应四个复选框全部不选。②“艺术、科学、自然、地理”四个复选框共享 Click 事件，当四个复选框都勾选时，自动选中“全选”复选框；若有未选项，则自动取消“全选”复选框的选中状态。③单击“搜索”按钮，分别判断是否输入关键词及是否选择信息查询范围。若未输入关键词，则显示图 3.17 所示的信息提示框；若未选择查询范围，则显示图 3.18 所示的信息提示框；若两者均满足条件，则在文本框中模拟显示查询过程（见图 3.19）。

图 3.16　信息查询界面

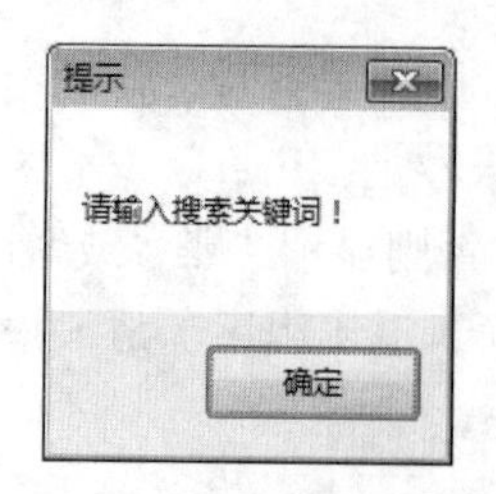

图 3.17　未输入关键词的提示信息

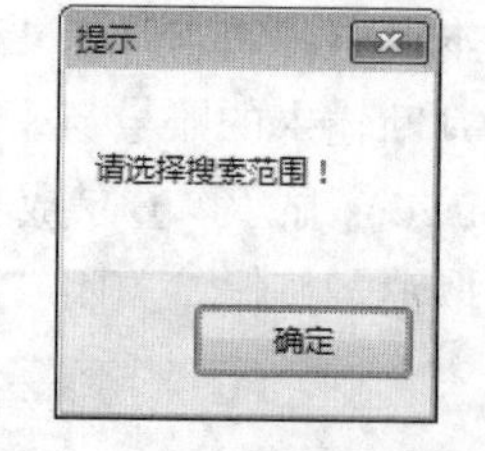

图 3.18　未选择范围的提示信息

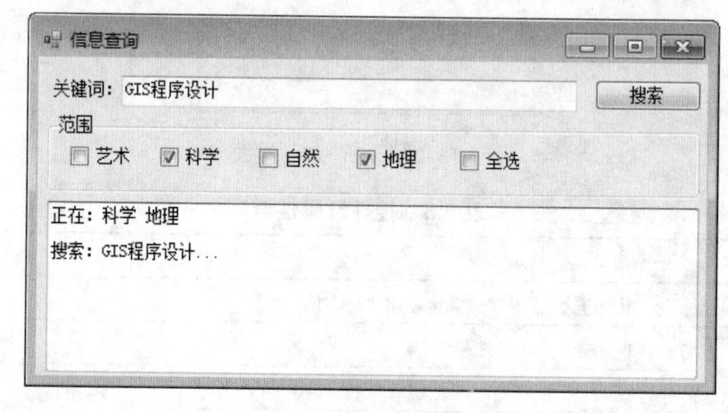

图 3.19　模拟的搜索效果

五、简答题

（1）工具箱中的 Button 控件与窗体上的 Button 控件有何区别？又有何联系？

（2）对象有哪三要素？分别描述了哪些内容？

（3）对象属性的设置方法有哪些？

（4）请叙述对象的事件与方法的含义，它们有什么区别？

（5）当程序开始运行时，首先启动哪个事件过程？该事件常起何作用？

（6）文本框的 ScrollBars 属性设置了非零值，却没有效果，原因是什么？

（7）要判断在文本框中是否按了 Enter 键，应利用文本框的什么事件？如何在文本框内显示多行文本？

（8）分组框的作用有哪些？

（9）共享事件是如何设置的？它有什么作用？

（10）什么是容器控件？你学到了哪几个容器控件？

（11）什么是控件的焦点？请叙述能改变焦点的几种方法。

第4章 控制结构

本章主要介绍 Visual Basic 的编程规则和程序设计的三种基本结构。结构化程序由若干个基本结构组成，每个基本结构包含一个或若干个语句。结构化程序设计的基本结构有三种，分别是顺序结构、选择结构和循环结构。

4.1 顺序结构

顺序结构是指按语句出现的先后顺序执行。如图 4.1 所示，表示一个顺序结构的流程形式，它有一个入口和一个出口，依次执行语句 A 和语句 B。

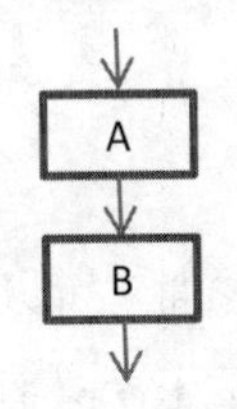

图 4.1 顺序结构

4.1.1 赋值语句

赋值语句执行赋值运算，是 Visual Basic.NET 中最基本的语句。用赋值语句可以把指定的值赋给某个变量或某个带有属性的对象。

1. 简单赋值语句

简单赋值语句的一般格式如下：

```
变量=表达式
```

或：

```
[对象.]属性 = 表达式
```

其中的“=”称为赋值号，“变量”必须符合 VB 的变量命名规则，“表达式”可以是函数、运算符及对象的属性值组成的有效算式。赋值语句的功能是先计算赋值号右边“表达式”的值，然后把值赋给左边的“变量”或“对象.属性”。

例如：

```
s=2 * 3.14159 * r                                    '计算右边表达式，将结果赋给变量 s
```

```
c=Button1.Width+Sqrt(a*b)                    '计算右边表达式，将结果赋给变量 c
TextBox1.Text="这是给对象的属性赋值的例子"      '在 TextBox1 中显示字符
```

在使用赋值语句时，应注意以下几点：

赋值语句中“=”和关系运算中的“=”的作用是截然不同的。赋值运算符的左边只能是一个合法的变量或对象属性，而不能是表达式；而关系运算符“=”的两边都可以是表达式，其功能是判断关系运算符“=”两边的值是否相等。

不能把赋值语句中的“=”看成数学式中的等号。例如“i=i+1”表示把 i 的值与 1 相加，结果再赋值给左边的 i，其效果就是变量 i 自增 1。

2. 复合赋值语句

在 Visual Basic.NET 中增加了复合赋值运算符，以简化程序代码，提高程序的编译效率。复合赋值运算符有：+=、-=、*=、\=、/=、^=、&=等。复合赋值语句的一般格式如下：

```
变量 复合赋值运算符 表达式
```

其功能是先计算右边“表达式”的值，然后根据“复合赋值运算符”与左边的变量进行运算，最后把运算结果赋给“变量”。例如：

```
a*=2+3                          '等价于  a=a*(2+3)
n+=1                            '等价于  n=n+1
Label1.Text &= "VB 程序" & vbCrLf'Label1 原来的内容连接右边字符串表达式后再赋回给 Label1
```

4.1.2 数据输入和数据输出

程序运行时通过输入获取需要的数据，通常可以运用 TextBox 文本框和 InputBox()函数来实现输入数据；经过程序处理或计算得到的结果需要输出，通常可以运用 Label 标签、TextBox 文本框和 MsgBox()函数来实现输出数据。

1. InputBox()函数

执行 InputBox()函数会出现一个可以让用户进行输入，并返回输入字符串的对话框。InputBox()函数格式如下：

```
InputBox(prompt[,title] [,defaultResponse] [,xpos] [,ypos])
```

各参数含义如下：

- prompt：作为消息出现在对话框中的字符串表达式。如果 prompt 包含多行，则可在各行之间用回车换行符（vbCrLf）来分隔。
- title：显示在对话框标题栏中的字符串表达式。如果省略 title，系统自动会把应用程序名放入标题栏中。
- defaultResponse：显示在文本框中的字符串表达式，在没有其他输入时作为默认输入值。如果省略 defaultResponse，则文本框为空。
- xpos，ypos：数值表达式，成对出现。xpos 指定对话框的左边与屏幕左边的水平距离，如果省略 xpos，则对话框会在水平方向居中。ypos 指定对话框的上边与屏幕上边的距离，如果省略 ypos，则对话框被放置在屏幕垂直方向距下边大约 1/3 的位置。

如果用户单击“确定”按钮或按 Enter 键，则 InputBox()函数会返回文本框中的内容。如果用户单击“取消”按钮，则此函数返回一个长度为零的字符串（""）。

2. MsgBox()函数

MsgBox()函数是通过对话框向用户传送信息，用户根据对话框中的信息单击适当的按钮，函数将得到一个返回值，表示用户单击了哪个按钮。其格式如下：

```
[returnValue=] MsgBox(prompt[,buttons] [,title])
```

各参数含义如下：

- prompt：MsgBox 对话框的信息提示字符串，同 Inputbox()函数。
- buttons：数值表达式。是值的总和，指定显示按钮的数值和类型、使用的图标样式、默认按钮的标识以及消息框的样式。如果省略 buttons，则默认值为 0。buttons 参数的常用值如表 4.1 所示。

表 4.1　buttons 参数的常用值

分　组	枚 举 值	值	描　述
按钮数值和类型	OkOnly	0	只显示“确定”按钮
	OkCancel	1	显示“确定”“取消”按钮
	AbortRetryIgnore	2	显示“终止”“重试”“忽略”按钮
	YesNoCancel	3	显示“是”“否”“取消”按钮
	YesNo	4	显示“是”“否”按钮
	RetryCancel	5	显示“重试”“取消”按钮
图标类型	Critical	16	显示“红叉”的出错图标
	Question	32	显示“问号”的询问图标
	Exclamation	48	显示“感叹号”的警告图标
	information	64	显示“i”信息图标

第一组值（0～5）描述了对话框中显示的按钮类型与数目；第二组值（16,32,48,64）描述了图标的样式；除此之外，“Buttons”还提供了默认按钮和模式等其他参数设置。枚举值用 MsgBoxStyle 枚举名来引用（如 MsgBoxStyle.OkOnly 等）。例题 4.1 中的 MsgBox()。函数就用到了“MsgBoxStyle.Critical + MsgBoxStyle.YesNoCancel”，这等价于“16+3”或“19”。在程序中显示具有“是”“否”和“取消”按钮且伴有“红叉”图标的 MsgBox 对话框。

- title：MsgBox 对话框的标题栏，同 Inputbox()函数。

MsgBox()函数的返回值是一个整型数，该值与选择的命令按钮有关，也可用 MsgBoxResult 枚举名来引用枚举值。在应用程序中，MsgBox()函数的返回值通常用来作为继续执行程序的依据，根据该返回值决定其后的操作。MsgBox()函数的返回值如表 4.2 所示。

表 4.2　MsgBox()函数的返回值

枚 举 值	常　数	值	描　述
Ok	vbOK	1	选择“确定”按钮
Cancel	vbCancel	2	选择“取消”按钮

续表

枚举值	常数	值	描述
Abort	vbAbort	3	选择“终止”按钮
Retry	vbRetry	4	选择“重试”按钮
Ignore	vbIgnore	5	选择“忽略”按钮
Yes	vbYes	6	选择“是”按钮
No	vbNo	7	选择“否”按钮

例题 4.1 设计一个密码登录的程序。程序运行的初始界面如图 4.2 所示，单击“登录”按钮，弹出图 4.3 所示的“登录”对话框，在输入框中输入密码。如果密码正确，则弹出图 4.4 所示的“登录成功”对话框；如果密码错误，则弹出图 4.5 所示的“登录失败”对话框，单击“是”按钮，返回登录界面继续登录，并输入密码。

图 4.2 初始界面

图 4.3 “登录”对话框

图 4.4 “登录成功”对话框

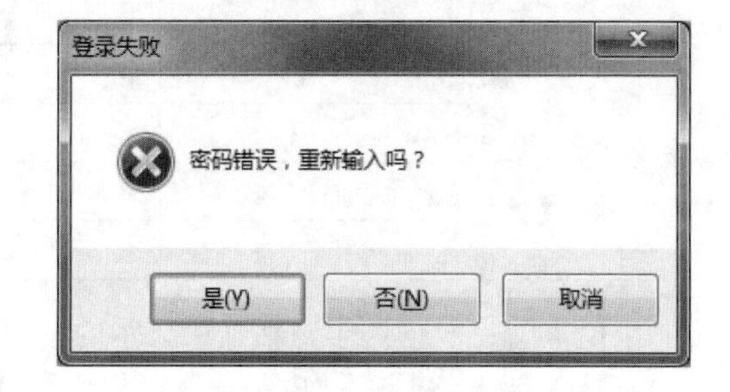

图 4.5 “登录失败”对话框

设计分析：Button1 表示“登录”。利用 InputBox()函数，在“登录”对话框的输入框中输入密码，并将返回值赋给 password。如果 password 是正确的密码，则利用 MsgBox()函数显示“登录成功”对话框（MsgBoxStyle.OkOnly+MsgBoxStyle.Information）。如果 password 不是正确的密码，则利用 MsgBox()函数显示“登录失败”对话框（3+16）。如果在对话框中单击“是”按钮，程序根据返回的值（6 或 vbYes），继续返回“登录”界面。

程序代码：

```
Private Sub Button1_Click(…) Handles Button1.Click        '******登录
    Dim password As String                              '用于存放输入的密码
    Dim ret As Integer                                  '用于存放“登录失败”对话框的返回值
    Do
        password=InputBox("请输入密码", "登录")        '输入密码存入 password
        If password="VB.NET" Then                       '密码正确时显示“登录成功”对话框
```

```
            MsgBox("欢迎进入",MsgBoxStyle.OkOnly+MsgBoxStyle.Information, "登录成
功")
            Exit Do                                           '跳出 Do 循环
        Else                                                  '密码错误时显示登录失败信息框
            ret=MsgBox("密码错误，重新输入吗？",3+16, "登录失败")
        End If
    Loop While ret=vbYes                                      '在登录失败对话框中单击"是"按钮
End Sub
```

4.2 选择结构

选择结构是先对条件表达式进行判断，根据判断结果执行相应的分支代码。在 Visual Basic.NET 中，常见的选择结构有三种："If…Then" "If…Then…Else" 和 "Select…Case"。

4.2.1 If 条件语句

1. 单分支结构条件语句

1）语句格式

语句格式有单行与多行两种。

（1）单行格式，定义为：

```
If 条件 Then 语句
```

（2）多行格式，定义为：

```
If 条件 Then
语句组
End If
```

2）语句功能

单分支结构条件语句的流程图如图 4.6 所示。在单行格式中，如果"条件"成立，则执行"语句"；否则直接执行 If 的后续语句。在多行格式中，如果"条件"成立，则执行"语句组"；否则直接执行 End If 的后续语句。其中，"条件"可以是关系表达式、布尔表达式、数值表达式或字符串表达式。Visual Basic.NET 将非 0 作为真（True）处理，将 0 作为假（False）处理。

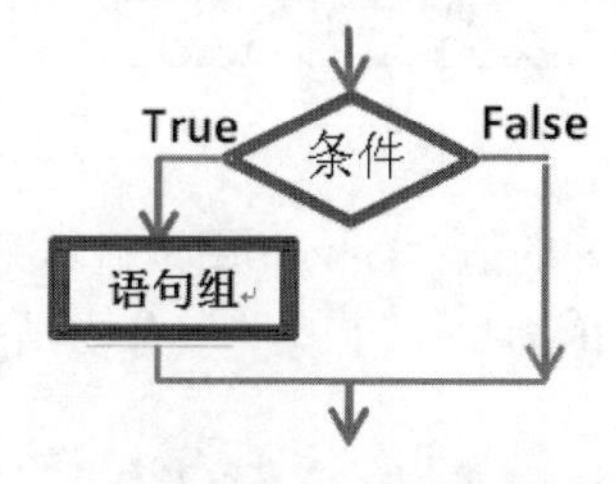

图 4.6　单分支结构

例如，用键盘输入学生的成绩，当输入的值为负数时，则弹出"数据出错"提示信息的语

句，可写成单行格式：

```
If  x<0 Then  MsgBox ("数据出错")
```

也可写成多行格式：

```
If  x<0 Then
   MsgBox("数据出错")
End If
```

2. 双分支结构条件语句

1）语句格式

```
If  条件  Then
   [ 语句组1 ]
[Else
   语句组2 ]
End If
```

2）语句功能

双分支结构条件语句的流程图如图 4.7 所示。如果“条件”成立，则执行“语句组 1”，否则执行“语句组 2”。这种选择结构为典型的标准双分支结构。

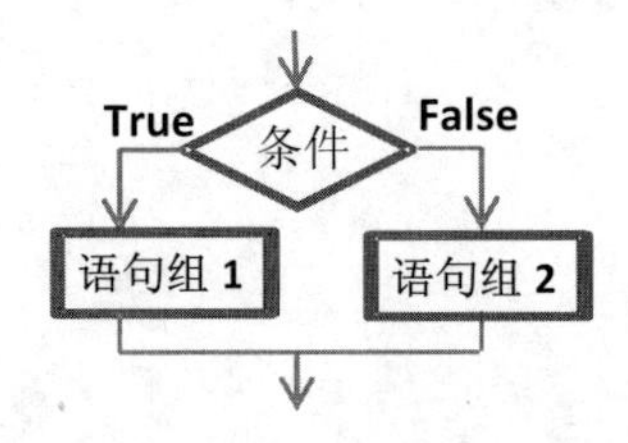

图 4.7 双分支结构

例题 4.2 设计一个计算分段函数的程序。在文本框中输入 x 的值，单击“计算”按钮，在标签中输出 y 的值。程序运行结果如图 4.8 所示。其中 y 的计算公式为：

$$y=\begin{cases}1+x & (x\ge 0)\\ 1-2*x & (x<0)\end{cases}$$

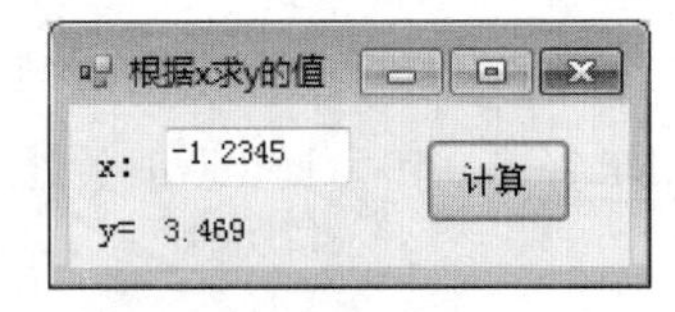

图 4.8 根据不同的 x，求 y 值

设计分析：TextBox1 用于输入 x 的值；Label3 用于显示计算得到的 y 值；Button1 表示“计算”。根据 y 的计算公式，采用“If…Then…Else”双分支结构条件语句。

程序代码：

```
Private Sub Button1_Click(…) Handles Button1.Click          '计算
    Dim x As Single,y As Single
    x=Val(TextBox1.Text)                                     '获得输入值 x
```

```
    If x>=0 Then
        y=1+x                              'x>=0 时，y 的值
    Else
        y=1-2*x                            'x<0 时，y 的值
    End If
    Label3.Text=y                          '显示 y 值
End Sub
```

3. 多分支结构条件语句

1）语句格式

```
If   条件 1   Then
  [ 语句组 1 ]
[ElseIf  条件 2  Then
  [ 语句组 2 ]
…
[ElseIf  条件 n  Then
  [ 语句组 n ]
[Else
  [ 语句组 n+1 ]
End If
```

2）语句功能

多分支结构条件语句的流程图如图 4.9 所示。先判断“条件 1”是否成立，若成立则执行“语句组 1”，然后执行 End If 的后续语句；否则判断“条件 2”是否成立，若成立，则执行“语句组 2”，然后执行 End If 的后续语句；否则继续判断，依次类推；如果所有条件都不成立，则执行“语句组 n+1”，然后执行 End If 的后续语句。

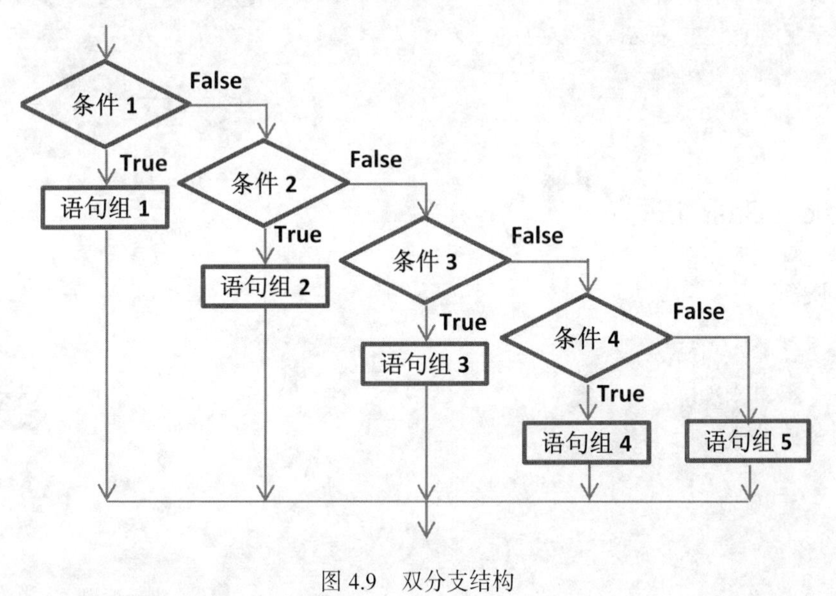

图 4.9　双分支结构

例题 4.3　设计一个判断坐标点所属象限的程序。在文本框中输入点的 x 坐标和 y 坐标，

单击“判断”按钮，判断该点属于哪一个象限。程序运行界面如图 4.10 所示。

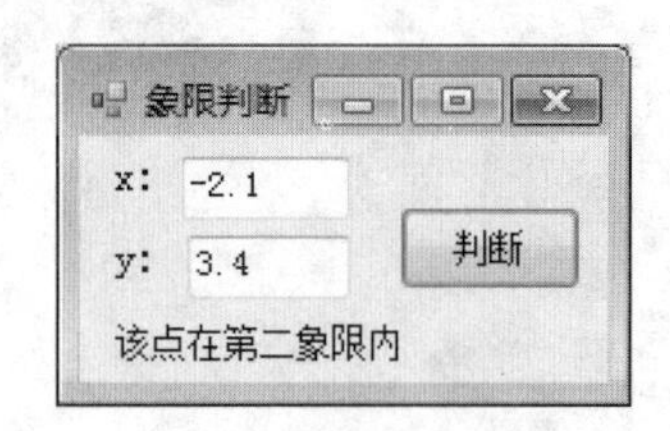

图 4.10　象限判断

设计分析：TextBox1 和 TextBox2 分别用于输入 x 和 y 坐标；Button1 表示“判断”；Label3 用于显示判断结果。在平面直角坐标系中有 4 个象限：第一象限（x>0,y>0）；第二象限（x<0,y>0）；第三象限（x<0,y<0）；第四象限（x>0,y<0）。如果 x=0 或 y=0 则提示“该点不在任何象限内”。应采用“If…Then…ElseIf…Else”多分支结构条件语句。

程序代码：

```
Private Sub Button1_Click(…) Handles Button1.Click   '判断
    Dim x,y As Single
    x=Val(TextBox1.Text) : y=Val(TextBox2.Text)       '输入 x 和 y 坐标
    If x>0 And y>0 Then                              'x>0 并且 y>0
        Label3.Text="该点在第一象限内"
    ElseIf x<0 And y>0 Then                          'x<0 并且 y>0
        Label3.Text="该点在第二象限内"
    ElseIf x<0 And y < 0 Then                        'x<0 并且 y<0
        Label3.Text="该点在第三象限内"
    ElseIf x>0 And y<0 Then                          'x>0 并且 y<0
        Label3.Text="该点在第四象限内"
    Else                                             'x=0 或者 y=0
        Label3.Text="该点不在任何象限内"
    End If
End Sub
```

4.2.2　Select Case 语句

1. 语句格式

```
Select  Case  测试表达式
    Case  表达式列表 1
        [ 语句组 1 ]
    [Case  表达式列表 2]
        [ 语句组 2 ]
    …
    [Case  Else
        [ 语句组 n ]
End Select
```

2. 语句功能

求出“测试表达式”的值，按顺序依次与 Case 后的“表达式列表”相匹配，若匹配成功，则执行该 Case 下的语句，然后跳出 Select Case 语句，即转到 End Select 之后继续执行；若“测试表达式”的值与各表达式值都不匹配，则执行“语句组 n”。其中“表达式列表”可以是以下几种形式：

（1）枚举型：表达式[,表达式][,…]。

例如，“Case 2,4,6,8”表示“测试表达式”的值或者是 2，或者是 4，或者是 6，或者是 8。

（2）范围型：表达式 To 表达式。

用来指定一个匹配值范围。例如，“Case 2 To 8”表示匹配 2～8 之间的所有数值。

（3）关系型：Is 关系运算表达式。

用来配合关系运算符指定一个取值范围。例如，“Case Is<50”表示匹配小于 50 的所有值。

（4）也可以混合使用以上三种形式，用逗号分隔。

例如，“Case 2,4,5 To 9”表示 2,4 或 5～9 都是匹配的数值。

例题 4.4　设计一个某运输公司对用户计算总运费的程序。在文本框中输入基本运费、货物重量和距离，单击“总运费”按钮，在标签中输出总运费。程序运行界面如图 4.11 所示。计算总运费的公式为：运费=基本运费*货物重量*距离*（1-折扣）。折扣与距离有关，折扣的计算标准如下：

0km<距离≤250 km	没有折扣
250 km<距离≤500 km	2%折扣
500 km<距离≤000 km	5%折扣
1000 km<距离≤2000 km	8%折扣
2000 km<距离≤3000 km	10%折扣
3000 km<距离	15%折扣

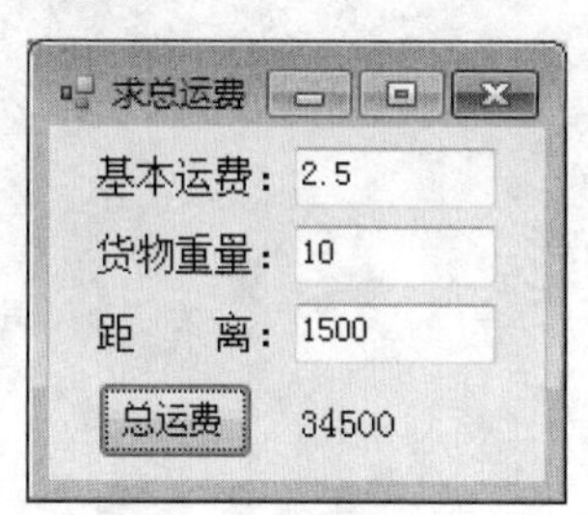

图 4.11　求总运费

设计分析：TextBox1～TextBox3 分别表示基本运费、货物重量和距离；Button1 表示“总运费”；Label4 用于显示计算得到的总运费。变量 price 为每公里每吨货物的基本运费，weight 为货物重量，distance 为运输距离，discount 为折扣，则总运费 fee 的计算公式为 fee= price* weight* distance*(1- discount)。采用“Select…Case”多分支结构条件语句。

程序代码：

```
Private Sub Button1_Click(…) Handles Button1.Click          '总运费
   Dim price,weight,distance, discount,fee As Single
```

```
    price=Val(TextBox1.Text)                                    '设置单价
    weight=Val(TextBox2.Text)                        '设置重量
    distance=Val(TextBox3.Text)                      '设置距离
    Select Case distance                             '根据距离选择折扣率
        Case Is<=250                                 '若距离小于 250 km
            discount=0                               '折扣率为 0
        Case Is<=500                                 '若距离大于 250 km小于 500 km
            discount=0.02                            '折扣率为 0.02
        Case Is<=1000                                '若距离大于 500 km小于 1 000 km
            discount=0.05                            '折扣率为 0.05
        Case Is<=2000                                '若距离大于 1 000 km小于 2 000 km
            discount=0.08                            '折扣率为 0.08
        Case Is<=3000                                '若距离大于 2 000 km小于 3 000 km
            discount=0.1                             '折扣率为 0.1
        Case Else                                    '若距离大于 3 000 km
            discount=0.15                            '折扣率为 0.15
    End Select
    fee=price*weight*distance*(1-discount)                  '求总运费
    Label4.Text=fee                                         '显示总运费
End Sub
```

4.2.3 选择结构的嵌套

选择结构的嵌套是指在一个选择结构中又包含了另一个选择结构，即外层的 If...Then...Else 双分支语句的上下分支分别又包含了另一个 If 语句。例如：

```
If 表达式1 Then                        '外层双分支条件语句
    If 表达式11 Then                   '上半分支又包含了另一个单分支条件语句
        语句块11
    End If
Else                                   '下半分支又包含了另一个双分支条件语句
    If 表达式21 Then
        语句块21
    Else
        语句块22
    End If
End If
```

嵌套的选择结构在书写时，如果采用锯齿型缩格，就可以大大提高程序的可读性。嵌套的选择结构还应注意 If 与 End If 的配对关系。在 Visual Basic.NET 中，系统提供了自动配对的功能，即当输入“If 表达式1　Then”按 Enter 键后，系统会自动增加“End If”语句，并缩格对齐。

4.2.4　条件函数

Visual Basic.NET 中可以使用条件函数来实现一些简单条件判断的选择结构，条件函数有 Iif()函数和 Choose()函数两种，前者可用来代替 If 语句，后者可用来代替 Select Case 语句。

1. IIf()函数

IIf()函数的格式是：

```
IIf(条件表达式，表达式 1，表达式 2)
```

如果“条件表达式”为真，函数返回“表达式 1”的值；反之，返回“表达式 2”的值。

例如，可以使用下列语句判断“score 大于等于 60”时“及格”，否则“不及格”的标签文本输出。

```
Label1.Text = IIf(score>=60, "及格", "不及格")
```

2. Choose()函数

Choose()函数的格式是：

```
Choose(整数表达式，选项列表)
```

Choose()函数根据“整数表达式”的值来决定返回“选项列表”中的某一个值。如果“整数表达式”的值是 1，则返回“选项列表”中的第 1 个选项。如果“整数表达式”的值是 2，则返回“选项列表”中的第 2 个选项，依次类推。如果“整数表达式”的值小于 1 或大于列出的选项数目时，则返回 Null。

例如，根据 rop 是 1～4 的值，依次转换成运算符“+”“−”“×”“÷”的语句如下：

```
rop=Int(Rnd()*4+1)
op=Choose(rop, "+", "-", "×", "÷")
```

当 rop 值为 1 时，函数返回字符“+”，存入字符变量 op 中；当 rop 值为 2 时，函数返回字符“−”，存入字符变量 op 中，依次类推。由于随机产生的 rop 值在 1～4 之间，因此函数不可能返回 Null 值。

4.3　循环结构

循环结构通过循环语句来实现。根据循环语句中的条件决定是继续重复执行循环体的程序代码，还是终止循环。循环结构有条件型循环和计数型循环两种。在 Visual Basic.NET 中，前者通常用 Do…Loop 语句实现，后者使用 For…Next 语句实现。

4.3.1　Do…Loop 循环语句

当循环次数不确定只能通过某种条件来判断是否继续循环时采用条件型循环结构。在 Visual Basic.NET 中有两种条件型循环结构：

（1）“当”型循环结构：当条件 P 成立时，重复执行 A 操作，直到条件为假，停止循环。流程图如图 4.12 所示。

（2）“直到”型循环结构：先执行 A 操作，再判断条件 P 是否为真，若为真，继续执行 A，直到条件为假，停止循环。流程图如图 4.13 所示。

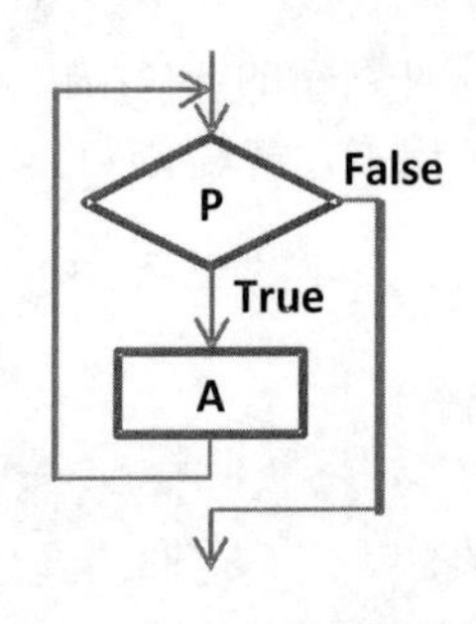

图 4.12 “当”型循环结构

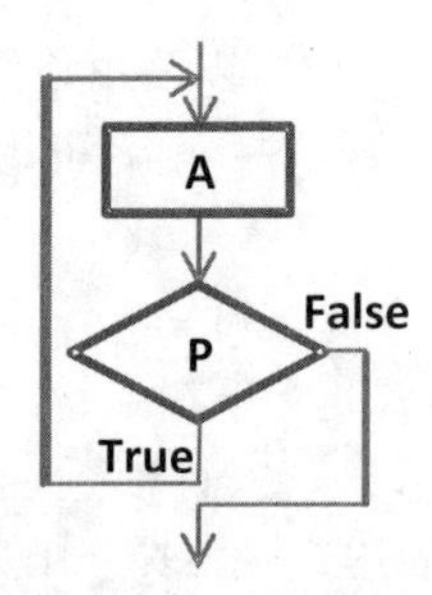

图 4.13 “直到”型循环结构

Do...Loop 语句相应也有这两种语法形式，分别对应当型循环结构和直到型循环结构。

1. 当型循环结构语句

1）语句格式

```
Do [While | Until 条件]
  [ 循环体语句组 1 ]
  [Exit  Do]
  [ 循环体语句组 2 ]
Loop
```

2）语句功能

“当”型循环结构是先判断条件后执行循环语句组。

对于“Do While...Loop”语句格式，当“条件”为真时，执行循环体代码；当“条件”为假时，则终止循环。这就是典型的“当”型循环结构。

而 Do Until...Loop 语句逻辑正好相反，即当“条件”为假时，重复执行循环体；直到“条件”为真时，立即终止循环。这是一种“直到”型循环结构的变体。

Exit Do 语句则可以强制跳出 Do...Loop 循环。

例题 4.5 用 Do While...Loop 和 Do Until...Loop 语句分别实现 $\sum_{i=1}^{100} i$ 的程序。单击“计算”按钮，在标签中显示计算结果。程序运行结果如图 4.14 所示。

图 4.14 Do...Loop 求 1+2+3+...+100

设计分析：Button1 表示“Do While...Loop 方法”进行计算，Button2 表示“Do Until...Loop 方法”进行计算；Label1 用于显示计算结果。根据题意计算 1+2+3+...+100 的累加和，累加器 s 存放累加和（初值为 0），计数器变量 i 从 1～100 进行循环。

程序代码：

```
    Private Sub Button1_Click(…) Handles Button1.Click
    'Do While…Loop 循环实现
    Dim s,i As Integer
    s=0                                  '累加器 s 用于存放和，初值为 0
    i=1                                  '计数器 i 用于循环，初值为 1
    Do While i<=100
        s=s+i
        i=i+1
    Loop
    Label1.Text="计算结果是:" & s        '显示计算结果
End Sub

Private Sub Button2_Click(…) Handles Button2.Click
    'Do Until…Loop 循环实现
    Dim s,i As Integer
    s=0
    i=1
    Do Until i>100
        s=s+i
        i=i+1
    Loop
    Label1.Text="计算结果是:" & s
End Sub
```

以上两种方法实现的程序运行结果相同。可以发现："Do While...Loop 循环"当条件为"真"时，执行循环体；条件为"假"时，退出循环。"Do Until...Loop 循环"当条件为"假"时，执行循环体；条件为"真"时，退出循环。因此，上述代码中，可以把 Do Until i > 100 改为 Do While Not (i > 100)，以实现用 Do While 代替 Do Until。

例题 4.6　设计一个输入数据并计算的程序。单击"输入并计算"按钮，依次通过键盘输入数据。如果输入的是负数，则结束输入。在下面的标签中显示之前所输入的数据以及这些数据的和与平均值。程序运行界面如图 4.15 所示。

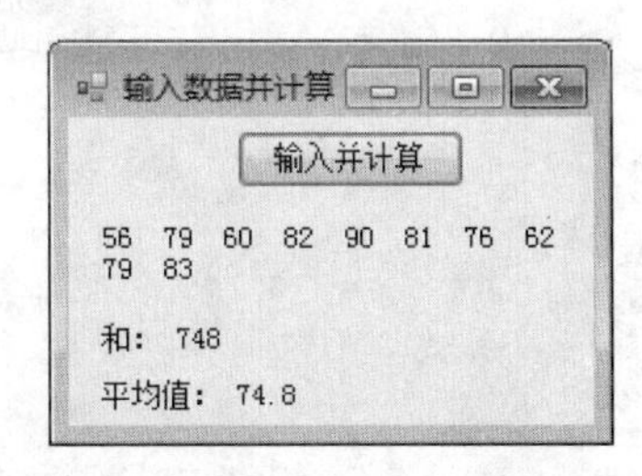

图 4.15　输入数据并计算

设计分析：Button1 表示"输入并计算"；Label1 用于显示输入数据；Label2 用于显示输入数据的和；Label3 用于显示输入数据的平均值。累加器 sum 存放输入数据的和，初值为 0；计数器 count 存放数据个数，初值为 0。由于循环次数无法确定，因此采用"当"型循环 Do

While...Loop 语句。循环条件是 x≥0，因此循环前要先输入 x 一次。在循环体内不断累加输入数据，并不断从键盘上输入数据。如果 count 能整除 8 就连接一个回车换行符。

```
Private Sub Button1_Click(…) Handles Button1.Click        ' 输入并计算
    Dim x,sum,count As Single
    sum=0 : count=0            'sum 用于存放和，count 用于存放累加数据的个数，初值均为 0
    x=InputBox("输入数据")      '通过 InputBox()函数输入数据存放在 x 中
    Do While (x>=0)            '当 x 大于等于 0 时执行循环体语句组，否则退出循环
        Label1.Text&=Str(x) & " " '连接显示数据
        count+=1                  '数据个数加 1
        If count Mod 8=0 Then Label1.Text &= vbCrLf        '每行 8 个数据
        sum=sum+x                 '将 x 累加到 sum 中
        x=InputBox("输入数据")     '循环体内不断输入数据
    Loop
    Label2.Text="和: " & Str(sum)                           '显示累加和
    Label3.Text="平均值: " & Str(sum / count)               '显示平均值
End Sub
```

如果使用 Do Until...Loop 语句，只要将上述代码段中的“Do While x>=0”改成“Do Until x<0”即可。

例题 4.7 计算级数 $S=1+\frac{x^1}{1\times 2}-\frac{x^3}{2\times 3}+\frac{x^5}{3\times 4}-\frac{x^7}{4\times 5}+\ldots$ 前若干项和。要求：①x 通过 InputBox()函数输入 x 的值，取值范围为(0,1)；②累加绝对值大于等于 10^{-6} 的级数项；③用 MsgBox 函数输出计算结果。程序运行效果如图 4.16 和图 4.17 所示。

设计分析：

（1）若将级数第二项 $\frac{x^1}{1\times 2}$ 开始记作第 i 项（i=1,2,3,…），则每项的分子是 x^{2i-1}，分母是 i*(i+1)。符号为一正一负交替出现。

（2）定义浮点数变量 s 用于存放级数值，其初值为 1；级数项符号用变量 f 表示，初值为 1，循环过程中，通过 f=–f 使符号正负交替出现。

（3）由于分子后一项是前一项的值乘以 x^2，因此，定义 a 表示分子，初值为 x，循环过程中，通过 a=a*x*x 计算下一项的分子；分母则用 i*(i+1)表示。

（4）循环计算级数每一项值 t=f*a/b，分子 a 和分母 b 随着 i 不断变化。循环的条件是 Abs(t)>=10^–6。

程序代码：

```
Private Sub Button1_Click(…) Handles Button1.Click
    's 存放级数和,x 存放输入的值,a 表示某一项的分子,b 表示某一项的分母,t 表示级数某一项值
    'f 表示某一项的符号,i 表示第几项
    Dim s,x,a,b,t As Double,f,i As Integer
    x=Val(InputBox("输入 x 值:","输入"))      '输入 x 值
    s=1
    i=1
    f=1
```

```
    a=x
    b=i*(i+1)
    t=f*a/b
    Do While Abs(t)>=10^-6              '若某一项值的绝对值大于 0.000001
        s=s+t                           '把该项的值累加到级数和变量 s
        i=i+1
        a=a*x*x                         '计算下一项的分子
        b=i*(i+1)                       '计算下一项的分母
        f=-f                            '计算下一项的符号
        t=f*a/b                         '计算下一项值
    Loop
    MsgBox(s,,"计算结果")
End Sub
```

运行结果：程序执行时，若输入 0.5（见图 4.16），则输出计算结果（见图 4.17）。

图 4.16　输入 x 值

图 4.17　输出计算结果

2. “直到”型循环结构语句

1）语句格式

```
Do
  [ 循环体语句组 1 ]
  [Exit  Do]
  [ 循环体语句组 2 ]
Loop  [While | Until 条件 ]
```

2）语句功能

“直到”型循环结构是先执行循环体再判断条件。

对于“Do…Loop Until”语句格式，直到“条件”为真时，终止循环；只要“条件”为假，重复执行“Do…Loop Until”之间的循环体。这就是典型的“直到”型循环结构。

而“Do…Loop While”语句逻辑正好相反，即“条件”为真时，重复执行循环体；当“条件”为假时，立即终止循环。这是一种“当”型循环结构的变体。运用“直到”型循环结构，例题 4.6 中的求和代码可写成：

```
    Private Sub Button1_Click(…) Handles Button1.Click    '******输入并求和
        Dim x,sum As Single
        sum=0:x=0          'sum 用于存放和，初值为 0；x 用于存放输入数据，初值为 0
        Do
            sum=sum+x
            x=InputBox("输入数据")
```

```
        Loop Until(x<0)    '当 x 大于等于 0 时执行循环体语句组，否则退出循环
        Label1.Text="和: " & Str(sum)  '显示结果
    End Sub
```

如果要使用“Do…Loop While”语句，只要将上述代码段中的“Loop Until (x < 0)”改成“Loop While (x >= 0)”即可。

4.3.2 For…Next 循环语句

在循环次数确定的情况下，使用 For…Next 语句既简洁又方便。

1. 语句格式

```
For 循环变量=初值  To 终值 [Step 步长 ]
  [ 循环体语句组 1 ]
  [Exit  For]
  [ 循环体语句组 2 ]
Next  [ 循环变量 ]
```

其中，“循环变量”是循环计数的数值变量，“初值”“终值”均是数值表达式，表示循环变量的变化范围。“步长”也是一个数值表达式，用来决定每次循环后，循环变量数值的改变量，可以是正数，也可以是负数，但不能为 0。如果步长为 1，可省略不写。

2. 语句功能

“For…Next”循环语句的流程图如图 4.18 所示。首先把“初值”赋给“循环变量”；接着检查“循环变量”的值是否在“初值”和“终值”之间。如果不是，则跳出循环，执行 Next 后面的语句；否则执行一次“循环体语句组”，然后将“循环变量+步长”的值赋给“循环变量”，重复上述条件判断过程。Exit For 用于在一定条件下的循环强制退出。

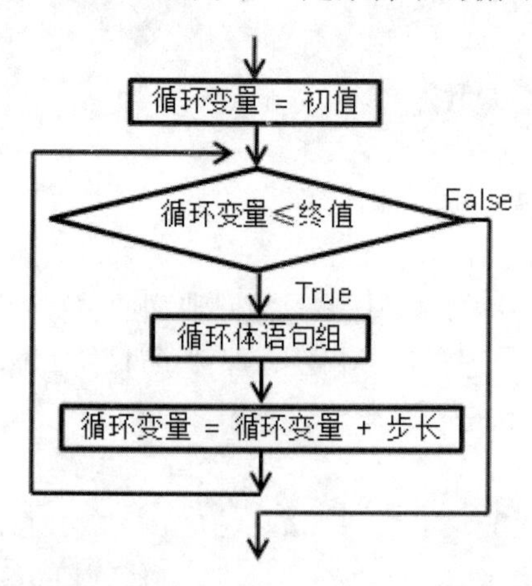

图 4.18　For...Next 循环语句流程图

例题 4.8　修改例题 4.5 的程序，添加用“For…Next”循环语句的方法实现 1+2+3+…+100 和，并比较与 Do…Loop 循环的区别。程序运行结果如图 4.19 所示。

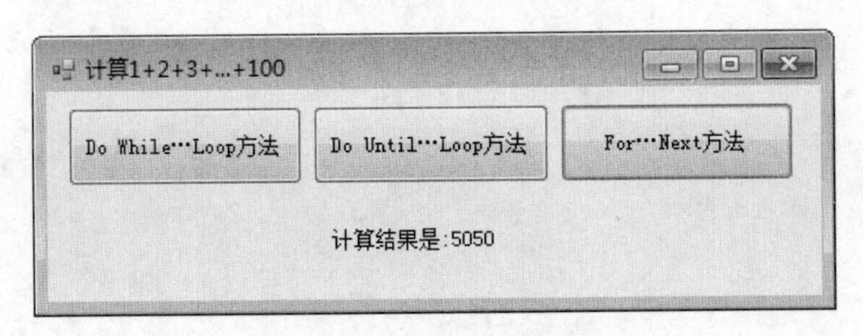

图 4.19　用 For...Next 方法求 1+2+3+...+100

设计分析：Button1 表示“计算”；Label1 用于显示计算结果。根据题意计算 1+2+3+…+100 的累加和，累加器 s 存放累加和（初值为 0），循环从 1 到 100。由于循环次数确定，因此使用“For…Next”语句格式。

程序代码：

```
Private Sub Button3_Click(…) Handles Button1.Click
        'For…Next 循环实现
        Dim s,i As Integer
        s=0                                '累加器 s 用于存放和，初值为 0
        For i=1 To 100                     '循环变量 i 从 1 到 100 循环 100 次，步长为 1 可以默认
            s=s+I                          '将 i 累加到累加器 s 中
        Next i
        Label1.Text="计算结果是: " & s          '显示结果
End Sub
```

从上述代码可以发现，由于省略了“Step 步长”（默认步长为 1），每次 For…Next 循环后，计数器变量 i 的值自动加 1。

如果要计算 1+3+5+…+99，则只需将上面的循环语句改为“For i = 1 To 100 Step 2”；如果计算 100+99+98+…+1，则可将上面的循环语句改为“For i = 100 To 1 Step –1”。根据不同要求，灵活改写 For 循环语句可以书写更为简洁的代码。

4.3.3　循环结构的嵌套

Do…Loop 语句和 For…Next 语句都可以嵌套使用。

1. 循环嵌套的原则

里层的循环称为内循环，包含了内循环的循环称为外循环。每个循环必须有一个唯一的变量名作为循环变量。Do…Loop 语句和 For…Next 语句不仅可以自己嵌套，还可以相互嵌套。嵌套循环变量必须不同。循环嵌套只能完全包含不能交叉；但循环可以并列，即相互独立。

2. 循环的中断与终止

1）Exit 语句终止本层循环

Visual Basic.NET 有多种形式的 Exit 语句，用于退出某种控制结构的执行。循环体中出现的 Exit For 或 Exit Do 语句，可以提前终止本层循环。程序跳出循环接着执行 Next 或 Loop 的下一句语句。例如：

```
Dim sum,i,x As Integer
sum=0
For i=1 To 10
    x=InputBox("输入数据")
    If x=0 Then Exit For            '当x等于0时跳出For...Next
    sum=sum+x
Next i
```

例如，计算 s=1+2+3+…+100 的过程中，试求累加和不超过 1 000 时的最大 s 和累加项数，程序代码如下：

```
Dim s,i As Integer
s=0                              '累加器s用于存放和，初值为0
For i=1 To 100                   '循环变量i从1到100循环100次，步长为1可以默认
    s=s+i                        '将i累加到累加器s中
    If s>=1000 Then Exit For     '累加器s大于等于1 000时跳出循环
Next i
Label1.Text="不超过1000的最大s=" & s-i & " " & "累加项数=" & i-1   '显示结果
```

2）Continue 语句中断本次循环

该语句在循环结构中的作用是跳过本次循环体，下面尚未执行的语句接着执行剩余循环。根据循环语句 For 和 Do 的不同，Continue 语句也有相应的 Continue For 和 Continue Do 语句。

例如随机产生 10 个 1～100 之间的数，计算其中的奇数和，程序代码如下：

```
Dim s,i,t As Integer
s=0                                  '累加器s用于存放和,初值为0
For i=1 To 10                        '循环变量i从1到10循环10次，步长为1可以默认
    t=Int(Rnd()*100+1)               '随机生成1~100之间的整数
    If t Mod 2=0 Then Continue For   't为偶数时中断本次循环，接着跳到Next
    s=s+t                            '将奇数t累加到累加器s中
Next i
Label1.Text="奇数累加和是: " & s     '显示结果
```

Continue 与 Exit 的区别是：Continue 即只结束本次循环（循环短路）继续执行剩余循环；而 Exit 则终止结束本层循环（循环断路），不再判断执行循环的条件是否成立。

例题 4.9 设计一个求自然数阶乘和的程序。单击“输入 n 并计算”按钮，在对话框中输入 n 后，在标签中输出 1!+2!+3!+…+n!的结果。程序运行结果如图 4.20 所示。

图 4.20　自然数的阶乘和

设计分析：Button1 表示“输入 n 并计算”；Label1 用于显示计算得到的阶乘和。可以使用二重循环，外层循环用 For 循环来实现，通过 n 次的循环可求出 1!,2!,…,n!，并累加，而其中的某个 i!再用一个 For 循环来构成内层循环。

程序代码：

```
Private Sub Button1_Click(…) Handles Button1.Click      '******输入 n 并计算
    Dim i,j,n As Integer
    Dim s,t As Double
    s=0                                        's 初值为 0
    n=InputBox("输入 n")                       '在对话框中输入 n
    For i=1 To n                               '外层循环从 1 到 n
        t=1
        For j=1 To i                           '内层循环从 1 到 i，计算 i 阶乘
            t=t*j                              '当前阶乘计算
        Next j
        s=s + t                                '阶乘和累加
    Next i
    Label1.Text="1!+2!+3!+…+" & Str(n) & "!=" & s        '输出结果
End Sub
```

例题 4.10 设计一个求出所有水仙花数的程序（如果一个三位整数等于其各位数字的立方和，则该数为水仙花数。例如，371 是水仙花数，因为 $371=3^3+7^3+1^3$）。单击“输出水仙花数”按钮，在标签中输出所有水仙花数。程序运行界面如图 4.21 所示。

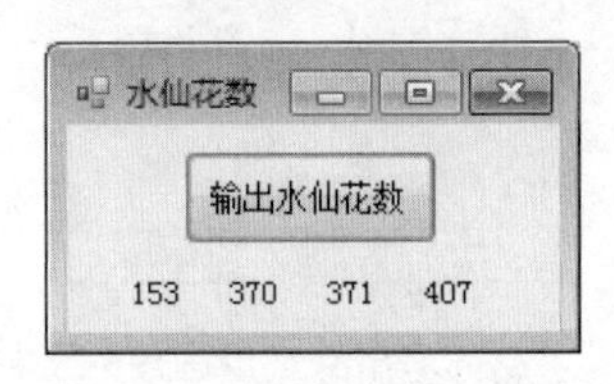

图 4.21 求水仙花数

设计分析：Button1 表示“输出水仙花数”；Label1 用于水仙花数输出。本题的关键是要将任意三位数的每一位数分离出来，假设 a、b、c 分别表示百位数、十位数、个位数，百位数的取值范围是 1～9，十位数的取值范围是 0～9，个位数的取值范围是 0～9，采用三重循环来求解。由于循环次数确定，用 For...Next 循环最为简单。

程序代码：

```
Private Sub Button1_Click(…) Handles Button1.Click   '输出水仙花数
    Dim i,n,a,b,c As Integer
    For a=1 To 9                                        '百位数 a 从 1～9
        For b=0 To 9                                    '十位数 b 从 0～9
            For c=0 To 9                                '个位数 c 从 0～9
                n=a * 100 + b * 10 + c                  '由 a、b 和 c 构成的数
                i=a * a * a + b * b * b + c * c * c     'a、b 和 c 的立方和
                If i=n Then                        'i 等于 n 表示则 i 或 n 都是水仙花数
                    Label1.Text &=Str(i) & "  "    '水仙花数转换为字符连续输出
                End If
            Next c
        Next b
    Next a
End Sub
```

还有一种通过一重循环分解三位数求出所有水仙花数的算法。该算法是依次判断 100～999 之间的数是否等于它的三位数字的立方和。关键是学会拆分个位、十位和百位数字。

程序代码如下：

```
Dim n,a,b,c As Integer
For n=100 To 999
        a=n\100                                    '求出百位数字
        b=n\10 Mod 10                              '求出十位数字
        c=n Mod 10                                 '求出个位数字
        If n=a^3+b^3+c^3 Then                      '如果n是水仙花数
            Label1.Text &= Str(n) & " "
                              'Label1的内容是Label1原有文本再连接n转换成的字符串
        End If
Next n
```

例题 4.11　设计一个求出给定范围内素数的程序。在文本框中输入范围上限，单击"输出素数"命令按钮，在标签中输出该范围内的所有素数。程序运行界面如图 4.22 所示。

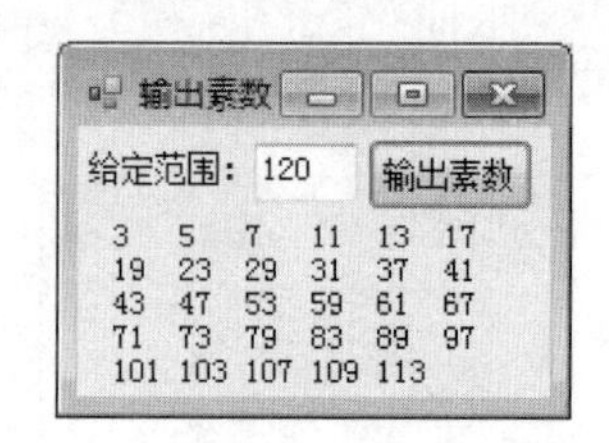

图 4.22　求出给定范围内的素数

设计分析：TextBox1 用于输入范围上限；Button1 表示"输出素数"；Label1 用于输出给定范围内的所有素数。所谓素数是指只能被 1 和本身整除的正整数。判断某一个数 n 是否为素数，只需用 2～n-1 之间的数去试除即可知道。为了提高效率可以将除数范围缩减至 2～n/2,甚至 2～$\sqrt{n}$。开始假定 n 就是素数（设定标记 flag=True），如果 n 能被指定范围中的任何一个除数整除，则表示 n 不是素数（立即设定标记 flag=False），并立即终止该素数的本层循环判定，跳出内存循环。判别 flag 的值（flag=True 就是素数）可知道是否是素数。如果 n 是素数，按每行输出 6 个素数的格式对齐（补充空格）。然后，接着外层循环，继续 n+1 的素数判定。

程序代码：

```
Private Sub Button1_Click(…) Handles Button1.Click    '******输出素数
    Dim n,i,k,c,flag As Integer,s$
    c=0:Label1.Text=""                          '初始化计数器和素数输出标签
    For n=3 To Val(TextBox1.Text)               '要求素数范围是:3～所输入的数
        flag=True                               '每个n初始化flag(开始都先假定是素数)
        k=Int(Sqrt(n))                          '求n的平方根存入k
        For i=2 To k                            '当前n的除数有效范围
            If n Mod i=0 Then                   '若n被2～k中的某一个数i整除
                flag=False          '标记当前n是非素数
                Exit For            '强制跳出本层循环，去执行"Next i"后的flag判别
            End If
```

```
        Next i
        If flag Then            'flag=True 就是素数（一次也没有被整除过）
            s$ = Trim(Str(n))   '数值型素数 n 转换成无空格的字符串型 s
            Label1.Text &= s    '连接输出素数 s
            Label1.Text &= Space(4 - Len(s))'根据素数位数追加补充空格数，对齐输出
            c += 1                                '素数计数器
            If c Mod 6 = 0 Then Label1.Text &= vbCrLf
                                                  '每行输出 6 个数,追加回车换行符
        End If
    Next n                      '接着下一个 n 的素数判别
End Sub
```

4.3.4　循环结构的三要素

不管是计数型循环还是条件型循环，循环结构都应该具备三要素，才能保证正常的循环，不至于不循环，甚至死循环。三要素始终围绕循环变量，因此，循环变量是循环的核心。

1. 循环变量的初始状态

循环变量的初始状态是循环开始时的循环变量状态或初始值。例如，例题 4.5 循环中的"循环变量 i 等于 1"或例题 4.6 循环前的"第一次输入的 x"都是在设置循环变量的初始值。没有正确设置循环变量的初始值，可能会进不了循环，造成不循环。

2. 循环条件包含循环变量

正因为循环条件包含了循环变量，因此，循环变量决定了循环条件的真假。循环条件的真假又决定了循环是否会继续下去。例如，例题 4.5 循环中的"循环变量 i 小于等于 100"或例题 4.6 循环中的"x>=0"都说明了循环条件中包含了循环变量。没有循环变量的循环条件就会形成死循环。

3. 循环体中至少有一句改变循环变量的语句

循环体中有改变循环变量的语句，才会改变循环条件。当循环变量的改变向着循环条件逐渐变化，并且趋向于循环结束时，才会正常终止循环；反之，就会形成死循环。例如，例题 4.5 循环中的循环变量 i 不断自增，从 1 逐步向 100 逼近，最终超过 100 使循环正常结束。又如例题 4.6 的"x = InputBox("输入数据")"，一旦键盘输入的 x 值小于 0，循环就正常结束。

4.4　异常处理与调试

当程序运行出现异常状况（如除数为 0、下标越界和 I/O 错误等）时，Visual Basic.NET 会自动调用异常处理，抛出异常对象，等待处理。通过异常处理，可以快速定位，查明原因，纠正错误信息，调整程序代码，从而使应用程序恢复正常运行。

4.4.1 错误的种类

程序代码的错误一般分为三大类：语法错误、运行时错误和逻辑错误。

1. 语法错误

语法错误通常是由于程序设计人员不熟悉该程序语言的语法或粗心大意所导致的。这种错误在程序编写阶段时即可发现，而且容易发现和及时纠正。

在编写程序代码时，如果发生语法错误，会在发生错误的下方以蓝色线条的方式发出警告。当将鼠标指针移到错误处悬停时，系统会自动将错误原因以淡黄色标签显示出来，如图 4.23 所示。另外，还可以在图 4.24 所示的“错误列表”窗口中看到发生错误的原因以及找到发生错误的程序代码行号等相关信息。

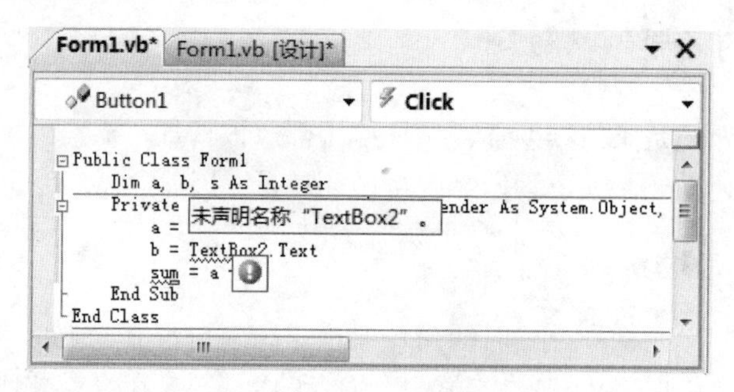

图 4.23 自动显示错误原因

错误列表

2 个错误 | 0 个警告 | 0 个消息

	说明	文件	行	列	项目
1	未声明名称“TextBox2”。	Form1.vb	6	13	WindowsApplication1
2	未声明名称“sum”。	Form1.vb	7	9	WindowsApplication1

图 4.24 错误列表窗口

2. 运行时错误

运行时错误通常是不可预见的，常见的运行时错误有：

（1）除数为 0。

（2）要访问的文件不存在。

（3）在调用过程或函数时所传递的参数个数错误或数据类型错误。

运行时错误通常在程序代码编写完成并执行程序代码时才会发生，不容易发觉和调试。当程序中出现这种错误时，程序会自动中断，并给出有关的错误提示信息。

3. 逻辑错误

逻辑错误是指发生逻辑设计上的错误。当发生逻辑错误时正在执行的程序代码不会中断或跳出，而是继续执行完毕，只是执行结果不是所预期的或是不正确的结果。这类错误最难排除，要仔细地阅读分析程序，在可疑的代码处通过插入断点并逐语句跟踪，检查相关变量的值，才能分析出错误的原因，从而排除逻辑错误。

4.4.2　调试和排错

Visual Basic.NET 提供了断点设置、单步跟踪、过程调用堆栈、即时窗口、局部变量、自定义监视变量等调试排错工具。

1. 断点设置

程序运行到断点语句处（该断点语句尚未执行）会自动停下，并进入中断模式。在中断模式下用户就可以利用“调试”菜单下“窗口”中的“监视”“自动窗口”“局部变量”和“即时”命令查看当前现场的所有变量、属性和表达式的值。

在 Visual Basic.NET 的中断模式下可以直接查看某个变量的值，将鼠标指针悬停在所关心的变量上，就会在鼠标指针下方显示该变量的值。

在程序代码编辑器中，直接用鼠标单击要设置断点行的左边栏处，或先选中断点行再按 F9 键，或在断点行处使用快捷菜单命令，都可以设置断点。一旦设置断点成功，在程序代码编辑器的左边栏上会出现一个棕色小球，程序运行到此处会出现一条棕色光带，并自动暂停，如图 4.23 所示。再次单击所设置的断点或按 F9 键即可清除断点，也可选择“调试”→“删除所有断点”命令，清除本程序中的所有断点。

2. 单步（逐语句）跟踪

如果要继续跟踪断点后面语句的执行情况，只需按 F11 键或选择“调试”→“逐语句”命令，仅执行当前一条语句，并再次自动暂停，等待查错。此时，在程序代码编辑器左边栏上就会出现一个黄色小箭头的当前行标记（当前执行到的语句但还尚未执行），如图 4.25 所示。设置断点与逐语句跟踪相结合，是调试程序比较好的方法。

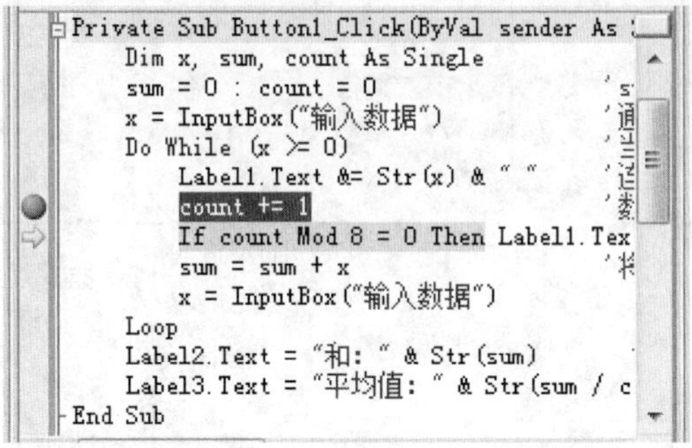

```
Private Sub Button1_Click(ByVal sender As
    Dim x, sum, count As Single
    sum = 0 : count = 0
    x = InputBox("输入数据")
    Do While (x >= 0)
        Label1.Text &= Str(x) & " "
        count += 1
        If count Mod 8 = 0 Then Label1.Tex
        sum = sum + x
        x = InputBox("输入数据")
    Loop
    Label2.Text = "和: " & Str(sum)
    Label3.Text = "平均值: " & Str(sum / c
End Sub
```

图 4.25　断点和逐条语句跟踪

3. 结构化异常处理

在结构化异常处理中，有一个或多个用于处理异常状况的处理部分，而每个处理部分会根据处理的异常状况类型来指定筛选条件的格式。一般包含三个步骤：①当保护块的程序代码出现异常状况时；②会按顺序捕获出错异常；③并执行相应的出错处理代码。

结构化异常处理最常用的是 Try…Catch…Finally 语句，它的形式如下：

```
Try                                                   '1）Try 块：包含要保护的代码
      [tryStatements]                  '可能产生错误的代码
      [Catch [exception [As Type]][When expression]   '2]Catch 块：当 Try 遇到异常
'状况发生时，如果 Catch 块捕获到异常报错，将执行 Catch 块内的 catchStatements 处理异常报错，否
'则不执行。
      [catchStatements]                '处理异常报错的代码
      [Exit Try]                       '跳出 Try…Catch…Finally 语句结构
]
[Catch…]
[Finally  '3）Finally 块：无论 catchStatements 是否执行，系统最后都会执行 Finally 语句
     [finallyStatements] '通常是清理代码，如关闭文件或释放对象的代码
]
End Try
```

其中，exception 是异常对象，用来存取代码中的异常信息；Type 是要捕捉异常的类型；expression 是条件表达式，用于检测特定的错误号。Try…Catch…Finally 语句的作用是当需要保护的代码在执行时发生错误，Visual Basic.NET 将检查 Catch 内的每个 Catch 子句块；若找到条件与错误匹配的 Catch 语句，则执行该语句块内的针对性处理代码；最后都执行 Finally 子句块。结构化异常处理的目的就是接管可能的程序出错，并进行针对性处理，而不至于让程序失控，遗留内存，造成隐患。

例题 4.12　设计一个异常处理程序，如图 4.26 所示。单击“Try...Catch...Finally 实例”按钮进行除数为 0 的运算，造成异常报错，显示图 4.27 所示的出错提示框，经捕获异常并进行相应处理后，显示图 4.28 所示的正常对话框。

图 4.26　异常处理

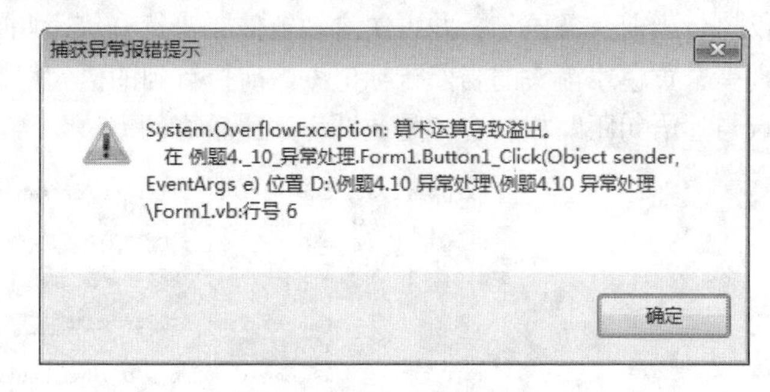

图 4.27　捕获异常报错提示框

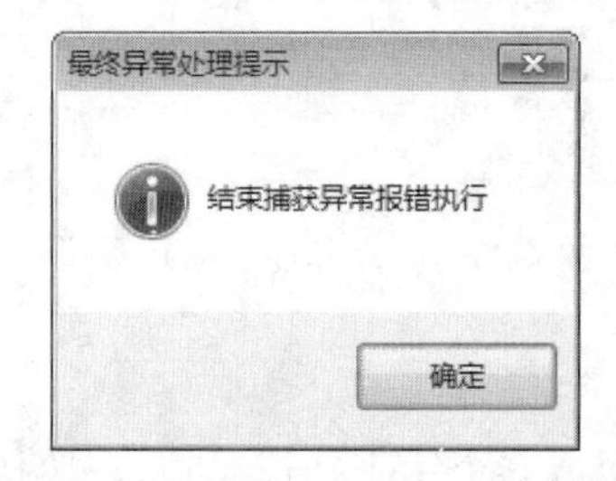

图 4.28　最终异常处理提示对话框

设计分析：Button1 表示“Try…Catch…Finally 实例”。保护块中保护的代码是“x/y”；捕获异常报错块中异常报错的代码是“When y = 0”；处理异常报错的代码是使用 MsgBox()函数显

示异常报错类型；当全部异常报错处理结束后，最终异常处理块的代码是使用 MsgBox()函数显示结束捕获异常报错。

程序代码：

```
Private Sub Button1_Click(…) Handles Button1.Click
                                            '******Try...Catch... Finally实例
    Dim x As Integer=8, y As Integer = 0
    Try
        x/=y                                '1）保护块
    Catch exp As Exception When y=0         '2）捕获异常报错块
        'exp用来存取代码中异常的信息，Exception指明要捕捉异常的类型，y=0是条件表达式
        MsgBox(exp.ToString, MsgBoxStyle.Exclamation, "捕获异常报错提示")
                                            '3）处理异常报错块
    Finally                                 '3）最终异常处理块
        MsgBox("结束捕获异常报错执行", MsgBoxStyle.Information, "最终异常处理提示")
    End Try
End Sub
```

课后习题

一、单选题

（1）若在执行 InputBox("输入一个数")时，输入 123.0，则 InputBox 返回值的类型是________。

A．Single　　　B．Integer

C．Double　　　D．String

（2）若 Label1 显示字符串 ABC，执行 Label1.Text &= "DEF"后，则 Label1 显示内容为________。

A．ABCDEF　　　B．DEF

C．DEFABC　　　D．ADBECF

（3）在 Visual Basic.NET 中，以下 Case 语句中错误的是________。

A．Case Is > 10　　　B．Case 1 To 10

C．Case Is > 1 And Is < 10　　　D．Case 0, 1, Is >100

（4）在设计循环语句时，若有以下要求：①在执行循环之前先测试条件表达式 expression；②让代码循环执行到该条件表达式的值取“真”，则应使用下列________语句。

A．Do Until expression … Loop

B．Do … Loop Until expression

C．Do While expression … Loop

D．Do … Loop While expression

（5）判断下列程序运行后 x 的值________。

```
x=5
x+=5
```

A. 5　　B. 10

C. 0　　D. 1

（6）运行以下代码后，MsgBox 将输出________。

```
Dim x As Integer=19
Select Case 19 Mod 8
    Case 1
        MsgBox("Yes!")
    Case 2
        MsgBox("No!")
    Case 3
        MsgBox("Ok!")
    Case Else
        MsgBox("Sorry!")
End Select
```

A. Yes!　　B. No!

C. Ok!　　D. Sorry!

（7）执行以下程序段后，x 的值为________。

```
Dim x,i As Integer
x=2
For i=1 To 10 Step 3
    x=x+i
    i=i+1
Next i
```

A. 4　　B. 7

C. 15　　D. 17

（8）以下程序段执行时，MsgBox 分别输出为________。

```
Dim s As String,j As Integer
s="Visual Basic .NET"
j=1
Do While j<=Len(s)
    MsgBox(Mid(s,j,1))
    j=j*3
Loop
```

A. V s a　　B. V i s

C. .Net　　D. VBN

二、填空题

（1）结构化程序设计的三种基本结构分别是______、______和______。

（2）执行 MsgBox("AAAAA", MsgBoxStyle.Information, "BBBBB")后，弹出信息框的标题是______，图标是______，提示信息是______。

（3）变量 k 的值自增 1，可用表达式______或______。

（4）调试排错设置断点后，单步（逐语句）跟踪时，棕色光条表示______；而黄色光条则表示______。

三、写表达式

（1）将 i = i + 1 改成复合赋值语句。

（2）将 a = a * (b + c)改成复合赋值语句。

（3）将 Label1.Text = Label1.Text & "aaa" 改成复合赋值语句。

（4）当 x 为偶数时，则在 Label1 中显示“偶数”，否则显示“奇数”，写出实现该功能的语句或代码段。

（5）写出下列描述对应“Select Case”语句格式中的 Case 形式：

① 10，20，30，40，50

② 大于等于 60

③ [82,128]

（6）以 count 为计数器，控制在 Label1 上输出一行（共 10 个）“*”，并以 1 个空格为分隔符，请写出相应代码段。

四、读程序写结果

（1）以下程序段执行后，c 的值为________。

```
c=0
For i=-3.2 To 5
   c+=1
Next i
```

（2）以下程序的运行结果是________。

```
Dim i,j As Integer
For i=1 To 4
   For j=1 To 2*i-1
      TextBox1.Text &= " * "
   Next j
   TextBox1.Text &= vbCrLf
Next i
```

五、程序填空

（1）设 m=1*2*3…*n，编程求出 m 不大于 200 000 时最大的 n。

```
Private Sub Button1_Click(…) Handles Button1.Click
   Dim m,n As Integer
   n=1
   m=1
   Do While m<=200000
      m=________
      n=________
   Loop
```

```
    Label1.Text="m 不大于 200000 时最大的 n 值是: " & ________
End Sub
```

（2）补充程序，使之能在文本框中显示“九九乘法表”，如图 4.29 所示。

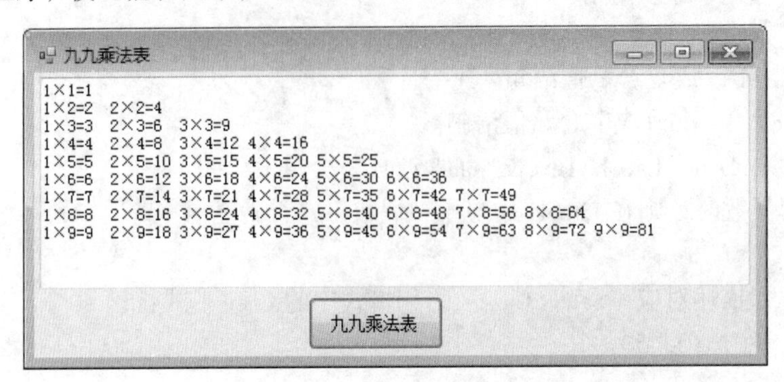

图 4.29　九九乘法表

```
Private Sub Button1_Click(…) Handles Button2.Click
    Dim i,j,t As Integer        'i 控制行,j 控制列
    For i=1 To 9
        For j=1 To ________
            t=j*i
            TextBox1.Text &= j & "×" & i & "=" & ________ & vbTab
        Next j
        TextBox1.Text &= ________
    Next i
End Sub
```

（3）补充程序，使之能根据以下对应规则，计算百分制成绩对应等级。

[90,100]	[80,89]	[70,79]	[60,69]	[0,59]	其他
A	B	C	D	F	无效成绩

```
Dim x As Integer
    x=Val(InputBox("输入成绩"))
    Select Case x
      Case ________
          MsgBox("无效的成绩！")
       Case ________
          MsgBox("等级 A")
       Case Is>=80
          MsgBox("等级 B")
       Case Is>=70
          MsgBox("等级 C")
       Case Is>=60
          MsgBox("等级 D")
       Case ________
```

```
        MsgBox("等级 F")
End Select
```

六、编程题

（1）根据以下分段函数，分别用 If 语句和 Select 语句编写程序，实现键盘输入 x，信息框显示 y 的值。

$$y=\begin{cases} x^2 & (0\leqslant x<1) \\ x^2-1 & (1\leqslant x<2) \\ x^2-2x+1 & (2\leqslant x<3) \end{cases}$$

（2）输入 1～7 之间的整数，保存到 weekday 变量中，通过选择结构实现在标签中输出相应的星期（如 weekday 是 1 时显示“星期一”，weekday 是 7 时显示“星期日”）。

（3）分别使用“Do While...Loop”和“For...Next”语句实现 $s=1^2+2^2+3^2+4^2+5^2$。

（4）编写程序，在输入框中输入 10 个数：9、70、−99、−69、0、−53、21、−76、−32、8，在标签中输出每个负数、输出所有正数的平均值和所有负数的平均值。

（5）编写程序，使用循环结构实现在文本框中打印图 4.30 所示的图案。

图 4.30　打印效果

（6）编写程序，计算公式 $s=100-x+\frac{2x^3}{3!}-\frac{5x^5}{5!}+\frac{8x^7}{7!}-\cdots$ 的近似值，精度达到 10^{-6}。在文本框中输入 x（$0<x<1$），在标签中输出计算结果。

七、简答题

（1）Do...Loop 循环有哪两种结构？While 条件和 Until 条件的区别又在哪里？

（2）For...Next 或 Do...Loop 语句分别在什么场合下更合适？并说明理由。

（3）Exit Do 与 Continue Do 有什么区别？

（4）正常循环有哪三要素？它们分别有什么作用？

（5）请叙述循环嵌套的原则。

（6）程序设计时常见的错误类型有哪些？经常使用的调试排错方式又有哪些？结合自己的编程经验，请描述一下你认为效果更佳的调试排错方法。

第5章 数 组

可以使用变量来保存各种数据，但实践中可能会遇到大量的数据，本章学习如何使用数组对批量数据进行处理。数组是一种经过实践检验的存储大量相同数据类型的强大机制，大多数流行的编程语言（如 Basic、Pascal、C、C#和 Java）在它们最初的实现中就支持数组。

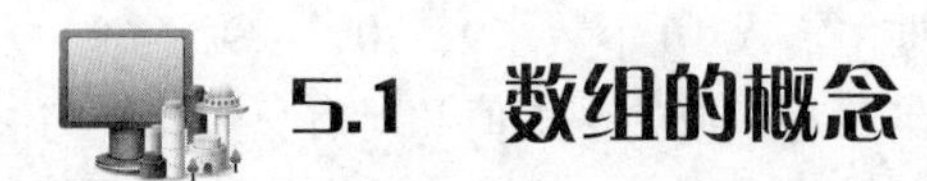

5.1 数组的概念

假定要求 10 人组成的班级数学考试平均分数，并且找出大于平均分数的个数，就可以定义 10 个变量 score0，score1，…，score9 来记录每个学生的分数，计算出平均值，然后将每个成绩与该平均值比较，最终得到大于平均值的分数个数，尽管这样做完全行得通，但实践中如果要计算的分数很多，如全校学生（超过一万人），恐怕问题有些棘手，这时可以向数组寻求帮助。

数组是一组具有相同数据类型的数据的集合。集合中每个数据都称为数组的元素，数组允许通过同一名称（数组名）来引用这些数据，并使用一个称为“下标”（或称为“索引”）的数字来区分这些不同的元素。数组的下标是连续的，从 0 一直到下标上限。

建立一个名为 scores 的数组，它包含 10 个元素，元素的下标从 0~9，每个元素都可以存储一个成绩。可以通过数组名和下标引用每个元素，例如 scores(0)就表示数组中第 0 个元素，它的值是“95”，scores(2)就表示数组中第 2 个元素，它的值是“79”，如图 5.1 所示。

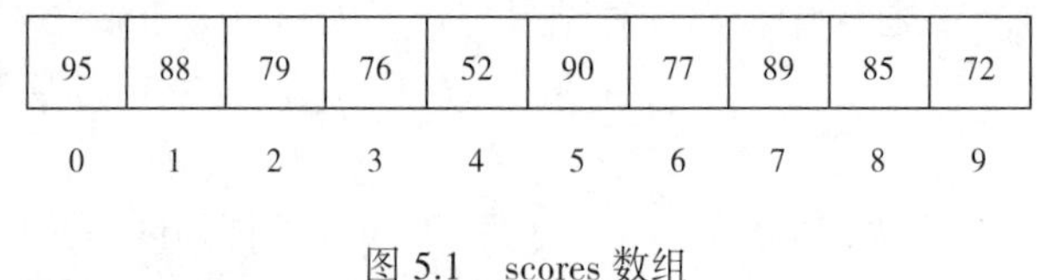

图 5.1 scores 数组

5.2 数组的声明和引用

在 Visual Basic.NET 的程序代码中声明一个数组和声明一个简单数据类型（如 Integer、String 和 Boolean）的方法相同，通常声明一个数组的语句应包含数组名、数据类型和维数三部分，数组名必须遵循变量的命名规则，数据类型可以是任意的支持类型，如 Integer、Single、String 和 Double 等，Visual Basic.NET 最多支持 32 维，但最常用的是一维和二维数组。

5.2.1　一维数组的声明和初始化

1. 一维数组的声明

一维数组的声明基本语法为：

```
Dim 数组名(数组下标上限) As 数据类型
```

各参数含义如下：

- 数组名：是数组的变量名。
- 数组下标上限：下标必须放在括号内，可以是常数或常数表达式，且必须是整数。数组下标上限是数组元素个数减去1得到的，这是因为数组元素的下标必须从0开始。比如数组有10个元素，则数组元素的下标为0～9共10个数。数组下标上限在声明时也可以不指定，而在初始化语句中指定。
- 数据类型：是指数组中存储的数据的数据类型。

例如，声明一个名为scores的数组，它包含10个单精度元素，语句为：

```
Dim scores(9) As Single
```

数组元素的引用方法是使用数组名加上下标，下标要放在数组名之后的括号中。例如scores(0)表示数组的第1个元素，scores(1)表示数组的第2个元素，scores(9)表示数组的第10个元素。

Visual Basic.NET也支持显式地声明数组下标下限到上限的语法，这样可以使代码更具可读性，当然数组下标下限只能是0，例如：

```
Dim scores(0 To 9) As Single
```

和前面的声明语句是等价的。

使用以上声明语句声明数组后，编译时Visual Basic.NET编译器将会为数组分配存储空间，同时该存储空间中的内容将会存储其类型默认初值，对于字符串数据类型该初值为空，数值型数据的默认初值为0，布尔型数据的默认初值为false。

Visual Basic.NET可以使用Ubound()函数来测试数组下标的上限，使用LBound()函数来测试数组下标的下限。例如，UBound(scores)返回的值是9，LBound(names)返回的值是0。由于Visual Basic.NET中规定数组的下标下限必须为0，因此LBound()函数总是会返回0。两个函数使用的语法是：

```
UBound(数组名)        '返回数组下标号的上限
LBound(数组名)        '总是返回0
```

2. 一维数组的初始化

声明数组后，通常要给数组某些或所有元素赋值，该过程称为数组的初始化（严格来说，指定数组下标上限也属于数组的初始化）。常见的初始化方法有以下几种：

1）使用赋值语句初始化

比如：

```
scores(0)="95"
scores(2)="79"
```

数组的下标为0的元素被赋值“95”，下标为2的元素被赋值“79”。其他数组元素会保持默认初值。这两条初始化语句执行后对数组的影响如图5.2所示。

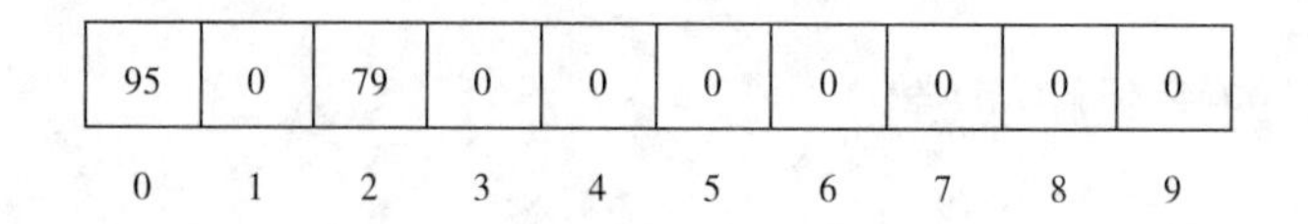

95	0	79	0	0	0	0	0	0	0
0	1	2	3	4	5	6	7	8	9

图 5.2　数组初始化

2）数组声明后直接初始化

```
Dim numbers() As Integer={1,2,3,4,5}
Dim answers() As Boolean={True,False,False,True}
Dim comments() As String={"first comment","second comment"}
```

使用这种初始化方法时数组声明部分不允许指定下标上限，也就是说小括号内必须为空。

3）使用 New 子语句初始化

```
Dim numbers() As Integer=New Integer() {2,9,8,1,6}
```

该语句定义了一个整型的数组，在 New 子句中，圆括号中指定下标上限，并在大括号中提供元素值。New 关键字后面跟的是数据类型，这里是 Integer()，也就是说整型数组，因此该括号不能省略。

例题 5.1　输入 5 个同学的成绩，计算平均成绩。将所有学生的成绩以及平均成绩均显示在窗体中。单击"输入成绩"按钮，使用 InputBox()函数完成成绩输入；单击"显示成绩"按钮，成绩在文本框中显示，如图 5.3 所示。

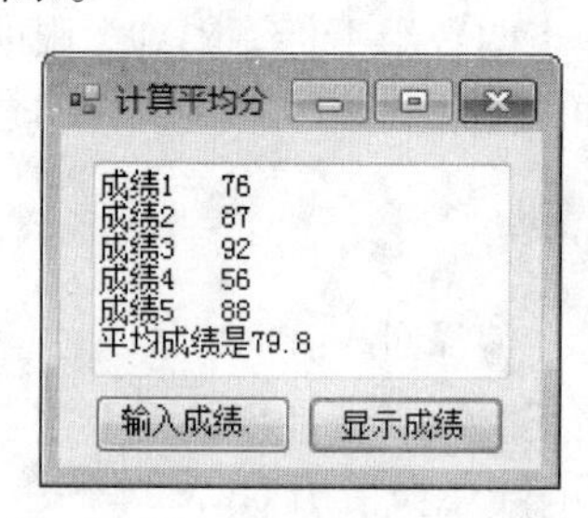

图 5.3　程序运行效果

设计分析：程序需要一个 TextBox 用来显示成绩，为了多行显示，应将 MultiLine 属性设置为 True。两个 Button，分别用来触发输入成绩和显示成绩。

程序主要代码：

```
Dim scores(0 To 4) As Single      '声明数组为窗体级变量
Private Sub Button1_Click(…) Handles Button1.Click
    Dim i As Short
    For i=0 To UBound(scores) '使用 UBound()函数获取数组下标上限
        scores(i)=InputBox("请输入第" & (i + 1) & "个成绩: ","输入成绩")
    Next
End Sub
Private Sub Button2_Click(…) Handles Button2.Click
    Dim i As Short
    Dim Sum As Single             '保存成绩之和
    Dim Output As String=""
    For i=0 To UBound(scores)
```

```
        Sum=Sum + scores(i)
        Output=Output & "成绩" & (i+1) & vbTab & scores(i) & vbCrLf
    Next
    Output=Output & "平均成绩是" & Sum / scores.Length
    TextBox1.Text=Output
End Sub
```

5.2.2　一维数组的基本处理

数组建立后，就可通过下标对其元素进行引用，对数组的常见处理包括求数组元素的最大值、最小值、排序、查找等。这里举例说明数组元素的最大值、最小值的求法。

例题 5.2　随机生成 10 个 1～100 之间的整数显示在窗体中，求数组元素的最大值、最小值以及其下标。在程序界面上单击“生成数组”按钮，在文本框中显示随机生成的数组，并在其他相应文本框中显示最大值、最小值以及它们的下标，如图 5.4 所示。

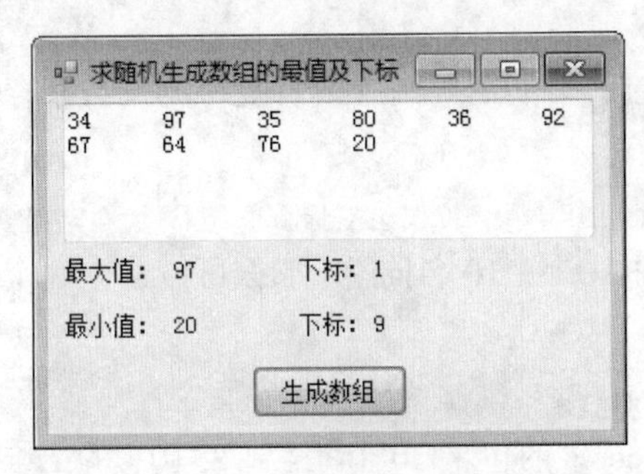

图 5.4　程序运行结果

设计分析：使用随机数函数 Rnd()可以生成 0～1 之间的 Single 类型随机数（不包括 0 和 1），那么可以推算出区间[a,b]之间的随机整数生成公式应该是 Int(Rnd()*(b−a+1)+a)。使用两个变量 p 和 q 记录最大的数组元素的下标和最小的数组元素的下标，给 p 和 q 都赋初值 0，即认为 a(0)即是最大值，又是最小值。对于任意一个数组元素 a(i)，如果它比当前的最大值 a(p)还大，那么就更新 p 为 i；对于任意一个数组元素 a(i)，如果它比当前的最小值 a(q)还小，那么就更新 q 为 i。遍历数组后，下标 p 和 q 对应的数组元素就是最大值和最小值。

程序主要代码：

```
Private Sub Button1_Click(…) Handles Button1.Click
    Dim a(0 To 9) As Short
    Dim i As Short
    Dim p,q As Short                    'p,q分别为最大值、最小值对应的下标
    Dim Output As String=""
    Randomize()
    For i=0 To 9
        a(i)=Int(Rnd()*100+1)           '随机生成数组元素
        Output=Output & a(i) & vbTab
    Next
```

```
    p=0:q=0                                    '将下标初始设为 0，最大值、最小值初始都为 a(0)
    For i=0 To 9
        If a(i)>a(p) Then p=i
        If a(i)<a(q) Then q=i
    Next
    '输出
    TextBox1.Text=Output
    Label5.Text=a(p)
    Label6.Text=p
    Label7.Text=a(q)
    Label8.Text=q
End Sub
```

5.2.3 多维数组

数组的下标可以不止一维，有时需要二维或者更多的维数来存储数据。多维数组声明的基本语法为：

```
Dim 数组名(第 1 维数组下标上限,第 2 维数组下标上限,…)  As 数据类型
```

假设学校有三个班级，每个班级 10 名同学，那么可以建立一个二维数组来存储每个同学的数学考试成绩。

```
Dim scores(2,9) As Single
```

图 5.5 为声明一个名为 scores 的包含 30 个元素（3×10）的二维数组后，编译器为该数组分配存储空间的示意图。

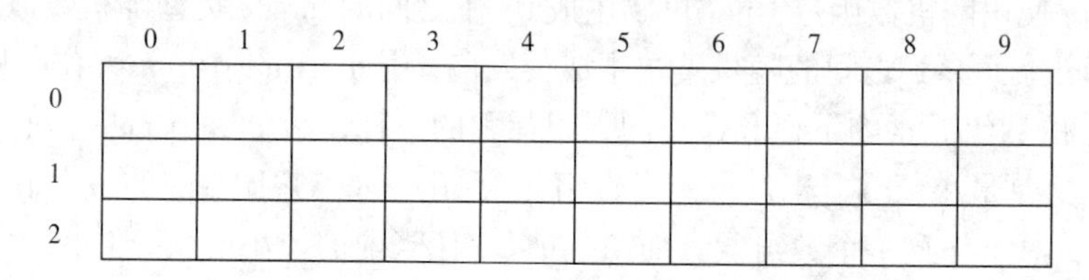

图 5.5　建立二维数组存储成绩

数学上的矩阵元素可以使用二维数组表示，如 4×5 维的矩阵可以声明一个以下数组来存放它的数据：

```
Dim matrix(0 to 3,0 to 4) As Single
```

三维空间中的点的温度分布可以用一个三维数组表示：

```
dxm temperatures(0 to 99,0 to 99,0 to 99) As Single
```

该数组的元素个数是 100×100×100，也就是一百万个，尽管 Visual Basic.NET 最多支持 32 维数组，但由于当数组维数增加时数据量会急剧膨胀，因此实际使用中常用的数组大多不超过三维。

例题 5.3　随机一个生成 4×5 矩阵显示在窗体中，求矩阵元素的最大值以及其下标。单击“生成数组”按钮，在不同文本框中显示数组元素以及相应最大值、最小值和下标，如图 5.6 所示。

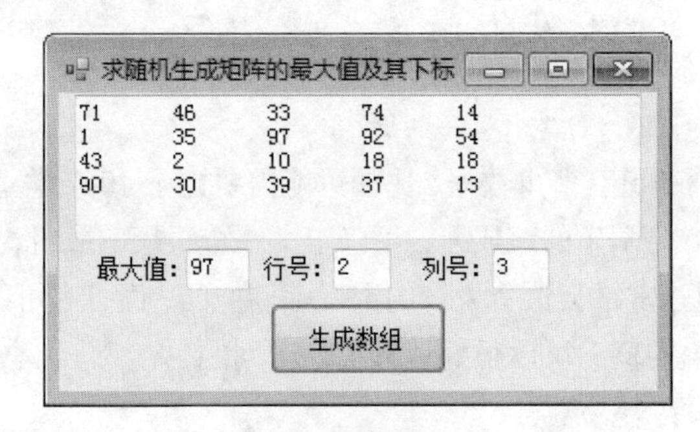

图 5.6　程序运行结果

设计分析：使用两个变量 p 和 q 记录最大的数组元素的两个下标，给 p 和 q 赋初值 0，即认为 a(0,0)即是最大值。对于任意一个数组元素 a(i,j)，如果它比当前的最大值 a(p, q)还大，那么就更新 p 为 i，更新 q 为 j。遍历数组后，下标 p、q 对应的数组元素就是最大值。

程序主要代码：

```
Private Sub Button1_Click(...) Handles Button1.Click
    Dim a(3,4) As Integer
    Dim i,j As Integer
    'p,q 代表最大值所在的行和列的下标
    Dim p,q As Integer
    Dim output As String=""
    Randomize()
    '初始时取 a(0,0)为最大值
    p=0:q=0
    For i=0 To UBound(a,1)
        For j=0 To UBound(a,2)
            '生成一个 1~100 之间的整数随机数
            a(i,j)=Int(Rnd()*100+1)
            If a(i,j)>a(p,q) Then
                '记录最大值下标
                p=i:q=j
            End If
            output &= a(i,j) & vbTab
        Next
        '每行元素之后增加一个换行
        output &= vbCrLf
    Next
    TextBox1.Text=output            '输出数组元素
    TextBox2.Text=a(p,q)            '输出最大值
    TextBox3.Text=p+1               '最大值所在的行，这里行从 1 开始计数
    TextBox4.Text=q+1               '最大值所在的列，这里列从 1 开始计数
End Sub
```

5.2.4 动态数组

实践中有时事先并不知道有多少数据，比如可能需要记录 10 个学生的数学考试成绩，但有时也可能需要记录 10 000 名学生的该成绩，可以定义一个很大的数组，包含足够多的数组元素能足以应对所有情况，但这常常会浪费大量的宝贵存储空间，而且有可能降低程序的执行效率。Visual Basic 引入动态数组的概念可以很好地解决这个问题。

创建动态数组的方法：

（1）数组定义时并不指定数组元素的个数，语法为：

```
Dim 数组名(逗号隔开的维数)[,数组名 (逗号隔开的维数) [,...]]
```

（2）程序的运行过程中使用 Redim 语句动态指定数组元素的个数，语法为：

```
ReDim [ Preserve ] 数组名(数组上限列表) [, 数组名 (数组上限列表)  [, ... ] ]
```

使用 ReDim 语句有以下注意事项：

① 如果是一维数组，保持数组名后面括号为空；如果是二维数组，数组名后括号中使用一个逗号表示，如果是三维数组，数组名后括号中使用两个逗号表示，依次类推。

② ReDim 语句可以更改数组每一维度的大小，但不能更改数组的维数（秩），比如数组原来是二维数组，则新创建的数组也必须是二维的。

③ ReDim 语句只能出现在过程中。

④ ReDim 语句也不能更改数组的数据类型，也就是它不能再用于声明数组变量。

⑤ 使用 Preserve 关键字可以在重定义数组元素个数时保留数组元素中的内容，如果 ReDim 语句中不使用 Preserve，则数组元素中原有的数据将丢失。

使用 Preserve 只能调整数组最后一个维数的大小，也就是说对于其他维度必须指定它在现有数组中已经具有的相同界限。如果数组只有一维，则可以调整该维度的大小并依然保留数组的所有内容，因为这时更改的是最后一个并且唯一的维度。如果数组具有两个或多个维度，则使用 Preserve 将可以更改最后维度的大小。例如：

```
Dim intArray(10,10,10) As Intcger
ReDim Preserve intArray(10,10,20)
ReDim Preserve intArray(10,10,15)
ReDim intArray(10,10,10)
```

第一个 ReDim 语句将创建一个新数组，该数组将替换 intArray 中的现有数组。由于有 Preserve 关键字，ReDim 会将所有现有数组元素复制到新数组，而且在每一层中每一行的结尾再添加 10 列，并将这些新列中的元素初始化为 Integer 数据类型的默认值 0。

第二个 ReDim 创建另外一个新数组，复制所有适合的元素，但每一层的每一行的结尾丢失了 5 列。

第三个 ReDim 仍然创建另一个新数组，同时从每一层中的每一行的结尾再移除 5 列，但这次由于没有 Preserve 关键词，ReDim 将不会复制任何现有元素。数组恢复为其原始大小，并将它的所有元素还原为该数据类型的默认值 0。

例题 5.4 输入 n 个同学的成绩，计算平均成绩。将所有学生的成绩、最高分、最低分以及平均成绩均显示在窗体中。在程序界面上单击“输入成绩...”按钮，可以使用 InputBox()函数输入成绩个数以及依次输入每个成绩。单击“显示成绩”按钮，显示每一个学生的成绩和最高分、最低分以及平均分，如图 5.7 所示。

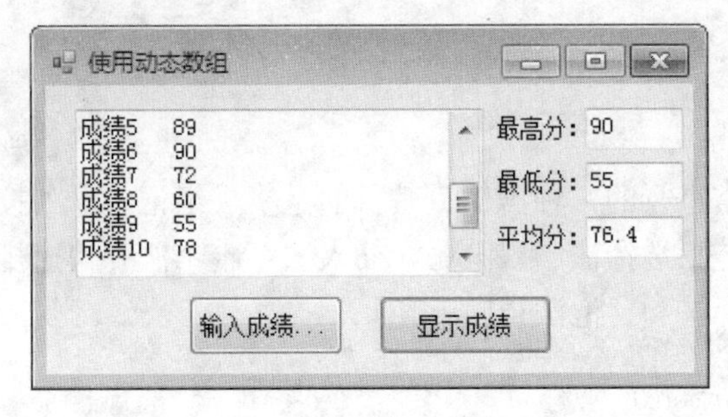

图 5.7　程序运行结果

设计分析：先通过 InputBox()函数输入 n 的值，利用 n 值为数组分配空间，然后再计算最大值、最小值和平均值。

程序主要代码：

```
Dim scores() As Single                    '声明数组为窗体级变量
Private Sub Button1_Click(…) Handles Button1.Click
    Dim n,i As Short
    n=Val(InputBox("请输入成绩的个数: ", "输入成绩个数"))
    ReDim scores(0 To n-1)                '指定动态数组元素个数
    For i=0 To UBound(scores)             '使用 UBound()函数获取数组的下标上限
        scores(i)=InputBox("请输入第" & (i + 1) & "个成绩: ", "输入成绩")
    Next
End Sub
Private Sub Button2_Click(…) Handles Button2.Click
    Dim i As Short
    Dim average As Single                 '保存成绩之和
    Dim max, min As Single                '保存最大值、最小值
    Dim Output As String=""
    max=scores(0) : min=scores(0)
    For i=0 To UBound(scores)
        average=average+scores(i)
        If scores(i)>max Then max=scores(i)
        If scores(i)<min Then min=scores(i)
        Output=Output & "成绩" & (i+1) & vbTab & scores(i) & vbCrLf
    Next
    TextBox1.Text=Output
    TextBox2.Text=max
    TextBox3.Text=min
    TextBox4.Text=average/scores.Length
End Sub
```

5.3 数组处理的常用算法

5.3.1 排序

排序是计算机内经常进行的一种操作，其目的是将一组记录序列按照某种方式排列。排序的方法有很多，常见的包括选择法、冒泡法、插入法、希尔法和快速排序法等。本书只介绍两种直观的排序方法：选择法和冒泡法排序。

1. 选择法（Selection Sort）

如果让 5 名同学按照身高从低到高进行站队，可以这样完成：从所有同学中找一个身高最低的同学，让其站立在队伍的最前面；在剩下 4 名同学中找一个身高最低的同学，让其站立到刚才选择同学的后面；依次类推，直到所有 5 名同学都站立到队伍中，站队就算结束。下面给出任选 5 个数的选择法排序步骤，如图 5.8 所示，可以看出这 5 个数经过 4 轮的排序操作就可得到最终的结果。该算法的思想是每次从剩下的数中选择一个最小的数和当前位置的数进行交换，这也是选择法名称的由来。

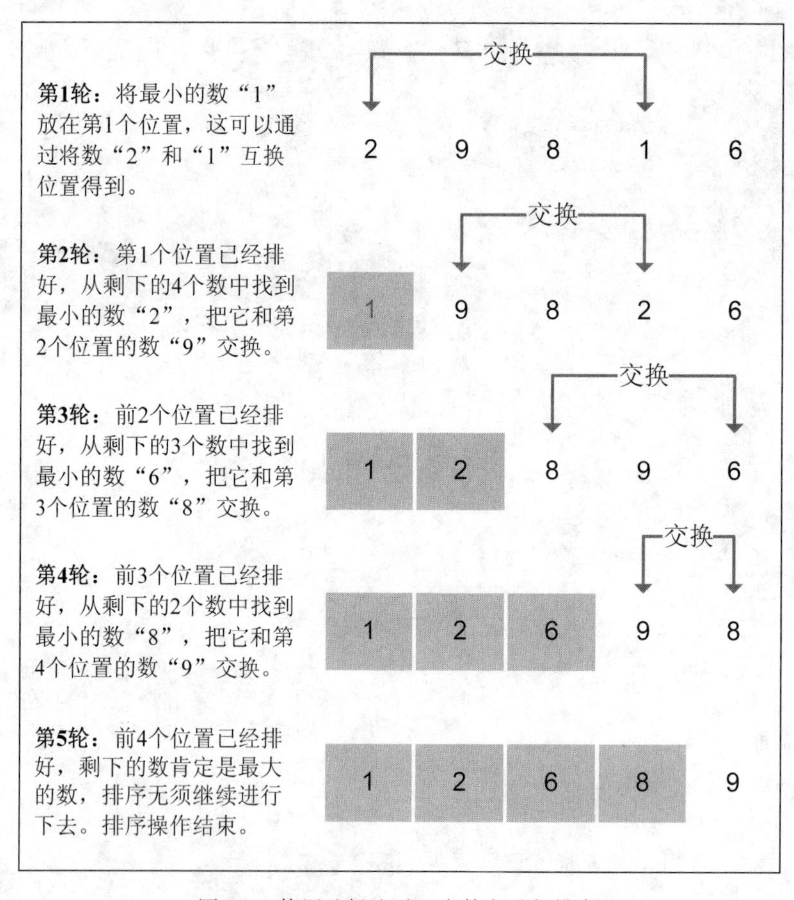

图 5.8 使用选择法对 5 个数字进行排序

例题 5.5　使用选择法对数组 a 按升序排序，数组元素的值为{79, 35, 18, 59, 36, 2, 36, 83, 62, 60}。单击“选择法排序”按钮执行排序，运行界面如图 5.9 所示。

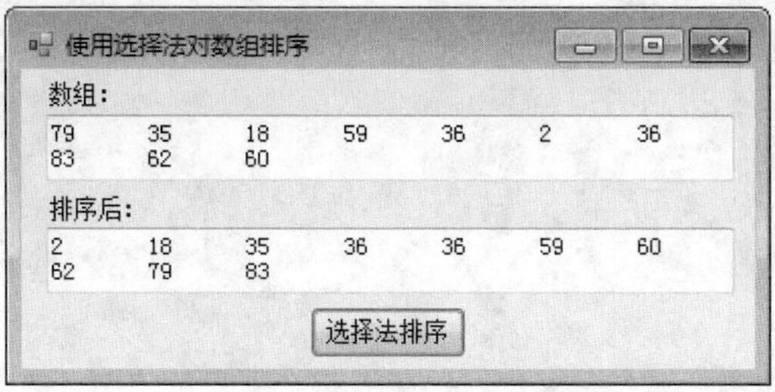

图 5.9　使用选择法对数组排序

设计分析：使用两个 TextBox 控件来显示排序前后的数组元素，TextBox1 显示排序之前的数组元素，TextBox2 显示排序之后的数组元素。数组 a 定义为模块级变量，这样在窗体 Load 事件处理过程中就可以显示它。单击选择法“排序”按钮，在该按钮事件处理过程中进行排序。

程序主要代码：

```
Public Class Form1
    Dim a() As Integer={79,35,18,59,36,2,36,83,62,60}
    Private Sub Form1_Load(...) Handles MyBase.Load
        '输出数组
        Dim output As String=""
        For i As Integer=0 To a.Length-1
            output &=a(i) & vbTab
        Next
        TextBox1.Text=output
    End Sub
    Private Sub Button1_Click(...) Handles Button1.Click
        Dim i,j,temp As Integer
        'p 为最小值元素下标
        Dim p As Integer
        'N 个数需要进行 N-1 轮排序操作
        For i=0 To a.Length-2
            '对于每轮操作，从 a(i)~a(a.Length-1)中找最小的元素
            '先假定 a(i)为 a(i)~a(a.Length-1)中找最小的元素
            p=i
            '如果 a(j+1)~a(a.Length-1)中有更小的数，则更新 p
            For j=i+1 To 9
                If a(j)<a(p) Then
                    p=j
                End If
            Next
            '如果最小值不是 a(i)，则交换 a(i)和最小值
            If p<>i Then
```

```
            temp=a(i) : a(i)=a(p):a(p)=temp
        End If
    Next
    '输出排序后数组
    Dim output As String = ""
    output=""
    For i=0 To a.Length-1
        output &= a(i) & vbTab
    Next i
    TextBox2.Text=output
  End Sub
End Class
```

2. 冒泡法（Bubble Sort）

冒泡法对数组进行排序时需要进行多轮操作，在每一轮依次将数组的每一个元素和下一个相邻元素比较，如果前一个元素的值大于后者，则进行交换两个元素的位置，如果前一个元素不大于后者，则不进行交换；这样每一轮都会有一个较大的元素“下沉”到数组的末尾对应位置，而较小的元素会逐渐“上升”到数组的开始对应位置，这也是冒泡法名称的由来。

下面使用冒泡法对 5 个数字进行从小到大升序排序，数字为“2 9 8 1 6”，如图 5.10 所示。

第 1 轮：比较数字“2”和“9”，由于“2”小于“9”，所以它们不用交换；然后比较“9”和“8”，由于“9”大于“8”，所以交换“9”和“8”的位置，这样“8”上升（前移）一位，而“9”下沉（后移）一位；接着比较“9”和“1”，“9”大于“1”，所以交换“9”和“1”；最后比较“9”和“6”，“9”大于“6”，所以交换“9”和“6”。这样，经过第 1 轮的 4 次比较，数字变为“2 8 1 6 9”，最大的数“9”下沉到末尾位置。

第 2 轮：比较“2”和“8”，不用交换；然后比较“8”和“1”，交换“8”和“1”的位置；接着比较“8”和“6”，交换“8”和“6”的位置；由于经过第 1 轮比较，末尾的“9”肯定是最大的数，因此“8”和“9”无需再次比较，这样“8”的位置就固定在“9”的前面。这样，经过第 2 轮 3 次比较，数字变为“2 1 6 8 9”，次最大数“8”下沉到数组倒数第 2 个位置。

第 3 轮：比较“2”和“1”，交换位置；然后比较“2”和“6”，不用交换。这样经过第 3 轮 2 次比较，第 3 大数“6”下沉到数组倒数第 3 个位置。数字变为“1 2 6 8 9”。

第 4 轮：比较“1”和“2”，不用交换。最终排序的结果就是“1 2 6 8 9”。

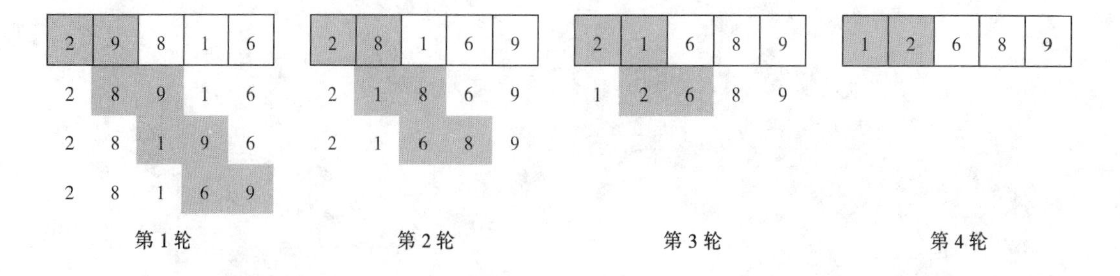

图 5.10　使用冒泡法对 5 个数字进行排序

例题 5.6　使用冒泡法对数组 a 按升序排序。运行界面如图 5.11 所示。

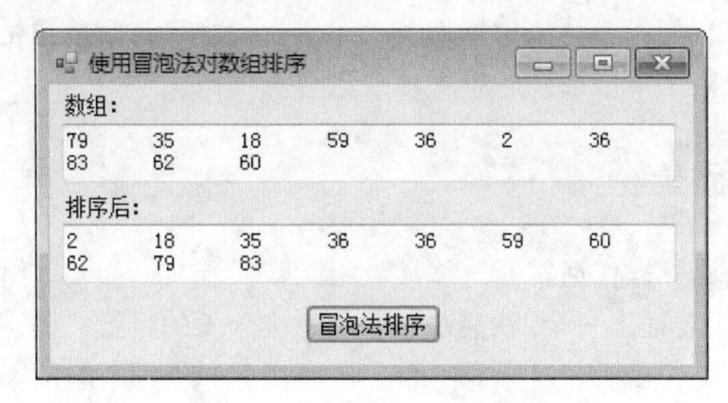

图 5.11　使用冒泡法对数组排序

程序主要代码：

```
Public Class Form1
    Dim a() As Integer={79,35,18,59,36,2,36,83,62,60}
    Private Sub Form1_Load(...) Handles MyBase.Load
        '输出数组
        Dim output As String=""
        For i As Integer=0 To a.Length-1
            output &= a(i) & vbTab
        Next
        TextBox1.Text=output
    End Sub
    Private Sub Button1_Click(...) Handles Button1.Click
        Dim i,j,temp As Integer
        'N 个数需要进行 N-1 轮排序操作
        For i=0 To a.Length-2
            '第 i 轮将 a(0),a(1),...,a(a.Length-1-i)两两比较
            For j=0 To a.Length-2-i
                '如果 a(j)大于 a(j+1)，将两者交换位置
                If a(j)>a(j+1) Then
                    temp=a(j):a(j)=a(j+1):a(j+1)=temp
                End If
            Next
        Next
        '输出排序后的数组
        Dim output As String=""
        output=""
        For i=0 To a.Length-1
            output &= a(i) & vbTab
        Next i
        TextBox2.Text=output
    End Sub
End Class
```

实践中当某一轮没有发生数字交换，排序操作就无需继续进行下去，因为所有的数字已经排好序。因此，可以在冒泡排序算法中增加一个布尔变量用来判断该轮是否发生数字交换，如果没有发生，则排序提前结束。请读者思考该改进算法如何实现。

5.3.2 插入、删除元素

数组元素的插入与删除操作通常通过移动数组元素实现，例如，数组 numbers(4)包含 5 个元素“2 9 8 1 6”，如果要插入一个新的数“5”在下标为 1 的位置，则需要先将数组维度增加 1，然后将下表为 4、3、2 个的数依次后移一位，最后在下标为 1 个的位置添加“5”，如图 5.12 所示。如果要将下标为 1 的数删除，则可以从下标为 2 的数开始，每个数都前移一位，然后再把数组末尾的数删除即可，如图 5.13 所示。

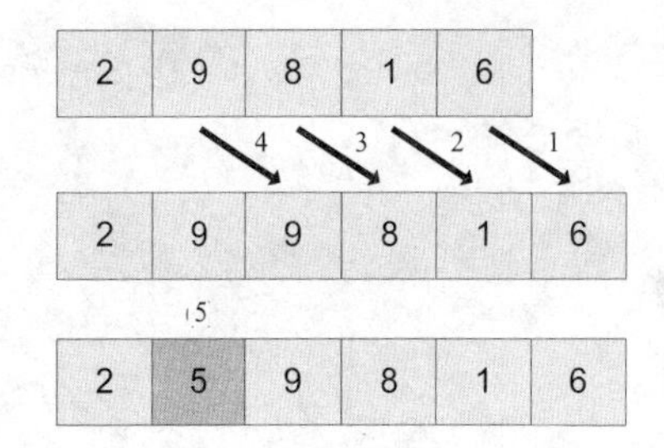

图 5.12 插入数组元素

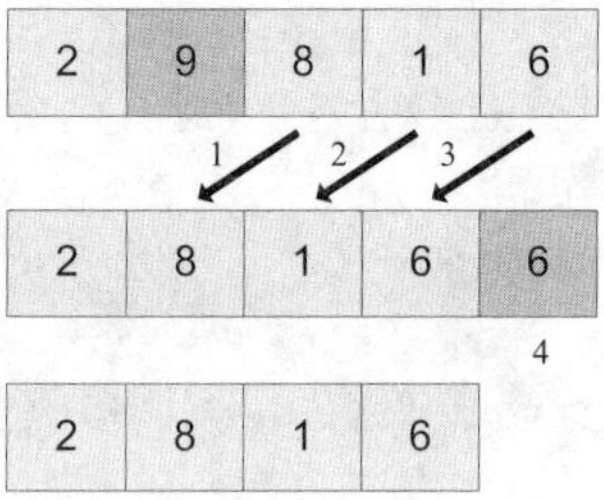

图 5.13 删除数组元素示意图

例题 5.7 对指定数组进行插入元素和删除元素操作。运行界面如图 5.14 所示。

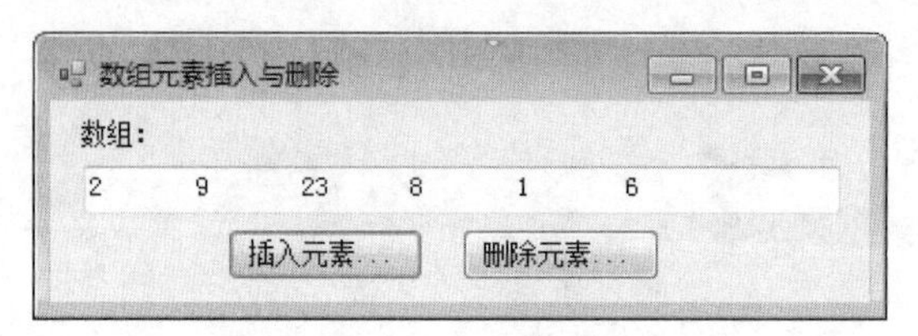

图 5.14 插入、删除数组元素

程序主要代码：

```
Dim numbers() As Integer=New Integer() {2,9,8,1,6}
Dim output As String                    '输出字符串
Private Sub Form1_Load(...) Handles Me.Load
   output=""
   For i As Integer=0 To numbers.Length-1
      output=output & numbers(i) & vbTab
   Next i
   TextBox1.Text=output                 '输出数组
End Sub
Private Sub btnInsertElement_Click(...) Handles btnInsertElement.Click
   Dim key As Integer                   '保存插入元素
   key=Val(InputBox("输入要插入的元素值: "))
   Dim index As Integer
```

```
        index=Val(InputBox("输入该元素插入位置（下标从零开始）: "))
        '将数组元素个数加 1
        ReDim Preserve numbers(0 To numbers.Length)
        '依次移动数组元素，为新元素腾出空位
        For i As Integer=numbers.Length-2 To index Step -1
            numbers(i+1)=numbers(i)
        Next i
        numbers(index)=key                  '插入元素
        output=""
        For i As Integer=0 To numbers.Length-1
            output=output & numbers(i) & vbTab
        Next i
        TextBox1.Text=output                '输出数组
    End Sub
    Private Sub btnDeleteElement_Click(...) Handles btnDeleteElement.Click
        Dim index As Integer                '保存插入元素
        index=Val(InputBox("输入要删除元素的值下标（从零开始）: "))
        '依次移动数组元素
        For i As Integer=index To numbers.Length - 2
            numbers(i)=numbers(i+1)
        Next i
        '去掉无用的内存空间
        ReDim Preserve numbers(0 To numbers.Length-2)
        output=""
        For i As Integer=0 To numbers.Length-1
            output=output & numbers(i) & vbTab
        Next i
        TextBox1.Text=output                '输出数组
    End Sub
```

5.4　结构数据类型与结构数组

5.4.1　结构数据类型

数组能够存放一组相同数据类型的数据，如一批学生的考试分数、连续多天房间里的温度等。实践中有时需要描述的事物包括多个方面的相关数据，这些数据可能具有不同的类型，但将它们保存在一起比较合适。比如要表示雇员的基本信息，如工号、姓名、部门以及薪水等。在 Visual Basic.NET 中可使用“结构类型”（Structure）来解决这个问题。

1. 结构类型的定义和声明

定义方法如下：

```
  Structure 结构类型名
      成员名声明
End Structure
```

各参数含义如下：

- Structure：声明结构类型的关键字。
- 结构类型名：该结构类型的类型名。
- 成员名声明：为结构中的一个成员，可以是一个或多个语句声明。

结构类型不能在过程内部定义，用 Dim 语句声明的成员访问级别等同于 Public，也可以将成员声明为 Private，这样修改成员时只能在结构类型内部访问。

以下定义一个名为 Employee 的结构类型，描述公司职员的基本信息。

```
Structure Employee
    Dim name As String              '姓名
    Dim ID As Integer               '工号
    Dim department As String        '部门
    Dim salary As Decimal           '薪水
End Structure
```

一旦定义了某种结构类型，就可在变量的声明时使用该类型。例如：

```
Dim em As Employee
```

这里声明变量名为 em 的 Employee 结构类型变量。一般地，声明结构类型变量的形式为：

```
Dim 变量名 As 结构类型名
```

2. 结构变量成员的引用

结构变量成员的引用形式如下：

```
结构变量类型变量名.成员名
```

例如，要引用变量 em 的姓名、工号、部门和薪水，可以使用 em.name、em.ID、em.department 和 em.salary。下面的语句给 em 的成员赋值：

```
em.name="张三"
em.ID="1023"
em.department="技术部"
em.salary=8310
```

另外，Visual Basic.NET 支持结构类型变量之间的直接赋值。例如：

```
Dim somebody As Employee
somebody=em         'em 所有成员的值都会赋值给 somebody 对应成员
```

Visual Basic.NET 提供了 With 语句来简化重复引用单个结构或对象时的代码输入工作。With 语句的形式为：

```
With 对象名
    [语句块]
End With
```

这里“对象名”可以是任何数据类型。语句块放在 With 和 End With 之间。

以下语句可以简化为：

```
With em
```

```
        .name="张三"
        .ID=2046
        .department="技术部"
        .salary=8310
    End With
```

在 With 语句中省略了对象名 em，仅用点“.”和成员名表示即可。

5.4.2　结构数组

结构数组是指数组中的每个元素都是结构类型。例如：

```
Dim em(9) As Employee          '声明数组em为包含10个元素的Employee结构类型
```

这样每个数组元素 em(0)，em(1)，…，em(9)都为 Employee 结构类型，它们每个都包含 familyName、givenName、ID、department 和 salary 数据成员。

例题 5.8　声明一个结构数组，保存雇员信息。单击“输入”按钮，可以输入雇员信息；单击“显示”按钮，可显示所有雇员信息。程序运行效果如图 5.15 所示。

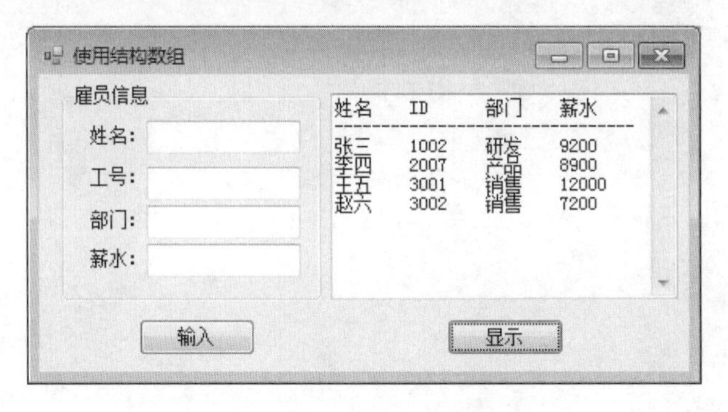

图 5.15　程序运行效果

设计分析：可以先定义一个结构类型 Employee，然后声明一个结构数组 em 存放多个雇员信息。使用文本框来显示雇员信息。

程序主要代码：

```
Structure Employee
    Dim name As String                '姓名
    Dim ID As Integer                 '工号
    Dim department As String          '部门
    Dim salary As Decimal             '薪水
End Structure
Dim n%                                '保存当前已存在的雇员人数
Const EMPLOYEE_SIZE%=100              '雇员人数上限
Dim em(0 To EMPLOYEE_SIZE-1) As Employee  '保存雇员信息
Private Sub Button1_Click(...) Handles Button1.Click '处理输入雇员信息
    If n>=EMPLOYEE_SIZE Then
        MsgBox("超过最大人员数量限制，最大数量为" & EMPLOYEE_SIZE)
    Else
```

```
        With em(n)
            .name=TextBox1.Text
            .ID=CInt(TextBox2.Text)
            .department=TextBox3.Text
            .salary=CDec(TextBox4.Text)
        End With
    End If
    TextBox1.Text=""
    TextBox2.Text=""
    TextBox3.Text=""
    TextBox4.Text=""
    n=n+1
End Sub
Private Sub Button2_Click(...) Handles Button2.Click '处理显示雇员信息
    Dim output As String        '保存输出的数据
    output="姓名" & vbTab & "ID" & vbTab & "部门" & vbTab & _
    "薪水" & vbCrLf & "--------------------------------" & vbCrLf
    For i As Integer=0 To n-1
        With em(i)
            output=output & .name & vbTab & .ID & vbTab & _
            .department & vbTab & .salary & vbCrLf
        End With
    Next
    TextBox5.Text=output
End Sub
```

5.5 Array 类与控件数组

5.5.1 使用 Array 类处理数组

Array 类是.NET Framework 类库中提供的类，位于 System 命名空间中。Array 类是之前使用的各种数组类型的基类，关于“类”和“基类”的概念将在第 8 章论述。Array 类提供了很多有用的方法，比如 Sort 方法对一维 Array 对象中的元素进行排序，Reverse 方法反转一维 Array 或部分 Array 中元素的顺序，BinarySearch 使用二进制搜索算法在一维有序 Array 中搜索值。每个方法的详细说明可参考 MSDN 帮助文档。

一般应该尽可能地使用.NET Framework 类库提供的方法，一方面可以节省开发时间，更重要的是.NET Framework 类库提供的方法都经过了仔细的测试，可以保证运行的效率与安全。比如要对一维数组进行排序，特别是当数组包含大量的元素时，应该尽可能地使用 Array.Sort 方法，该方法的使用很简单，只需要提供要排序的数组名即可。例如：

```
Dim numbers() As Integer={2,9,8,1,6}
```

```
Array.Sort(numbers)                    '使用 Sort 方法排序数组
```

例题 5.9　随机生成 10,000 个 1～10,000 之间的整数存储在数组 a 中，使用 Array 类对其进行排序，反转。单击“生成数组”按钮在文本框中显示数组 a；单击“排序”按钮，对数组 a 进行升序排序，然后显示在文本框中；单击“反转”按钮，将数组 a 反向，即最大值在最前面，然后依次降序排列，然后显示在文本框中。运行界面如图 5.16 所示。

图 5.16　使用 Array 类操作数组

程序主要代码：

```
Const ARRAY_SIZE As Integer=10000
Dim numbers(0 To ARRAY_SIZE-1) As Integer
Dim output As String                   '输出字符串
Private Sub btnGenerateArray_Click(...) Handles nGenerateArray.Click
   output=""
   Randomize()
   For i As Integer=0 To numbers.Length-1
      numbers(i)=Int(Rnd() * 10000+1)
      output=output & numbers(i) & vbTab
   Next i
   TextBox1.Text=output                '输出数组
End Sub
Private Sub btnSortArray_Click(...) Handles btnSortArray.Click
   Array.Sort(numbers)                 '使用 Sort 方法排序
   output=""
   For i As Integer=0 To numbers.Length-1
      output=output & numbers(i) & vbTab
   Next i
   TextBox1.Text=output                '输出数组
End Sub
Private Sub btnReverseArray_Click(...) Handles btnReverseArray.Click
   Array.Reverse(numbers)              '使用 Reverse 方法反转
   output=""
   For i As Integer=0 To numbers.Length-1
      output=output & numbers(i) & vbTab
   Next i
   TextBox1.Text=output                '输出数组
End Sub
```

5.5.2 控件数组的定义与使用

在 Visual Basic.NET 中可以建立一个控件数组来处理一批相同类型的控件，该数组中的每一个数组元素都是一个控件。事实上，控件也是一种数据类型。一般地，处理控件数组包括三个步骤：第一，声明一个控件数组；第二，实例化每个元素，设置必要的属性，然后加入到控件集合中；第三，创建控件事件处理程序，当控件接收到某种事件时，执行对应的事件处理程序。

下面通过一个简单例题来说明 Visual Basic.NET 中处理控件数组的方法。

例题 5.10 利用控件数组在窗体上建立五个 Label 控件，单击其中任意一个 Label 控件，该控件将逃跑到窗体客户区的任意其他位置。程序运行效果如图 5.17 所示。

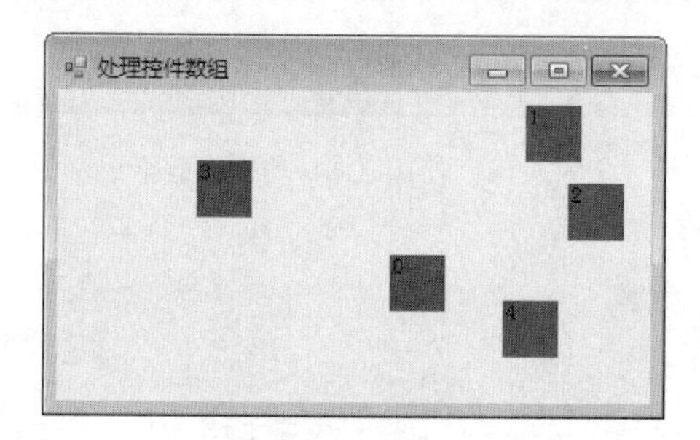

图 5.17 程序运行效果

程序主要代码：

```
Public Class Form1
    Const ARRAY_SIZE%=5                    'Label 控件数量
    Private label(ARRAY_SIZE-1) As Label
    Private Sub Form1_Load(…) Handles MyBase.Load
        For i As Integer=0 To label.Length-1
            label(i)=New Label
            label(i).Size=New Size(30,30)
            label(i).Location=New Point(50 * i,0)
            label(i).Text=i
            label(i).Show()
            label(i).BackColor=Color.Red
            Me.Controls.Add(label(i))        '将 label(i)加到控件集合中
            '将控件 label(i)的 Click 事件和事件处理程序 LabelClickHandler 相关联
            AddHandler label(i).Click,AddressOf LabelClickHandler
        Next
    End Sub
    Sub LabelClickHandler(ByVal sender As System.Object,ByVal e As System.
EventArgs)
        Dim x,y As Integer                 'x,y 代表控件的左上角坐标
        x=Int(Rnd()*(Me.ClientSize.Width-30))
        y=Int(Rnd()*(Me.ClientSize.Height-30))
        sender.Location=New Point(x,y)
    End Sub
End Class
```

课后习题

一、单选题

（1）执行如下语句，变量 b 的值是________。

```
Dim a(3,4,5),b As Integer
b=UBound(a,2)
```

A．2　　B．3
C．4　　D．5

（2）使用 Dim A(100) As Single 语句声明了数组 A，A 数组的下标取值范围是________。

A．1～99　　B．1～100
C．0～99　　D．0～100

（3）要采用数组存放如下矩阵数据，既满足存放需求和对行、列的操作需求，又不浪费内存资源，则使用数组声明语句________。

```
111  222  333
444  555  666
777  888  999
```

A．Dim a(8) As Integer　　B．Dim a(3,3) As Integer
C．Dim a(2,2) As Integer　　D．Dim a(9) As Integer

（4）执行以下语句，则数组 a 的元素中不可能出现的元素值是________。

```
Dim a(99) As Integer
Dim i As Integer
Randomize()
For i=0 To UBound(a)
    a(i)=Int(Rnd()*26+65)
Next
```

A．65　　B．89
C．90　　D．91

（5）执行以下语句，则 a(2)的值是________。

```
Dim a() As Integer={2,9,8,1,6}
ReDim a(2)
```

A．0　　B．2
C．8　　D．9

二、读程序写结果

（1）执行以下程序，屏幕上输出的值是________。

```
Module Module1
    Sub Main()
        Dim i,a(9) As Integer
```

```
        a(0)=1
        a(1)=1
        For i=2 To UBound(a)
            a(i)=a(i-1)+a(i-2)
        Next
        Console.WriteLine(a(9))
    End Sub
End Module
```

（2）执行以下程序段，请依次写出数组 b 中的所有元素________。

```
Dim a() As Integer={2,15,9,4,5,56,74,8,43,10}
Dim b(9) As Integer
Dim count As Integer=0
Dim i As Integer
For i=0 To UBound(a)
    If a(i) Mod 2=0 Then
        b(count)=a(i)
        count+=1
    End If
Next
ReDim Preserve b(count - 1)
```

三、程序填空

（1）查找指定数出现的所有位置。

单击“查找”按钮，产生 30 个范围在 30～50 的随机整数依次存入数组 a 中，并按一行 10 个显示在标签上；然后通过输入框输入要查找的数 key；最后在数组 a 中查找 key 出现的所有位置。图 5.18 显示了查找“46”程序的运行情况。

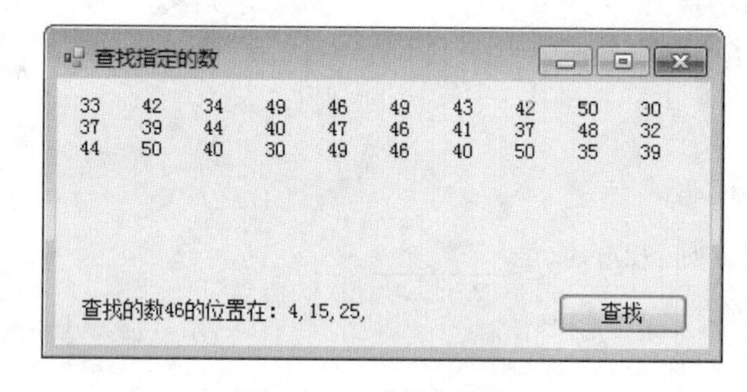

图 5.18　查找指定的数

```
Private Sub Button1_Click(...) Handles Button1.Click
    Dim i,a(29),key As Integer
    Dim result As String=""
    Randomize()
    Dim output$=""
    For i=0 To UBound(a)
        ____(1)____=Int(Rnd()*21+30)
```

```
        output &= a(i) & Space(4)
        If(i+1)______(2)______ =0 Then
            output &= vbCrLf
        End If
    Next
    Label1.Text=output
    key=Val(InputBox("输入要查找的数: "))
    For i=0 To UBound(a)
        If key=a(i) Then
            result &=______(3)______& ","
        End If
    Next
    If result <> "" Then
        Label2.Text="查找的数" & key & "的位置在: " & ______(4)______
    Else
        Label2.Text="没有找到" & key
    End If
End Sub
```

（2）产生不重复的随机数。

产生10个不重复的65～90之间的随机整数。方法是首先随机产生一个65～90之间的整数，然后在已经存放不重复随机数的数组a中查找t是否已经存在。如果已经存在，则将该值丢弃，再重新产生；否则，将t存放入数组a中。

```
Module Module1
    Sub Main()
        Dim a(9) As Integer
        'count 记录数组 a 中已存放不重复数的个数
        Dim count As Integer=0
        't 记录每次生成的随机数，i 为循环变量
        Dim t,i As Integer
        'flag 为标志，其值为 false 时表示数组 a 中不存在相同的数
        Dim flag As Boolean
        Randomize()
        Do While count<______(1)______
            t=Int( ______(2)______ )
            flag=False
            For i=0 To count
                If t=a(i) Then
                    flag=______(3)______
                    Exit For
                End If
            Next
            If flag=False Then
              ______(4)______
```

```
                count+=1
            End If
        Loop
        For i%=0 To UBound(a)
            Console.Write("{0} ",a(i))
        Next
    End Sub
End Module
```

四、编程题

（1）编写程序产生 100 个 0～9 之间的随机整数，显示每一个数出现的次数。程序运行效果如图 5.19 所示。

提示：使用一个包含 10 个元素的数组来统计每个数字出现的次数。

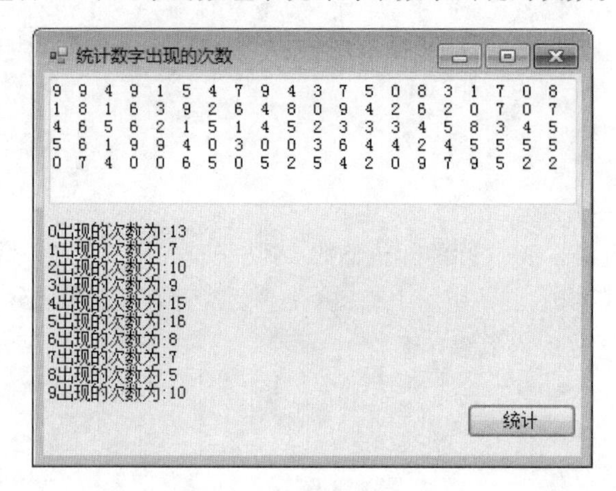

图 5.19 统计数字出现的次数

（2）编写程序随机生成 10 个 1～100 之间的整数存放在数组 a 中并显示在窗体上，然后将数组 a 逆序排列，最后在窗体上显示新的数组 a。程序运行效果如图 5.20 所示。

提示：将数组 a 第 1 个元素和最后 1 个元素交换，第 2 个元素和倒数第 2 个元素交换，依次类推。

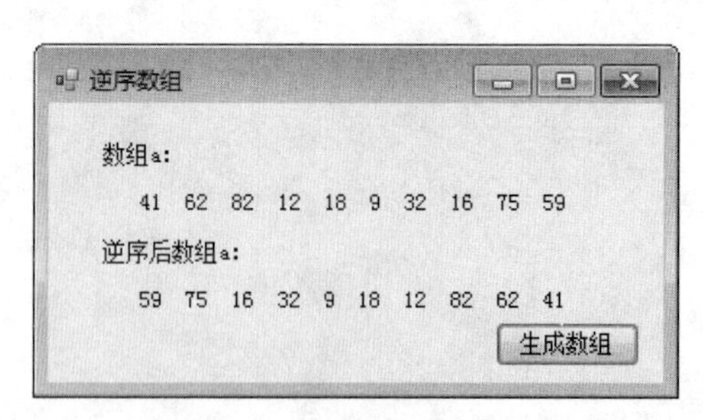

图 5.20 将数组逆序排列

（3）Fibonacci 数列是这样一个整数序列：1, 1, 2, 3, 5, 8, 13, 21, …，即从第 3 个数开始，每一个数都是它前面两个数之和。编写控制台应用程序输出 Fibonacci 数列的前 30 个数，每 4 个数占一行，每个数占 12 个字符宽度。并求出这 30 个数的平均值以及与平均值最接近的那个数。程序运行效果如图 5.21 所示。

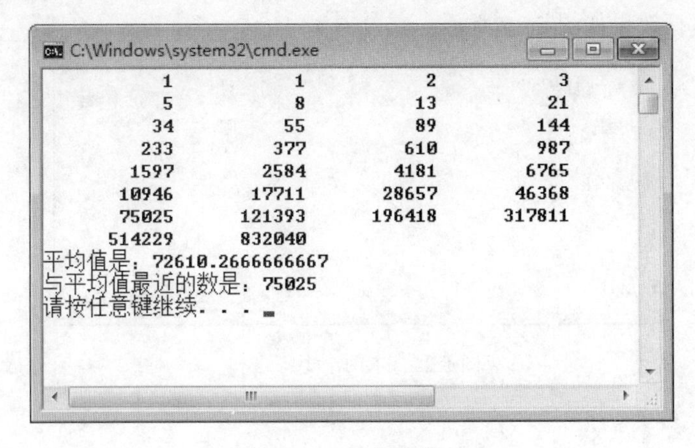

图 5.21　Fibonacci 数列

（4）使用键盘输入几个（10 个以内）学生的成绩，使用选择排序法或者冒泡排序法将这些成绩从高到低排列并显示在窗体上。首先通过 InputBox()函数输入成绩的个数，如图 5.22 所示；然后再通过 InputBox()函数依次输入每个成绩，如图 5.23 所示；完成输入成绩之后窗体上显示出成绩降序排列，如图 5.24 所示。

图 5.22　输入成绩个数

图 5.23　依次输入成绩

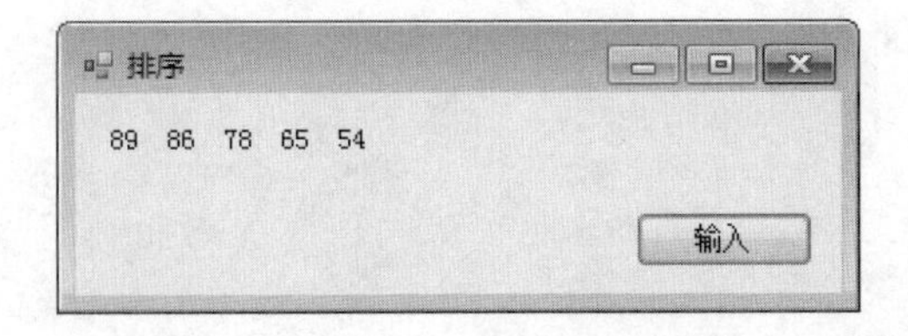

图 5.24　将成绩降序排序后输出

（5）随机生成两个 4×5 矩阵显示在文本框中，每个矩阵的元素都为 0～9 之间的整数，编写程序求两个矩阵之和。注：两个矩阵之和仍然是一个相同维数的矩阵，其元素的值为两个矩阵元素的和。程序运行效果如图 5.25 所示。

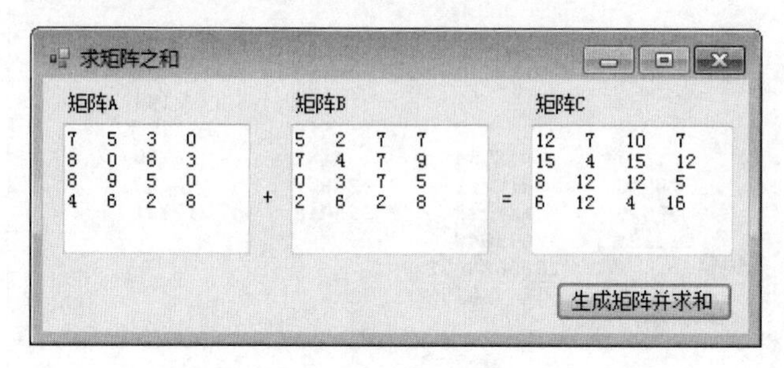

图 5.25　求两个矩阵之和

第6章 过　　程

Visual Basic 程序设计中的过程有两种，一是系统提供的内部函数过程和事件过程；二是用户根据应用的需要而设计的过程。

 6.1　过程的概念

在前面的程序设计中，曾多次出现代码重复编写的事件过程或程序段，多个程序都需要执行相同的操作。通过本章的学习，读者可以实现在不需要重复编写的情况下，可为这些功能模块编写一段程序，完成该功能的那部分代码就称为过程。通过过程，可以简化程序设计，使程序的结构更加清晰，还可以提高编程效率和程序的可读性及重用性。

使用过程主要有以下两方面的原因：

1）简单化复杂的事情

当遇到一个任务时，可以将它分解成若干个子任务，甚至子任务还可以继续分解，然后针对一个个小任务编写一个个过程来实现它，使程序结构清晰、易读，便于调试与维护。

2）代码可重复使用

当大段代码相同时，如果使用过程调用，则可以编写其中一个过程代码，其他需使用要相同代码的地方，用一句过程调用语句即可，这样不仅可以避免重复编写的烦琐，而且可以减少出错。

例题 6.1　计算组合数 $C_n^m = \dfrac{n!}{m!(n-m)!}$。分别在文本框中输入 m 和 n 的值，单击“计算”按钮，将结果显示在标签中，运行界面如图 6.1 所示。

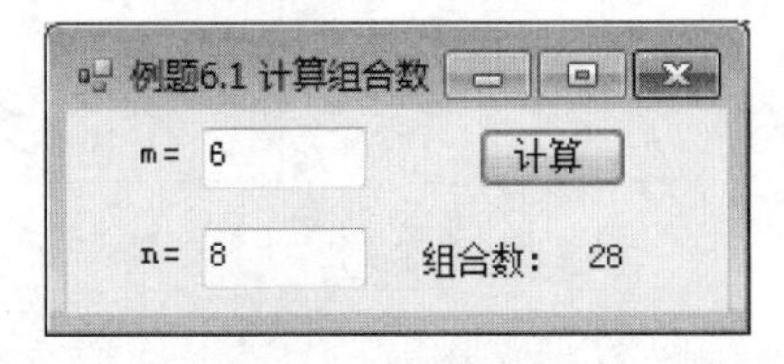

图 6.1　计算组合

设计分析：Textbox1 和 Textbox2 分别用于输入 m 和 n；Button1 是“计算”按钮；Label5 显示组合数。计算组合数，先要分别计算出 n!、m!和(n−m)!。这三个都是计算阶乘，可以定义一个求阶乘的函数过程。在主程序中判断 m、n 的大小，若 m≤n，则调用三次阶乘函数过程计算

组合数；否则，跳出“输入数据错误”信息框。

程序代码：

```
    Private Function jc(ByVal x As Integer) As Integer
                                     '***定义“计算阶乘”的函数过程
        Dim s As Integer             '定义 s，用来存储阶乘的结果
        s=1                          '赋 s 初值为 1
        For i=1 To x                 '用 for 循环实现计算阶乘，界限为 1 到 x
            s=s*i                    '循环每一步都把当前 i 的值乘进来
        Next i
        jc=s                         '将阶乘结果 s 赋给函数变量 jc，并返回
    End Function
    Private Sub Button1_Click(…) Handles Button1.Click    '******“计算”按钮
        Dim m As Integer,n As Integer
        m=Val(TextBox1.Text)
        n=Val(TextBox2.Text)
        If m<=n Then                 '判断 n 与 m 的条件
            Label5.Text=jc(n) / (jc(m) * jc(n - m))
                                     '调用计算阶乘过程三次，结果显示在标签中
        Else
            MsgBox("输入的数据错误！",0,"请检查错误")        '提示错误
        End If
End Sub
```

由于三个求阶乘的运算过程完全相同，不同的仅仅是参数。因此首先定义一个求阶乘的函数过程，然后调用该函数过程三次即可。当需要多次执行相同的操作时，可为这些功能模块编写一段程序完成该功能。通过过程简化程序设计，可以提高编程效率和简化程序结构。

过程由用户自己定义，用来完成某一功能，然后在程序中通过调用语句才能执行它。没有过程调用语句，则通用过程不会被执行。过程调用时的执行流程如图 6.2 所示。

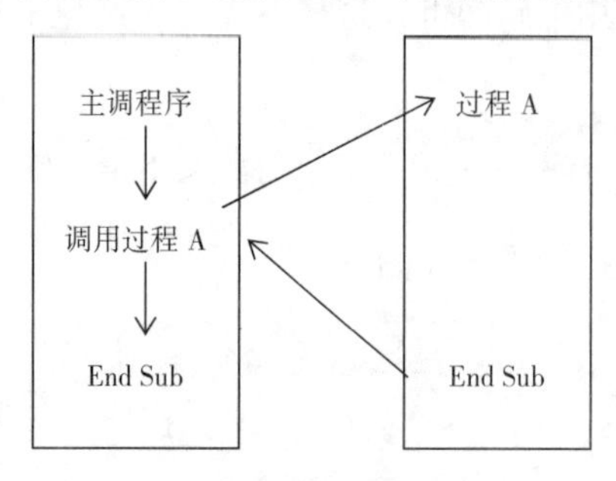

图 6.2　过程调用的执行流程

从图 6.2 中可以看出，当主调程序要调用另一个过程 A 时，程序暂时停止对当前主调程序的继续执行，而转去执行过程 A。当过程 A 执行完毕后，它将返回执行，返回位置为刚才调用它的那句语句后面，即为主调程序中调用语句的后面，继续执行下面的语句。

过程又可分为两类：一类是成为 Sub 过程，或者称为子过程、子程序，往往用于处理一些基本任务，这些任务不需要返回值或者有多个返回值；另一类为 Function()函数过程，可作为函

数使用，一般应有一个返回值。

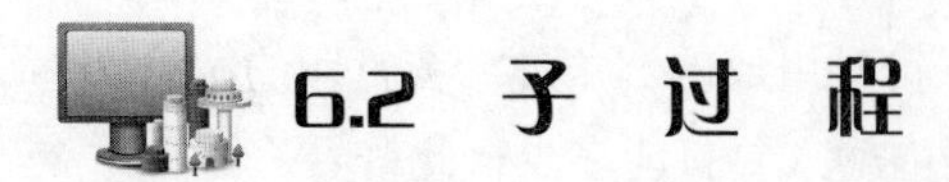

6.2 子 过 程

6.2.1　子过程的定义

Visual Basic.NET 的自定义过程分为两类：子程序过程和函数过程（即 Sub 过程和 Function 过程）。程序中可能多次重复出现的操作，不是计算返回一个值，而是希望返回多个值；或者完成某些特定的操作，某种功能的处理。用户可以使用子过程来实现这种操作，对程序进行简化。

1. 格式

```
[Public | Private] Sub  子过程名 ([形参表])
        [ 语句组 ]
        [ Exit Sub ]
        [ 语句组 ]
End Sub
```

2. 说明

（1）Public 表示所有模块的其他过程可以调用该 Sub 过程，这是默认项；Private 表示只有本模块中的其他过程才可以调用该 Sub 过程。关于变量作用域会在 6.5 节中详细讨论。

（2）子过程名：子过程的名称，其命名规则与变量名的命名规则相同。

（3）形参表：在调用时要传递给 Sub 过程的参数变量列表。多个参数变量应用逗号隔开，形参没有具体的值。Visual Basic.NET 的过程可以没有参数，不含参数的过程称为无参过程。参数列表的格式如下：

```
[ByVal | ByRef] 形参名[()][ As 类型 ]
```

各参数的含义如下：

- 形参名：形式参数（形参），可以是简单变量或数组形式。若为数组形式，则在数组名后面加一对空括号。形参属于局部变量，当本过程调用结束时，形参将被释放。
- ByVal | ByRef：指定形参与对应的调用参数（实参）之间的传递方式。若指定 ByVal，则传递方式为按值传递（默认项）；若指定 ByRef，则传递方式为按址传递。相关内容在 6.4.2 节介绍。
- As 类型：此类型是定义形参的类型。形参的类型定义与简单变量类型定义相同。
- Exit Sub 语句：从 Sub 过程中退出。

6.2.2　子过程的调用

调用已定义过的子过程有两种形式：

```
Call  子过程名 [( 实参表 )]
```

或

```
子过程名 [( 实参表 )]
```

例题 6.2 打印由任意符号组成的三角形。在打印的字符文本框内输入要打印的符号，如“*”。在打印的行数文本框内输入要打印多少行此符号，如“6”行。单击“打印”按钮，在下面的标签中显示由多行符号组成的三角形。运行界面如图 6.3 所示。

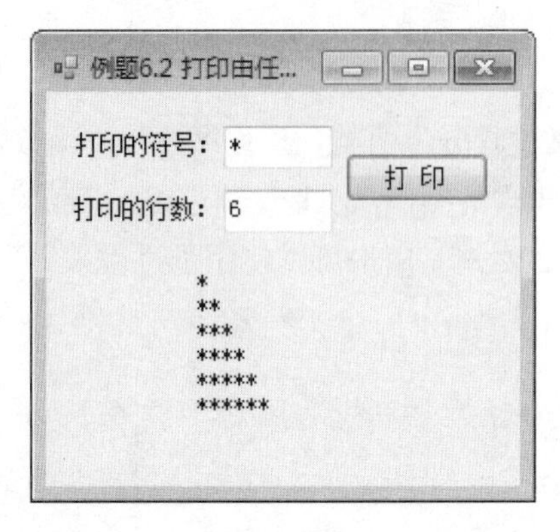

图 6.3 打印由符号组成三角形

设计分析：TextBox1 和 TextBox2 分别用于输入“打印的符号”和“打印的行数”；Button1 是“打印”命令按钮；Label3 显示图案三角形。用子过程 dysjx(str,n)实现符号的打印，要打印由符号组成的三角形，首先要确定符号的种类和行数，因此在子过程中用 str 和 n 两个形参分别表示。在 dysjx 子过程中，打印出 n 行的 str 符号，第 i 行打印 i 个符号。在主调过程中，将文本框 1 和文本框 2 中输入的符号和行数，分别赋给变量 c 和 m。通过 c 和 m 这两个实参传递给形参，调用 dysjx 子过程，在下面标签中打印出相应字符的多行三角形形状。

程序代码：

```
Sub dysjx(ByVal str As String,ByVal n As Integer)
                                 '******定义“打印三角形”子过程
   Dim i As Integer,j As Integer
   For i=1 To n                  '打印 n 行字符的三角形
      For j=1 To i               '第 i 行打印 i 个符号
         Label3.Text &= str      '打印 str 符号
      Next j
      Label3.Text &= vbCrLf      '每行打印结束后换行
   Next i
End Sub
Private Sub Button1_Click(…) Handles Button1.Click  '******“打印”按钮
   Dim c As String,m As Integer
   c=TextBox1.Text               '将要打印的字符赋给变量 c
   m=Val(TextBox2.Text)          '将要打印的三角形行数赋给变量 m
   Call dysjx(c,m)               '调用打印三角形的子过程
End Sub
```

“子过程名”只在调用Sub过程时使用。在Sub过程中不能给“子过程名”赋值，也不能给“子过程名”定义类型。子过程可以通过“形参表”中的参数返回0到多个值。一般来说，当过程没有返回值或多个返回值时，建议使用子过程。

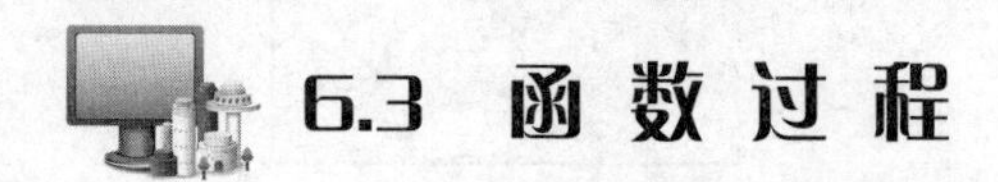

6.3 函数过程

6.3.1 函数过程的定义

1. 格式

与子过程的格式类似，形式如下：

```
[Private | Public] Function 函数过程名([ 形参表 ])[ As类型 ]
      [ 语句组]
      [ Exit Function ]
      [ 语句组 ]
      [ 函数过程名=表达式 | Return 表达式 ]
End Function
```

2. 说明

（1）Private | Public：函数过程名和形参表在Function过程的定义与Sub过程中的定义相似，格式中各项含义同Sub过程。

（2）As类型：Function过程的返回值的数据类型，可以是Byte、Boolean、Integer、Long、Currency、Single、Double、Date、String、Object、Variant或用户自定义类型。

（3）Exit Function语句：从Function过程中退出。

（4）表达式：通过赋值语句“函数过程名=表达式”或者“Return 表达式”将表达式计算值赋给函数过程名，通过该函数过程名返回。若省略该语句，则数值函数过程返回 0，字符串函数过程返回空串。

6.3.2 函数过程的调用

函数过程的调用方法比较简单，它可以像调用内部函数一样调用函数过程。它与内部函数并无显著区别，唯一的不同在于内部函数由系统提供，而函数过程由用户定义。调用语句格式如下：

```
函数过程名([ 实参列表 ])
```

例题 6.3 求最大公约数。分别在文本框中输入m和n的值，单击“计算”按钮，计算m和n的最大公约数，将结果显示在标签中，运行界面如图6.4所示。

图 6.4　求最大公约数

设计分析：TextBox1 和 TextBox2 分别用于输入 m 和 n；Button1 是“计算”命令按钮；Label4 显示最大公约数。计算公约数用函数过程 gys(a,b)来实现，实参 m、n 将数值分别传递给形参 a、b。将较大的数存入 a，求出大数对小数的余数，反复操作直至余数为 0。最后一次非零余数 b 就是最大公约数。最大公约数 b 通过函数过程名 gys 返回给主调程序。

程序代码：

```
Private Function gys(ByVal a As Integer,ByVal b As Integer) As Integer
                                                  '***公约数函数过程
    Dim t As Integer,r As Integer
    If a<b Then t=a : a=b : b=t                   '将较大的数存入 a
    r=a Mod b                                     '求出大数对小数的余数
    Do While r<>0                                 '循环直到大数能整除小数结束
       a=b : b=r : r=a Mod b                      '更换变量
    Loop
    gys=b                                         '将函数的返回值赋给函数过程名
End Function
Private Sub Button1_Click(…) Handles Button1.Click   '******“计算”按钮
    Dim m As Integer,n As Integer
    m=Val(TextBox1.Text)                '将文本框 1 中输入的值赋给 m
    n=Val(TextBox2.Text)                '将文本框 2 中输入的值赋给 n
    Label4.Text=gys(m,n)                '调用计算公约数函数过程
End Sub
```

6.4 参数传递

在调用过程中，主调程序与被调过程之间一般会有数据传递。过程参数使用的实参要与定义过程时的形参对应，并以适当的形式将实参传递给形参，称为“参数传递”。

6.4.1 形参和实参

形参是出现在 Sub 过程、Function 过程定义中的变量名，在过程被调用之前，形参并未被分配内存，参数的值是不确定的，只是说明形参的类型和在过程中的作用。

实参是在调用 Sub 过程或 Function 过程时传递给 Sub 过程或 Function 过程的常量、变量、

表达式或数组。在调用过程时，参数的值和类型必须是确定的。

在 Visual Basic.NET 中，参数一般按位置传送，即按实参的位置次序与形参的位置次序对应传送，与参数名没有关系。过程调用时实际参数的个数、类型和含义应与形式参数的个数、类型和含义一致。

在例题 6.2 中，子过程是这样进行参数传递的：实参 c 为文本框 1 中的内容，传递给 sub 过程 dysjx 中的形参 str，比如把“$”传递给形参 str；实参 m 为文本框 2 中的内容，传递给 sub 过程 dysjx 中的形参 n，比如把“5”传递给形参 n。因此主程序中调用了 dysjx(c,n)后，打印出 5 行符号为“$”的三角形。

6.4.2　传值和传地址

在 Visual Basic.NET 中，可以通过两种方式来传递参数，即传值（ByVal）与传地址（ByRef），其中传地址习惯上也称为引用。Visual Basic.NET 默认的传递方式是传值。

1. 传值

传值是指传递的是参数值，将实参的值复制给相对应的形参，而不是传递它的地址。定义形参时，在形参前面加上“ByVal”表示该形参是传值的形参。实参将值传递给形参，是一种数据的单向传递，即形参值在 Sub 过程或 Function 过程中的改变不会影响到主程序中实参的值，当实参为常量或表达式时，数据的传递总是单向的。

传递过程首先将实参（表达式）的数值进行计算并将结果存放在对应的形参存储单元，再将形参与实参断开联系。由于过程中的形参变量都是在自己的存储单元中进行，所以当过程调用结束时，这些形参所占有的存储单元都会被释放。因此，在过程中形参的任何操作都不会影响到主调程序中的实参。由于子过程不能访问实参的内存地址，因此在子过程中对形参的任何修改操作都不会影响到对应的实参。

2. 传地址

传地址是指把实参的地址传送给对应的形参，即形参与实参使用相同的内存地址单元（或形参与相对应的实参共享同一存储单元）。在定义形参时，形参前面需要加上“ByRef”，表示该形参是传地址的形参。在调用过程中对形参的任何操作都变成了对应实参的操作，因此实参的值会随着形参值的改变而改变。

采用传地址方式时，需要注意的是实参必须是声明过类型的变量，而不能是常量或表达式。

3. 传值与传地址的区别

例题 6.4　单击“显示”按钮，在标签中显示四个阶段：①调用前 a、b 的值；②进入子过程时 x、y 的值；③退出子过程前 x、y 的值；④返回主调程序时 a、b 的值。将四个阶段的值显示在标签中，用以比较传值和传地址的不同方式带来的不同结果。程序运行界面如图 6.5 所示。

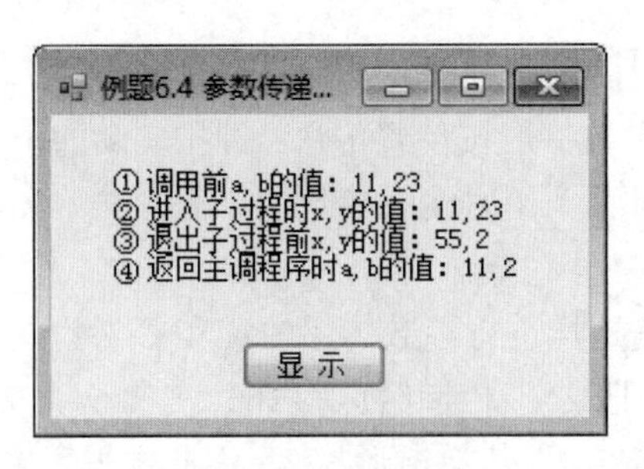

图 6.5　参数传递示例

设计分析：定义子过程 cscd(x,y)，两个形参 x 和 y 分别用传值和传地址的方式。在子过程中，首先显示进入子过程时 x、y 的值，然后分别对 x 乘 5，y 对 7 取余，再显示处理完后退出子过程前 x、y 的值。主调程序中首先定义实参 a 和 b，分别赋值 11 和 23。显示进入主调程序时 a、b 的值，然后调用子过程 cscd（实参 a、b 与形参 x、y 一一对应），最后显示返回主调过程时 a、b 的值。

程序代码：

```
Sub cscd(ByVal x As Integer,ByRef y As Integer)
                                                '***定义子过程，形参分别用传值和传地址
    Label1.Text &="2)进入子过程时 x,y 的值: " & x & "," & y & vbCrLf
                                                '显示进入子过程时形参的值
    x=x*5:y=y Mod 7                             '对形参 x 和 y 进行计算
    Label1.Text &= "3)退出子过程前 x,y 的值: " & x & "," & y & vbCrLf
                                                '退出子过程前 x,y 的值
End Sub
Private Sub Button1_Click(…) Handles Button1.Click   '******“显示”按钮
    Dim a As Integer,b As Integer
    a=11 : b=23                       '给实参 a 和 b 赋初值
    Label1.Text=""                    '先清空标签
    Label1.Text &= "1)调用前 a,b 的值: " & a & "," & b & vbCrLt
                                      '显示进入主调程序时 a、b 的值
    Call cscd(a,b)                    '调用子过程，实参 a、b 与形参 x、y 一一对应
    Label1.Text &= "4)返回主调程序时 a,b 的值: " & a & "," & b & vbCrLf
End Sub
```

在最后显示返回主调过程时 a、b 的值，a 的值没有改变（11），b 的值在调用了子程序后变成经过运算后的值（2）。因为实参 a、b 对应的是形参 x、y，分别为传值和传地址。传值的方式在过程中形参的任何操作都不会影响到实参，因此即使调用子程序后，对形参 x 进行了计算，改变了 x 的值，但是实参 a 的值仍然不变。传地址的方式在调用过程中对形参的任何操作都变成了对应实参的操作，因此实参的值就会随着形参的改变而改变。调用子程序对形参 y 进行了计算，改变了 y 的值，同时也改变了实参 b 的值。

选择传值还是传地址一般要考虑：

（1）要将调用过程中的结果返回给主调程序，形参须是传地址方式。这时实参必须是同类型的变量名（包括简单变量、数组名、结构类型等），不能是常量、表达式。

（2）如果希望被调用的过程体不改变实参的值，则应选用传值方式，减少各过程之间的关联。在过程体内对形参的改变不会影响实参。

6.4.3　数组参数

在 Visual Basic.NET 中，过程参数可以是任何合法的数据类型，其中包括数组也可以作为过程参数。

例题 6.5　求一组成绩的最高分，最低分及平均分。随机产生 10 个范围为 1～100 的成绩，单击“求成绩”按钮，在标签上先显示 10 个成绩数据；再计算最高分、最低分和平均分，并显示在下面的标签中。程序运行界面如图 6.6 所示。

设计分析：子过程 cj (x,m,n,avg)计算 x 数组中的最大值、最小值和平均值，其中 x、m、n、avg 分别为数组、最高分、最低分以及平均分的形式参数。在主调程序中，用随机函数生成实参数组的 10 个元素，然后调用子程序 cj 计算成绩数组的最高分、最低分和平均分，并在标签中显示。

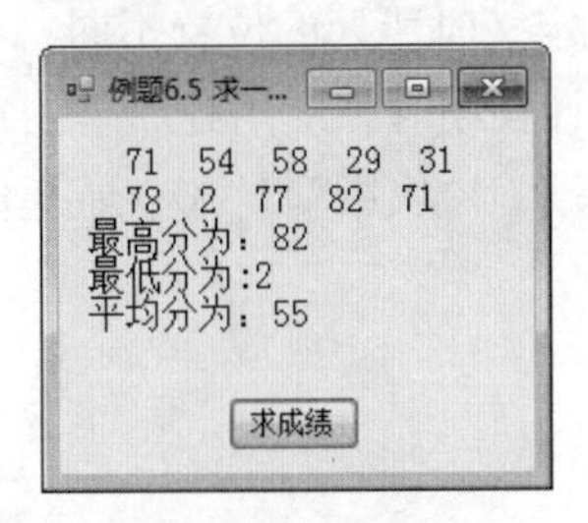

图 6.6　成绩计算

程序代码：

```
    Sub cj(ByRef x() As Integer,ByRef m As Integer,ByRef n As Integer,ByRef avg As Integer)
        Dim i As Integer
        m=x(0) : n=x(0)                    '最大值和最小值的初始值为数组第一个
        For i=LBound(x) To UBound(x)       '循环从数组的第一个到最后一个
            If x(i)>m Then m=x(i)          '筛选出最大的数组元素
            If x(i)<n Then n=x(i)          '筛选出最小的数组元素
            avg=avg+x(i)                   '计算所有数组元素的和
        Next i
        avg=avg/(UBound(x)+1)              '计算所有数组元素的平均值
    End Sub
    Private Sub Button1_Click(…) Handles Button1.Click    '****** “求成绩”按钮
        Dim a(9) As Integer,i As Integer,mx As Integer,mi As Integer,aver As Integer
        Label1.Text=""
        For i=LBound(a) To UBound(a)
            a(i)=Int(Rnd() * 100+1)               '用随机函数赋给成绩数组元素值
            Label1.Text &= "  " & a(i)            '显示数组中的各成绩
        Next
```

```
        Label1.Text &= vbCrLf & vbCrLf
        Call cj(a,mx,mi,aver)                    '调用求最大值、最小值和平均值的子过程
        Label1.Text &= "最高分: " & mx & "   " & "最低分为:" & mi & "   " & "平均分
为: " & aver
    End Sub
```

当使用数组作为过程的参数时，使用地址传递方式，即将数组 a 的起始地址传给过程，使得数组 x 也具有与 a 数组相同的起始地址。因此在执行过程中，a 与 x 数组占用同一段内存单元，a 数组中的值与 x 数组共享，如 a(0)的值就是 x(0)的值。如果在过程中改变了 x 数组的元素值，相当于改变了 a 数组的元素值。用数组作为过程的参数时，形参数组中各元素的改变都将被带回到实参数组中。

6.5 变量的作用域与生存期

在 Visual Basic.NET 中，变量被定义时所处的位置不同，可被访问的范围也不同。变量可被访问的范围称为变量的作用域。设计程序时，应用程序中的每个变量都有一定的作用域。变量的作用域分为块级变量、过程级变量、模块级变量和全局变量。

6.5.1 变量的作用域

1. 块级变量

在块中声明的变量称为块级变量，其作用域仅限于声明所在的块。块级变量只在本程序块运行时才会占用内存，并不容易发生命名冲突。块级变量一般在控制结构（For...Next、Select Case...End Select、While...End While、Do...Loop、If...End If 等）中定义。

2. 过程级变量

在一个过程内用 Dim 语句声明的变量，只能在本过程中使用。在过程内定义的变量，其作用域仅为定义它的过程内，离开了该过程，该变量将不能被使用。过程级变量在本过程运行时会占用内存，并进行变量的初始化，在过程体内进行数据的存取，一旦过程体结束，占用的内存会被释放。

3. 模块级变量

模块是程序中的代码容器，可放置模块级变量、全局变量、函数和过程等。其中，窗体类（Form）、类（Class）、模块（Module）都称为模块。模块级变量只能在模块的任何过程或函数外。在模块内的任何过程和函数外的通用声明中用修饰符 Private 和 Dim 声明的变量，被称为模块变量。在声明模块变量以后，即可对其进行赋值操作，使用访问修饰符指定其作用域，并在作用域范围内使用，可被本模块的任何过程访问。

4. 全局变量

全局变量是指在模块级别声明的位置上用修饰符 Public 声明的变量。全局变量的值在整个

应用程序中始终不会消失和不会重新初始化，只有当整个应用程序结束时，才会消失。

下面是在一个模块文件中进行不同级变量的声明：

```
Public Ta As Integer                  '全局变量
Dim  Wb  As String *10                '模块级变量（也可以声明为 Private）
Sub Form_Click()
   Dim  Fa  As Integer                '过程级变量
      …
   If Fa>0 Then
      Dim x As Integer                '块级变量
   End If
      …
End Sub
Sub Command1_Click()
  Dim  Fb  As Single                  '过程级变量
End Sub
```

在同一个过程中变量的名字必须不同，但在不同的过程中也可以使用相同名字的变量。在不同作用域定义变量时，变量的名和类型可以相同，也可以不相同，变量的作用范围还可以出现交叉。当变量名相同而作用范围不同时，则局部变量优先，然后是模块级变量，最后是全局变量。

例题 6.6　变量作用域范围示例。单击“显示”按钮，在标签中显示七个阶段：①调用前全局变量的值；②退出子过程时全局变量的值；③返回主调程序时全局变量的值；④退出子过程时过程级变量的值；⑤返回主调程序时全局变量的值；⑥块级变量的值；⑦退出块后全局变量的值。运行界面如图 6.7 所示。

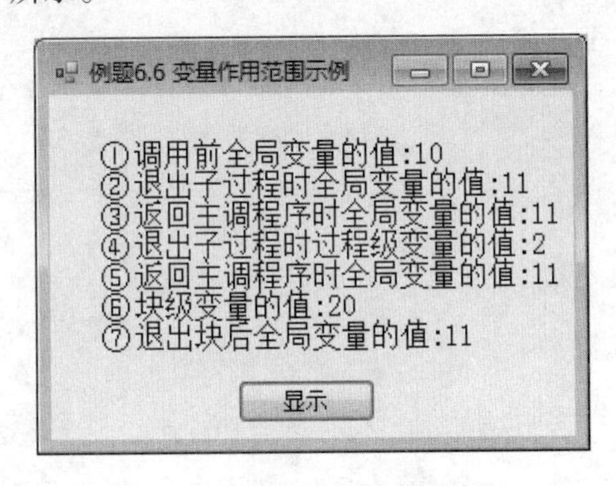

图 6.7　变量作用范围示例

设计分析：设计子过程 temp1 改变全局变量 x 的值，在全局变量基础上加 1；设计子过程 temp2，在过程中定义过程级变量 x，改变过程级变量的值。在主调程序中，首先赋予全局变量初值，调用子过程 temp1，观察退出子过程和返回主调程序时全局变量的值；然后调用子过程 temp2，观察过程级变量的值以及退出子过程后返回主调程序时全局变量的值；再设计一个块（如 If…End If），在其中定义一个块级变量并改变此变量的值，观察块级变量的值和退出块后全局变量的值。

程序代码：

```
Public Class Form1
    Public x As Integer             '定义全局变量
    Private Sub temp1()             '******定义改变全局变量的子过程
        x=x+1                       '改变全局变量
        Label1.Text &= "2）退出子过程时全局变量的值:" & x & vbCrLf
                                    '显示此时全局变量的值
    End Sub
    Private Sub temp2()             '******定义改变过程级变量的子过程
        Dim x As Integer            '定义过程级变量
        x=x+2                       '改变过程级变量
        Label1.Text &= "4）退出子过程时过程级变量的值:" & x & vbCrLf
                                    '显示此时全局变量的值
    End Sub
    Private Sub Button1_Click(…) Handles Button1.Click   '******“显示”按钮
        x=10                        '赋初值全局变量
        Label1.Text &= "1）调用前全局变量的值:" & x & vbCrLf
                                    '显示调用子过程前全局变量的值
        Call temp1()                '调用改变全局变量的子过程
        Label1.Text &= "3）返回主调程序时全局变量的值:" & x & vbCrLf
                                    '调用 temp1 后全局变量的值
        Call temp2()                '调用改变过程级变量的子过程
        Label1.Text &= "5）返回主调程序时全局变量的值:" & x & vbCrLf
                                    '调用 temp2 后全局变量的值
        If x>0 Then                 '设计一个块
            Dim x As Integer        '定义块级变量
            x=x+20                  '改变块级变量的值
            Label1.Text &= "6）块级变量的值:" & x & vbCrLf   '显示块级变量的值
        End If
        Label1.Text &= "7）退出块后全局变量的值:" & x & vbCrLf
                                    '显示退出块后全局变量的值
    End Sub
End Class
```

6.5.2 静态变量

局部变量除了用 Dim 语句声明外，还可以用 Static 语句将变量声明为静态变量。静态变量是指程序执行进入该变量所在的过程，修改该变量的值后，结束退出该过程时，其变量的值仍然被保留。即变量所占内存单元没有被释放，当再次进入该过程时，原来该变量的值可以继续使用。声明静态变量的一般格式如下：

```
Static 变量名 As 数据类型
```

例题 6.7 调用过程时，静态变量和动态变量的比较。单击窗体，显示出六次循环后动态变量 x、m 和静态变量 y、n 的不同。每次循环数字都加一，字符串的长度也加一，但静态变量有记忆功能，而动态变量没有。运行界面如图 6.8 所示。

图 6.8　静态变量和动态变量

设计分析：定义改变变量的子过程 jtbl()，其中 x、y、m、n 都是过程 jtbl 的局部变量，其中 y 和 n 被定义为静态变量（初始值分别为 0 和空白）。因此，每次调用子过程都会保留上一次的值；x 和 m 为过程级变量，每次调用都会重新初始化。主调程序调用子过程六次，观察每个变量值的变化。

程序代码：

```
   Sub jtbl()                                    '******使用动态、静态变量
      Dim x As Integer, m As String              '定义动态变量 x、m
      Static y As Integer, n As String           '定义静态变量 y、n
      x=x+1 : y=y+1                              '改变变量 x、y 的值
      m=m & "*" : n=n & "*"                      '改变字符串变量 m、n 的值
      Label1.Text &= "x=" & x & " " & "y=" & y & " " & "m=" & m & " " & "n=" & n
& vbCrLf
   End Sub
   Private Sub Form1_Click(…) Handles Me.Click        '******窗体单击事件
      Dim i As Integer
      For i=1 To 6      '循环多次比较动态变量、静态变量值改变的不同
         jtbl()                  '调用子过程
      Next i
   End Sub
```

6.6 递　归

所谓过程的递归是指在调用一个过程时，又出现了直接或间接地调用该过程本身。在递归调用中，一个过程执行的某一步需要使用到它自身的上一步（或上几步）的结果。递归调用为求解具有递归结构的问题提供了强有力的手段，使得我们能够用有限的语句描述一个无限的集合。

递归调用解决问题的方法是，将原有的问题分解为一个新问题，而新问题又用原有的问题的解法，这就出现了递归。按照这个步骤分解下去，每次出现的新问题的解决方法与原来的解

决方法相同。并朝着一个明确的结束递归的条件（终止条件）方向进行降阶，否则过程将会永远“递归”下去。

例题 6.8 运用递归方法求 *n*!的值。输入要计算的 *n*，单击“计算”按钮，计算出 *n*!的值，显示在标签中。运行界面如图 6.9 所示。

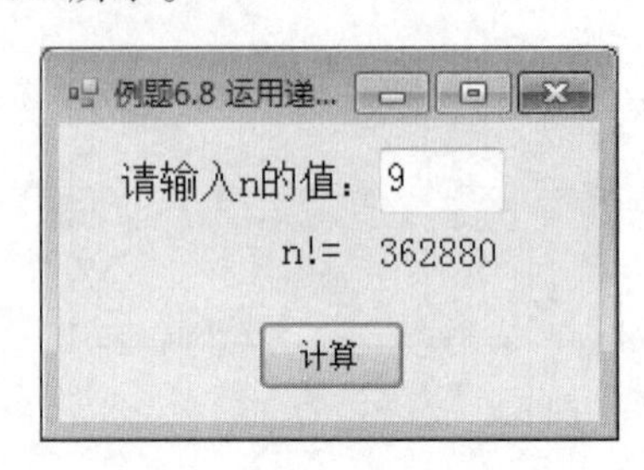

图 6.9 递归法求 n!的值

设计分析：TextBox1 用于输入 n；Label3 显示 n 的阶乘的计算结果；Button1 是“计算”命令按钮。设计一个函数过程 jc(m)计算 m!的值。当 m>1 时，在 jc 过程中继续递归调用 jc(m−1)（即降阶）；这种操作一直持续到递归终止条件的出现（即 m=1 的 jc(1)调用为止），递归结束。以后逐层返回，递推出 jc(2)及 jc(3)的值。需要注意的是，第 i 次调用 jc 过程时并不能立即得到 jc(i)的值，而是通过不断降阶递归调用，直到 jc(1)（终止条件）时才有确定的值，然后通过过程在逐层返回中依次计算出 jc(2)、jc(3)的值。

程序代码：

```
Private Function jc(ByVal m As Integer) As Integer'****定义递归计算阶乘的函数过程
    If m=1 Then             '确定中止的条件，递归直到m = 1结束
        jc=1
    Else
        jc=m * jc(m-1)      '调用过程，逐渐降阶直到终止条件
    End If
End Function
Private Sub Button1_Click(…) Handles Button1.Click   '******“计算”按钮
    Dim n As Integer
    n=Val(TextBox1.Text)        '输入要计算的n
    Label3.Text=jc(n)           '调用计算函数过程
End Sub
```

6.7 多 线 程

6.7.1 程序、进程与线程

在程序设计中，“程序”“进程”“线程”是既有联系又有区别的一些概念。

程序（Program）是指令和数据的有序集合，它本身没有“运行”的含义，是一个静态的概念。例如存放在 C:\Windows\notepad.exe（记事本）就是一个程序，它占用的是外存空间。

进程（Process）是程序在处理机上的一次执行过程，它是一个动态的概念。例如，双击C:\Windows\notepad.exe 就可以运行记事本程序。在 Windows 的任务管理器中就可以看到已运行的 notepad 进程，它占用一定的内存空间。同一程序可以对应多个进程（多次启动），每个进程拥有各自独立的数据集合。进程由进程控制块、程序段、数据段三部分组成，作为系统进行资源分配和调度的一个独立单位，它同时也是线程的容器。

线程（Thread）是进程的一个实体，是 CPU 调度和分派的基本单位，它是比进程更小的能独立运行的基本单位。线程自己基本上不拥有系统资源，只拥有一点在运行中必不可少的资源（如程序计数器、寄存器和栈等），因此也称为"轻量级进程"。一个进程至少有一个主线程。

如上所述，程序作为一种代码集合可在外存储器中长期存在；而进程作为程序的一次运行，它有一定的生命周期。因此可以认为程序是永久的，进程是暂时的。进程是资源分配的基本单位；线程是处理器调度的基本单位。进程在执行过程中拥有独立的内存单元；同一进程内多个线程共享资源，从而极大地提高了程序的运行效率。

6.7.2　操纵多线程

.NET 框架提供的"公共语言运行库"（Common Language Runtime，CLR）支持多线程应用，可以通过 System.Threading 类建立多线程应用程序，并且获得线程池等功能的支持。在 Visual Basic.NET 中，用来创建和维护线程的基类是 System.Threading.Thread。它能够创建并控制线程，同时也可以设置线程的优先级并获取其状态。

Thread 类常用的方法有 Start（启动线程）、Suspend（挂起线程，使之暂停运行）、Sleep（将当前线程挂起指定的时间）、Resume（继续运行挂起的线程），Abort（终止线程）等；常用的属性有 IsAlive（获取当前线程的执行状态，True 表示已启动，False 表示已终止）、IsBackground（用于获取或设置线程是否为后台线程）、ThreadState（获取 System.Threading.ThreadState 类型的值，表示当前线程的状态，有 Running、Stopped、Aborted、Suspended 等）。图 6.10 展现了常见的几种线程状态之间的转换。其中，状态分别在矩形中描述，状态之间单向箭头连线表示转换。这种转换通常伴随的是某种方法的调用。

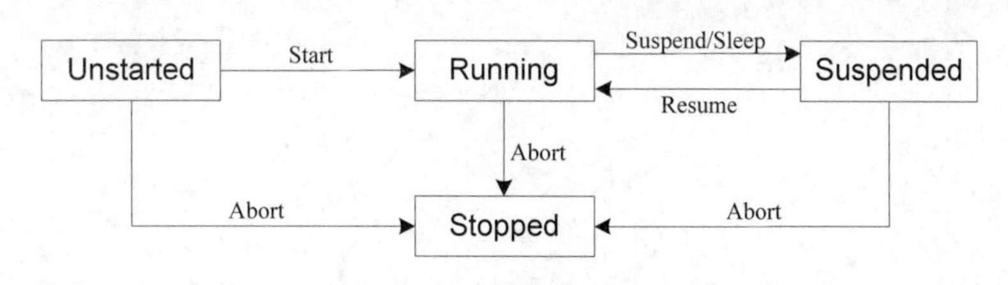

图 6.10　线程状态转换

可以通过创建线程类对象，并用 AddressOf 语句给希望运行的过程传递一个委托来建立线程。格式如下：

```
Dim Thread1 As New System.Threading.Thread(AddressOf SomeTask)
Thread1.Start
```

其中，SomeTask 是新建线程需要运行的过程。调用新建线程的 Start 方法后，主线程会继续执行后面的代码，而不需要等待已建线程的结束。

例题 6.9　多线程后台随机频率播音。线程以后台方式用 Beep 函数随机播放频率在 700～

1200 Hz 的声音，每次声音播放持续 300 ms，间隔 500 ms。主线程控制后台线程的运行状态，并自身运行自己的程序（左上角是秒计数器，右上角是数字时钟），响应自身的事件（单击计数器和时钟可控制它们的定时器工作）。单击“开始”按钮，启动后台播音线程；单击“暂停”按钮，挂起线程运行；单击“继续”命令按钮，恢复挂起线程的继续运行；单击“停止”按钮，终止线程的运行。程序运行结果如图 6.11 所示。

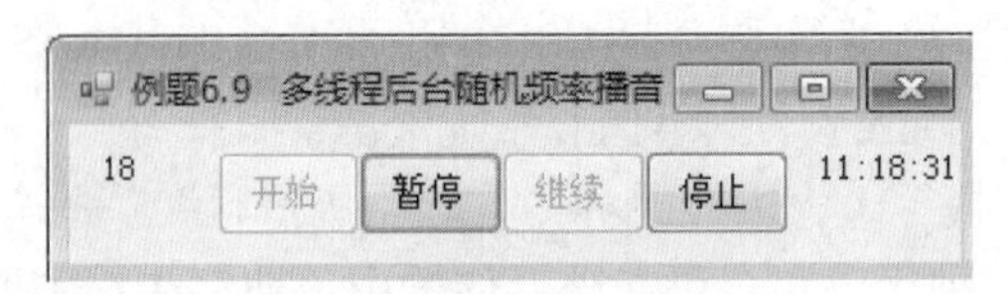

图 6.11 线程状态转换

设计分析：可调用 Windows 的 API 函数 Beep 来播放指定频率的声音。该函数包含两个参数，分别表示频率与声音播放的持续时间。在使用该函数时，需要进行单独声明。设计一个 PlaySound 过程完成随机频率播音。但是如果在主线程中直接调用该过程，将会“阻塞”主线程的运行，使主线程无法进行用户界面的交互操作。例如，再也无法响应其他按钮的 Click 事件，无法响应计数器和时钟的 Click 事件，还无法移动窗体，无法响应窗体的“关闭”按钮等现象。因此需要通过创建线程，由线程在后台运行随机播音，主线程就不会遭遇“堵塞”。

程序代码如下：

```
Imports System.Threading.Thread          '引入多线程命名空间
Public Class Form1
    Public Declare Function Beep Lib "kernel32.dll" Alias "Beep" (ByVal dwFreq
As Integer,ByVal dwDuration As Integer) As Integer
                    '声明 Windows API 的 Beep 函数（第 1 参数是频率，第 2 参数是持续时间）
    Dim m_playThread As System.Threading.Thread
                    '定义线程类型变量，用于保存创建的线程
    Private Sub PlaySound()                    '******线程运行的子过程，用于随机播音
        Dim t As Integer
        Do While True
            t=Int(Rnd() * 501)+700 '产生 700~1200 的随机整数，作为声音频率
            Beep(t, 300)                    '播放指定频率声音，持续 300 ms
            Sleep(500)                      '线程停暂 500 ms 后继续执行（播放停顿间隔）
        Loop
    End Sub
    Private Sub Form1_Load(…) Handles MyBase.Load      '******窗体载入初始化
        Label1.Text=0 : Label2.Text=TimeOfDay          '计数器清零、时钟取当前时间
        Timer1.Start() : Timer2.Start()                '启动定时器 1 和定时器 2
    End Sub
    Private Sub Timer1_Tick(…) Handles Timer1.Tick     '******定时器 1
        Label1.Text=Label1.Text+1                      '计数器工作
    End Sub
    Private Sub Timer2_Tick(…) Handles Timer2.Tick     '******定时器 2
        Label2.Text=TimeOfDay                          '时钟工作
```

```
    End Sub
    Private Sub Label1_Click(…) Handles Label1.Click    '******计数器Click
        If Timer1.Enabled Then
            Timer1.Stop() : Label1.ForeColor=Color.Red '计数器停止，变成红色数字
        Else
            Timer1.Start() : Label1.ForeColor=Color.Black
                                                        '计数器重启，还原成黑色数字
        End If
    End Sub
    Private Sub Label2_Click(…) Handles Label2.Click '******时钟Click
        If Timer2.Enabled Then
            Timer2.Stop() : Label2.ForeColor=Color.Red  '时钟停止，变成红色数字
        Else
            Timer2.Start() : Label2.ForeColor=Color.Black
                                                        '时钟重启，还原成黑色数字
        End If
    End Sub
    Private Sub btnStart_Click(…) Handles btnStart.Click '******开始
        m_playThread=New System.Threading.Thread(AddressOf Me.PlaySound)
                                               '创建线程对象
        m_playThread.IsBackground=True         '设置当前线程为"后台线程"
        m_playThread.Start()                   '启动线程
        btnStart.Enabled=False : btnSuspend.Enabled=True : btnStop.Enabled=True
                                               '调整状态
    End Sub
    Private Sub btnSuspend_Click(…) Handles btnSuspend.Click '******暂停
        m_playThread.Suspend()                 '挂起线程，使之暂停运行
        btnSuspend.Enabled = False : btnResume.Enabled = True : btnStop.Enabled
=False                                         '调整
    End Sub
    Private Sub btnResume_Click(…) Handles btnResume.Click    '******继续
        m_playThread.Resume()                  '继续运行挂起的线程
        btnSuspend.Enabled=True : btnResume.Enabled = False : btnStop.Enabled
=True                                          '调整
    End Sub
    Private Sub btnStop_Click(…) Handles btnStop.Click        '******停止
        m_playThread.Abort()                   '终止线程
        btnStart.Enabled=True : btnSuspend.Enabled=False      '调整按钮暂停
        btnResume.Enabled=False : btnStop.Enabled=False       '调整按钮暂停
    End Sub
End Class
```

课后习题

一、单选题

（1）在声明一个函数时不可能用到的关键字是________。

A．Exit　　B．As　　C．Sub　　D．End

（2）Sub 过程和 Function 过程最根本的区别是________。

A．Sub 过程不能返回值，而 Function 过程可以返回值

B．两种过程参数传递方式不同

C．两种过程分用于实现不同的程序功能

D．Function 过程可以没有形参，而 Sub 过程不能没有形参

（3）有如下函数过程：

```
Function J(a, b as Integer) As Integer
a=b : J=a+b
End Function
```

以下调用函数 J 的语句中，________不会发生错误。

A．J(1,5)　　B．x=J(2,1)

C．x=J(1)　　D．Call J(3,5)

（4）在过程定义中用________表示形参的传值。

A．Var　　B．ByRef

C．ByVal　　D．ByValue

（5）在过程定义中，________可作为值传递的参数。

A．数组　　B．自定义类型变量

C．简单变量　　D．数组元素

（6）下列过程定义语句中，正确的是________。

A．Sub SS(ByVal n%())

B．Sub SS(n As Integer) As Integer

C．Function FF(ByVal n As Integer) As Integer

D．Function FF%(FF As Integer)

（7）下列叙述中，错误的是________。

A．一个 Visual Basic 程序中任何一个代码段都可以直接引用全局变量

B．局部变量的作用范围仅限于声明它们的过程中

C．Static 类型变量可以在标准模块的通用声明中定义

D．通用过程可以由用户定义过程名

（8）下列________方式声明的变量在每次调用过程时其值不能保留。

A．在通用声明段声明的窗体变量

B．在过程体中用 Static 语句声明的变量

C．在标准模块中声明的全局变量

D．在过程体中用 Dim 语句声明的变量

（9）在程序调用中，参数的传递可分为________和按地址传递两种方式。

A．按值传递　　B．按名传递

C．按参数传递　　D．按位置传递

（10）应用程序中的每个变量都有一定的作用域。当变量名相同而作用范围不同时，则________优先。

A．块级变量　　B．过程级变量

C．模块级变量　　D．全局变量

二、填空题

（1）________语句可以中途退出 Sub 过程、________语句可以中途退出 Function 过程。

（2）若调用过程时，采用值传递方式，则应在形参前添加关键字________。

（3）根据定义的位置和所使用的变量声明语句的不同，Visual Basic 通常将变量的作用域分为局部变量、模块变量和________。

（4）在 Visual Basic 中声明静态变量的关键字是________。

三、读程序写结果

（1）以下程序的运行结果是________。

```
Sub jisuan(ByVal  x As Integer,y As Integer)
  x=x*4 : y=y*4
End Sub
Private Sub Button1_Click(…) Handles Button1.Click
  Dim a As Integer,b As Integer
  a=6:b=6
  Call jisuan(a,b)
  TextBox1.Text="a=" & a & ",b=" & b
End Sub
```

（2）以下程序的运行结果是________。

```
Function Func(ByVal x As Integer,y As Integer)
    y=y*x
    If y>0 Then
       Func=x
    Else
       Func=y
    End If
End Function
Private Sub Button1_Click(…) Handles Button1.Click
  Dim a As Integer, b As Integer, c As Integer
  a=3 : b=4
  c=Func(a,b)
  TextBox1.Text ="a=" & a & ",b=" & b & ",c=" & c
End Sub
```

四、程序填空

（1）将以下程序补充完整，使之运行正常。求水仙花数，所谓水仙花数，是指组成一个三位数的各数的立方和等于该数本身。例如，153 是水仙花数。单击“水仙花数”按钮，在标签中显示水仙花数，运行界面如图 6.12 所示。

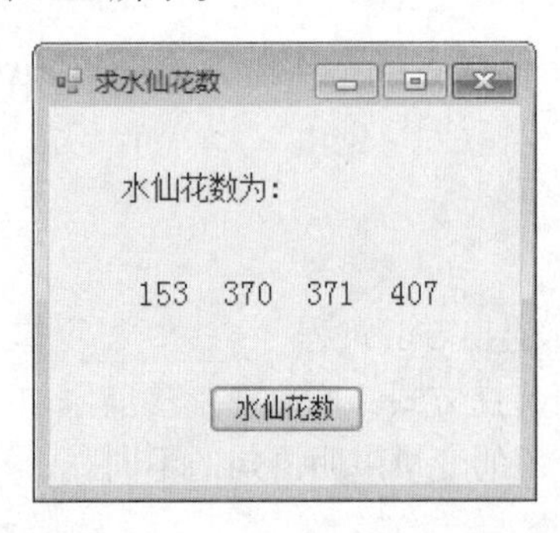

图 6.12　定义函数求水仙花数

```
Public Class Form1
    Private Function Shuixian(ByVal n As Integer) As Boolean
        Dim t As Integer,j As Integer,k As Integer,flag as Boolean
        flag= __________
        t=x/100
        j=__________
        k=x-t*100-j*10
        If x=t^3+j^3+k^3 Then flag=True
        __________
    End Function

    Private Sub Button1_Click(…) Handles Button1.Click
         Dim  i  As Integer
         For i=100  To __________
           If __________Then
                Label1.Text &= i & vbTab
           End If
         Next
    End Sub
End Class
```

（2）将以下程序补充完整，使之运行正常。求数组各元素的平方值。单击“调用”按钮，“调用前数据：”标签显示调用前数组的各元素；“调用后数据：”标签显示各元素求平方后的数组元素。运行界面如图 6.13 所示。

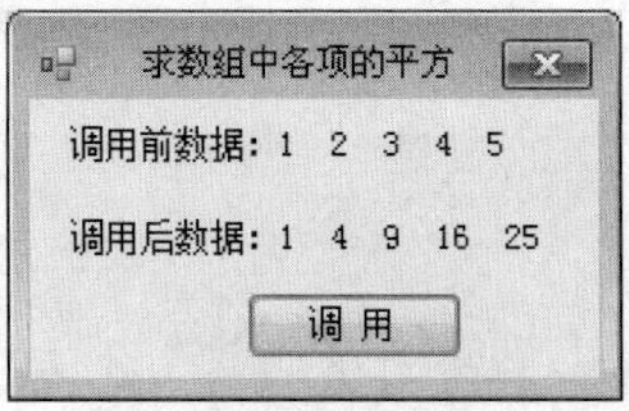

图 6.13 求平方值

```
Public Sub pf(ByRef __________ As Integer)
    Dim i As Integer
    For i=LBound(x) To UBound(x)
        x(i)=__________
    Next i
End Sub
Private Sub Button1_Click(…) Handles Button1.Click
    Dim a(4) As Integer
    For i=LBound(a) To UBound(a)
        a(i)=i+1
        __________=a(i) & "  "
    Next i
    __________
    For i=LBound(a) To UBound(a)
        Label2.Text &= a(i) & "  "
    Next i
End Sub
```

五、编程题

通过函数过程计算 $s=\dfrac{\sum_{i=1}^{22} i\times\sum_{i=1}^{33} i}{\sum_{i=1}^{44} i}$。

要求：

（1）编写函数过程 sum(k)，求 $\sum_{i=1}^{k} i$，即 $1+2+3+\ldots+k$。

（2）编写事件过程 Form_Click()程序，通过调用 sum()函数过程，求解 s，并且在 Label1 中输出结果。

```
Private  Function  sum(ByVal k As Integer) As Double
End Function
Private Sub Form1_Click(…) Handles Me.Click
End Sub
```

第7章 用户界面设计

界面设计是程序设计的重要部分，界面主要负责用户与应用程序进行之间的交互操作。一个好的应用程序，应该具有良好的用户界面。通过前几章的学习，我们已经掌握了如何在一个普通窗体中，利用标签、按钮、文本框、复选框和单选按钮等控件来设计应用程序。除此之外，应用程序的窗体还可以通过菜单、多窗体等内容，并通过设置通用对话框、列表框和组合框等常用控件来完善程序的功能、方便用户的使用、增加人机交互的能力。

7.1 常用控件

在 Windows 环境下，通过列表框、组合框、滚动条、进度条、图片框和定时器等控件，来实现复杂的操作具有方便、快捷、安全等优势。

7.1.1 列表框和组合框

列表框（ListBox）和组合框（ComboBox）是 Windows 应用程序常用的控件，主要用于提供一些可供选择的列表项目。在列表框中，任何时候都能看到多项，而在组合框中通常只能看到一项，用鼠标单击右侧的下拉按钮才能看到多项。

1. 列表框

列表框控件可以显示一组项目的列表，用户可以根据需要从中选择一个或多个选项，但不能直接修改其中的内容。列表框内容可以通过滚动条浏览和选择。

1）属性

（1）Items 集合属性：设置或返回列表框中的列表项目。要把项目添加到列表框中，既可以在运行时利用 Add 方法通过窗体的 Load 事件动态填入，也可以在设计时通过单击列表框 Items 属性右边的省略号按钮，在弹出的“字符串集合编辑器”对话框中直接输入项目名称。

（2）Items.Count 属性：返回列表中的项目总数。项目下标的范围为 0～Items.Count-1。

（3）MultiColumn 属性：设置列表框是否包含多列。False 为单列显示（默认值），并且会出现一个垂直滚动条；True 为多列显示，并且会出现一个水平滚动条。

（4）SelectedIndex 属性：当前所选项的下标。

（5）Text 和 SelectedItem 属性：两个属性性质相同，当前所选项目的文本内容。

（6）Sorted 属性：设置列表框中的项目是否按字母表顺序排序。False 为不排序（默认值），

True 为排序，程序运行时它是只读的。

2）事件

列表框常用事件有 Click、DoubleClick 和 SelectedIndexChanged 等。当用鼠标或键盘在列表框中重新选择项目时可触发 SelectedIndexChanged 事件。该事件与 Click 事件的区别是：除了都可以通过鼠标单击列表框触发事件外，还可以通过单击上下箭头键执行 SelectedIndexChanged 事件过程，而 Click 事件只能通过单击列表框触发。

3）方法

（1）Items.Add：用于将项目添加到列表框，格式为

```
对象名.Items.Add(字符串)
```

（2）ByVal | ByRef：指定形参与对应的调用参数（实参）之间的传递方式。若指定 ByVal，则传递方式为按值传递（默认项）；若指定 ByRef，则传递方式为按址传递。相关内容在 6.4.2 节介绍。

（3）Items.RemoveAt：从列表框中删除指定的项目，格式为

```
对象名.Items.RemoveAt(Index)
```

Index 表示被删除项目在列表框中的下标。

（4）Items.Insert：在列表框中指定位置插入一个项目，格式为

```
对象名.Items.Insert(Index,字符串)
```

（5）Items.Clear：用于清除列表框的所有项目，格式为

```
对象名.Items.Clear()
```

例题 7.1　设计一个 Windows 窗体应用程序。要求：可以实现将文本框中的内容添加到左边的列表框或从列表框中删除；也可以从左边列表框中选择一门课或全部课程到右边列表框；当用鼠标双击右边列表框中的项目时，将选中课程返回到待选课程列表。运行程序界面如图 7.1 所示。

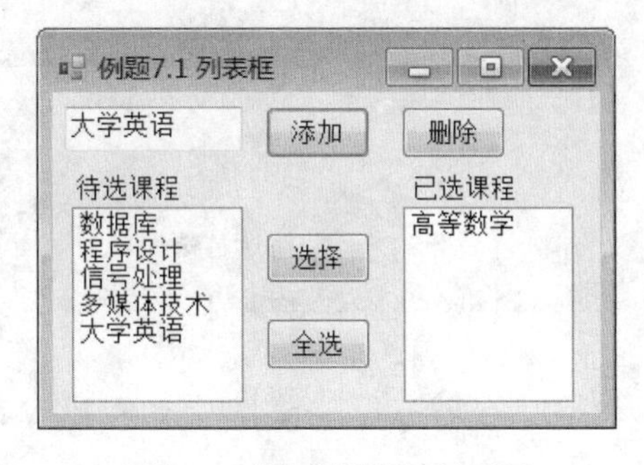

图 7.1　列表框程序运行界面

设计分析：在窗体上添加 ListBox1、ListBox2 控件分别对应“待选课程”和“已选课程”列表，添加按钮 Button1~4 分别对应“添加”“删除”“选择”“全选”按钮。“待选课程”的项目可以在运行时利用窗体的 Load 事件进行预添加。“选择”按钮的实现首先要利用 ListBox1 的 SelectedIndex 属性得到当前所选项目的下标，然后利用 ListBox2 的 Add 方法将 ListBox1 的当前选项添加到“已选课程”列表框中，同时利用 ListBox1 的 RemoveAt 方法将“待选课程”列表框中的当前选项删除。“全选”按钮利用 For 循环语句来实现，循环变量为 ListBox1 项目的下标，范围是 0～ListBox1.Items.Count−1，循环执行上述 Add 方法，最后利用 Clear 方法一次性

清空 ListBox1。

程序代码：

```
Private Sub Form1_Load(…) Handles MyBase.Load        '***********窗体的 Load 事件
    ListBox1.Items.Add("数据库")        '利用 Add 方法将课程预添加到“待选课程”列表
    ListBox1.Items.Add("程序设计")
    ListBox1.Items.Add("信号处理")
End Sub
Private Sub Button1_Click(…) Handles Button1.Click  '*********** “添加”按钮
    ListBox1.Items.Add(TextBox1.Text)
                              ' “待选课程”ListBox1: 利用 Item.Add 方法添加新的项目
End Sub
Private Sub Button2_Click(…) Handles Button2.Click  '************** “删除”按钮
    ListBox1.Items.Remove(TextBox1.Text)     '删除文本框文本对应的列表框中的项目
End Sub
Private Sub Button3_Click(…) Handles Button3.Click  '************** “选择”按钮
    Dim index As Integer=ListBox1.SelectedIndex   '得到“待选课程”所选项的下标
    If index>=0 Then
        ListBox2.Items.Add(ListBox1.Text)
                              ' “已选课程”ListBox2: 添加“待选课程”的当前项
        ListBox1.Items.RemoveAt(index)           '删除待选课程列表框的当前选项
    Else
        MessageBox.Show("先选择课程")            '当未选择任何提示项目时提示
    End If
End Sub
Private Sub Button4_Click(…) Handles Button4.Click
                                            '************** “全选”按钮
    Dim i As Integer
    For i=0 To ListBox1.Items.Count-1
                              '循环:将“待选课程”的所有项目添加到“已选课程”
        ListBox2.Items.Add(ListBox1.Items(i))
    Next
    ListBox1.Items.Clear()            '清空“待选课程”列表
End Sub
Private Sub ListBox2_DoubleClick(…) Handles ListBox2.DoubleClick
                                  '*******ListBox2 双击事件
    Dim index As Integer=ListBox2.SelectedIndex   '得到“已选课程”的所选项的下标
    If index>=0 Then
        ListBox1.Items.Add(ListBox2.Text) '将“已选课程”中的所选项返回到“待选课程”
        ListBox2.Items.RemoveAt(index)     '删除“已选课程”列表的当前选项
    End If
End Sub
```

2. 组合框

组合框控件由两部分组成，即一个文本框和一个列表框。文本框可以用来显示当前选中的项目，也允许用户在文本框中输入内容，用输入的方法选择项目，还可以通过 Add 方法将文本框中的内容添加到列表框。组合框的大多数属性、事件和方法与列表框相同，下面仅介绍不同的属性。

1）DropDownStyle 属性

（1）Simple：简单组合框，由文本框和一个不能下拉的列表框组成。

（2）DropDown：下拉式组合框（默认值），由文本框和一个下拉式列表框组成，占据一行。

（3）DropDownList：下拉式列表框，没有文本框，只能显示和选择，不能输入。

2）Text 属性

该属性既可以是当前选定的列表框项目，也可以是用户在文本框中输入的字符串。

3）方法

组合框主要事件是 SelectedIndexChanged 和 DropDown 事件，当单击列表框的下拉三角按钮时触发 DropDown 事件。因为组合框的文本框可以输入内容，也会用到 KeyPress 事件。

例题 7.2　设计一个程序实现学生信息登记，在下拉列表项中选择“性别”、“年级”和“专业”，单击“提交”按钮将所选内容汇总到文本框中，单击“清除”按钮恢复到选择前状态。运行程序界面如图 7.2 所示。

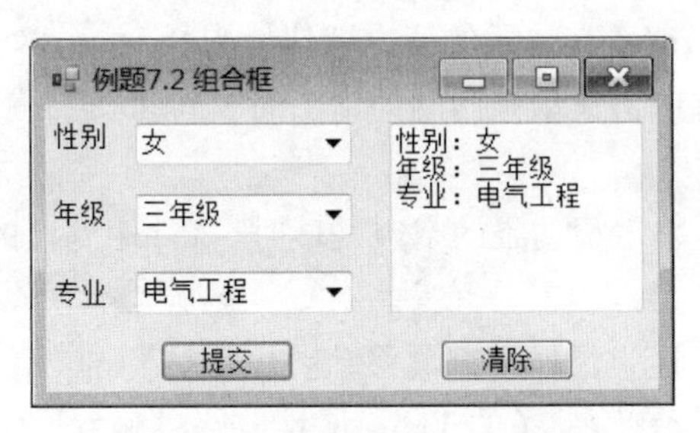

图 7.2　组合框程序运行界面

设计分析：在窗体上添加组合框 ComboBox1~3 分别对应“性别”“年级”“专业”下拉列表；Button1 为“提交”按钮，Button2 为“清除”按钮；添加 TextBox1 用于显示所选内容。组合框的 DropDownStyle 属性设置为默认值，即 DropDown。Button1 必须在三个组合框都做出了选择后才有效。

程序代码：

```
Private Sub Button1_Click(…) Handles Button1.Click  '**************“提交”按钮
    If ComboBox1.Text = "" Or ComboBox2.Text = "" Or ComboBox3.Text = "" Then
        MessageBox.Show("请同时选择性别、年级和专业")'须同时选择三个组合框，否则提示出错
    Else
      TextBox1.Text = "性别: " & ComboBox1.Text & vbCrLf & "年级: " & ComboBox2.Text
      TextBox1.Text = TextBox1.Text & vbCrLf & "专业: " & ComboBox3.Text
    End If                          'vbCrLf 为回车换行符
End Sub
Private Sub Button2_Click(…) Handles Button2.Click '************** “清除”按钮
```

```
    ComboBox1.Text="" : ComboBox2.Text=""  '将组合框的状态恢复到初始状态：空白
    ComboBox3.Text="" : TextBox1.Text=""
End Sub
```

7.1.2 滚动条和进度条

滚动条控件（ScrollBar）通常附在窗体上协助观察数据或确定位置，也可作为数据输入工具。进度条控件（ProgressBar）用来指示事务处理的进度。滚动条有水平和垂直两种，进度条没有水平、垂直之分。

1. 滚动条

水平滚动条（HScrollBar）和垂直滚动条（VScrollBar）除滚动方向不同外，功能和操作是一样的。滚动条的两端各有一个带箭头的按钮，中间有一个滑块，当滑块位于最左端或顶端时，其值最小，反之则为最大，其取值范围：-32768～+32767。

1）属性

（1）Minimum 和 Maximum 属性：滑块处于最小位置和最大位置时的值，默认值为 0 和 100。在实际使用时，设置的最大值 Maximum 是达不到的，用户想要设置的实际最大值，必须按如下关系设置：Maximum=实际最大值+LargeChange-1。

（2）Value 属性：滑块当前所在位置的值，默认值为 0。

（3）SmallChange 属性：单击滚动条两端的箭头时，Value 属性（滑块位置）的增量，默认值为 1。

（4）LargeChange 属性：单击滚动条的空白区域时，Value 属性的增量，默认值为 10。

2）事件

（1）Scroll 事件：在用户通过鼠标或键盘移动滑块后触发。

（2）ValueChanged 事件：在滚动条的 Value 属性改变时触发。

例题 7.3 将滚动条的 Value 属性值实时地显示在文本框中，要求滚动条在 40～260 之间变化，单击滚动条空白区域时，滚动条变化值为 20。运行程序界面如图 7.3 所示。

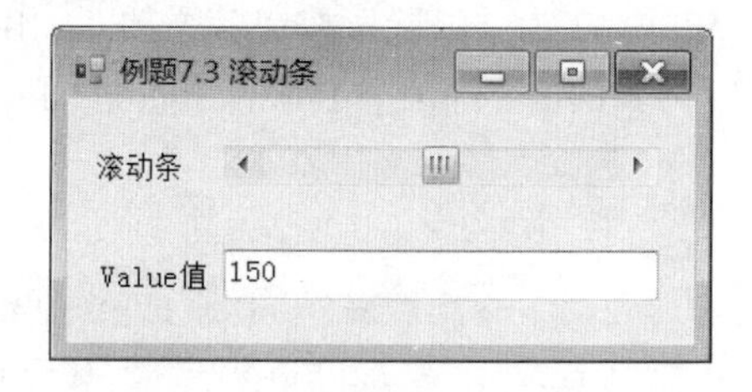

图 7.3 滚动条程序运行界面

设计分析：由题意得知，滚动条 HScrollBar1 的 Minimum、LargeChange 属性值分别为 40、和 20，根据公式 Maximum 值应设置为 279（260+20-1）。运用 ValueChanged 事件来获取滚动条的滚动。

程序代码：

```
Private Sub HScrollBar1_ValueChanged(…) Handles HScrollBar1.ValueChanged
```

```
    TextBox1.Text=HScrollBar1.Value 'ValueChanged 事件：将滚动条当前值赋给文本框
End Sub
```

2. 进度条

进度条控件同样具有 Maximum、Minimum 和 Value 属性。Maximum 和 Minimum 设置控件的界限，Value 决定控件被填充的数目，直到等于 Maximum 属性值。控件显示的填充数是 Value 属性与 Maximum 和 Minimum 属性之间的比值。在对滚动条编程时，必须先确定 Maximum 值。

例题 7.4　用进度条显示一个大数组的处理进度，运行程序界面如图 7.4 所示。

图 7.4　进度条程序运行界面

设计分析：定义一个大数组（如有 2 500 001 个元素），进度条 ProgressBar1 的 Minimum 和 Maximum 分别为数组的最小下标和最大下标。利用 For 语句使 ProgressBar1 的 Value 属性从数组的最小下标变化到最大下标。

程序代码：

```
Private Sub Button1_Click(…) Handles Button1.Click
                                          '************** "开始计算"按钮
    Dim counter As Integer
    Dim workarea(2500000) As String
    ProgressBar1.Minimum=LBound(workarea)
                                          '进度条的最小值为数组的最小下标，通常为 0
    ProgressBar1.Maximum=UBound(workarea)
                                          '进度条的最大值为数组的最大下标，为 2500000
    ProgressBar1.Visible=True
    ProgressBar1.Value=ProgressBar1.Minimum   '进度条的初始填充数目为最小下标
    For counter=LBound(workarea) To UBound(workarea)
                                              '从数组的最小下标变化到最大下标
        ProgressBar1.Value=counter            '将进度条的填充数目与循环计数绑定
    Next counter
End Sub
```

7.1.3　图片框

图片框控件（PictureBox）用于显示多种格式的图片，支持的文件格式包括 gif、jpg（jpeg）、bmp、wmf、png 等。

图片框的常用属性包括 Image、SizeMode 和 BoderStyle。

1. Image 属性

Image 属性用于设置图片框中显示的图片。当属性值被设置为 Nothing 时，则删除图片。该属性既可以在设计时通过“属性”窗口设置，也可以在运行时通过代码调用 Image 类的 FromFile 方法进行设置，格式为：

```
对象名.Image=Image.FromFile("图片文件路径名")。
```

2. SizeMode 属性

设置图片框中显示图片的大小。它有 5 个选项，默认是 Normal，对比效果如图 7.5 所示。

（1）Normal：加载的图片保持原来的尺寸，图片的左上角与图片框的左上角对齐，若图片较大，则超过图片框的部分将被裁剪掉。

（2）StretchImage：加载的图片将按图片框的大小拉伸显示。

（3）AutoSize：图片框可根据图片大小自动调整控件的尺寸。

（4）CenterImage：图片在图片框中居中，如果图片大于图片框，则裁剪图片的外边缘。

（5）Zoom：加载的图片根据图片框的大小完整显示，并保持原有的纵横比例不变。

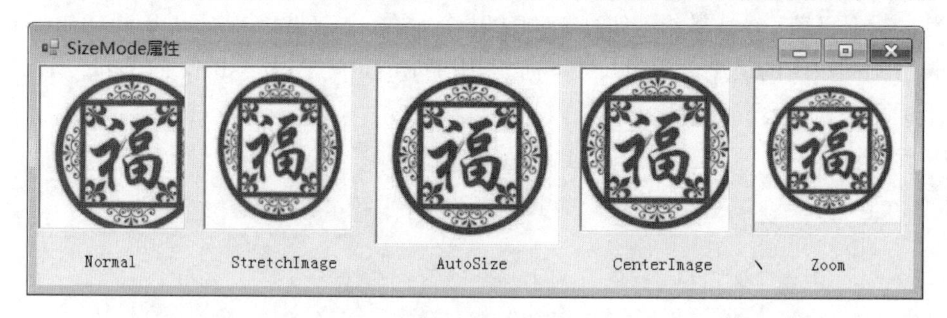

图 7.5　图片框的 SizeMode 属性设置效果

3. BoderStyle 属性

BoderStyle 属性用于设置控件的边框样式，它有 3 个选项值：None、FixedSingle 和 Fixed3D，分别代表无边框、单线边框和立体边框，对比效果如图 7.6 所示。

图 7.6　图片框的 BoderStyle 属性设置效果

例题 7.5　利用文本框输入图片的存放路径和文件名，单击“加载图片”按钮，在图片框中显示图片。要求能显示绝对路径和相对路径下的图片文件。运行程序界面如图 7.7 所示。

图 7.7　加载图片的效果

程序主要代码：

```
Private Sub Button1_Click(…) Handles Button1.Click
                                                '*********** “加载图片 1” 按钮
    PictureBox1.Image = Image.FromFile(TextBox1.Text)
                                                '利用 FromFile 方法加载文本框 1 中的图片
End Sub
```

7.1.4　定时器

定时器控件（Timer）是按标准时间间隔引发事件的控件，它的属性不多，但在动画制作或定期执行某种操作等方面很有用。

1. 属性

定时器控件最重要的属性有 2 个：

（1）Enabled 属性：设置定时器控件是否起作用，默认为 False。

（2）Interval 属性：设置定时器的时间间隔，单位为毫秒（ms），默认为 100 ms。

2. 事件

定时器最重要的事件就是 Tick 事件。如果启用了定时器，并且 Interval 属性大于 0，则每个时间间隔都会引发一个 Tick 事件。

3. 方法

定时器的主要方法包括 Start 和 Stop，分别用于启用和关闭定时器，功能相当于将 Enable 属性设置为 True 和 False。

例题 7.6　树的图片作为窗体的背景，单击“成熟”按钮，图片框（较大的那个红苹果）在计时器的控制下自上而下移动。当苹果下落到地面后，再次单击“成熟”按钮，图片框将还原到初始位置重新下落。运行程序界面如图 7.8 所示。

设计分析：PictureBox1 表示下落的苹果，Image 属性在设计时通过属性窗口设置，单击其后面的省略号按钮导入指定的图片。定时器 Timer1 的 Interval 属性为默认值。单击“成熟”按钮，若苹果已到达地面，则图片框恢复到初始位置，然后调用 Timer1 的 Start 方法启动定时器。

编写 Timer1 的 Tick 事件程序，通过增加 PictureBox1 的 Top 属性值，模拟下落效果（本题为匀速）。主要控件属性设置如表 7.1 所示。

图 7.8　下落前和下落过程的效果

表 7.1　例题 7.6 控件属性设置表

控　件　名	属　性　名	属　性　值
Form1	Size	320,340
	BackGroundImage	tree.jpg
PictureBox1	BackColor	Transparent
	BoderStyle	None
	Image	apple.png
	SizeMode	AutoSize

程序代码：

```
Public Class Form1
    Dim position As Integer                  '定义全局变量，用于保存图片框初始位置
    Private Sub Form1_Load(…) Handles MyBase.Load
        position=PictureBox1.Top             '保存图片初始位置
    End Sub
    Private Sub Button1_Click(…) Handles Button1.Click
                                             '************ “成熟”按钮
        If PictureBox1.Bottom>=(Me.Height-45) Then
                                             '如果此时“苹果”已到达“地面”
            PictureBox1.Top=position         '将图片恢复到初始位置
        End If
        Timer1.Start()                       '启动定时器
    End Sub
    Private Sub Timer1_Tick(…) Handles Timer1.Tick
                                             '**************定时器的 Tick 事件
      If PictureBox1.Bottom<(Me.Height-45) Then '45 为地面与窗体下边缘距离
            PictureBox1.Top=PictureBox1.Top+2
                                             '使图片框的上边缘位置加 2，达到下移效果
```

```
        End If
    End Sub
End Class
```

定时器不仅可以控制图片框，还可以控制标签、文本框等其他控件进行有规律的移动。利用定时器的 Tick 事件改变某控件的 Left、Top 等属性，可以产生某控件向左、向上、向右下角、向左上角等方向移动的动画效果。

7.2　通用对话框

Visual Basic.NET 提供了一组基于 Windows 的标准对话框界面。利用通用对话框控件可在窗体上创建打开文件、保存文件、颜色、字体、打印、打印预览等对话框。通用对话框控件位于“工具箱”窗口的“对话框”分组中，常用的是“颜色”对话框和“字体”对话框。

7.2.1　“颜色”对话框

颜色对话框（ColorDialog）控件可以显示“颜色”对话框，主要用于设置文本的颜色以及各种控件的背景色，如图 7.9 所示。

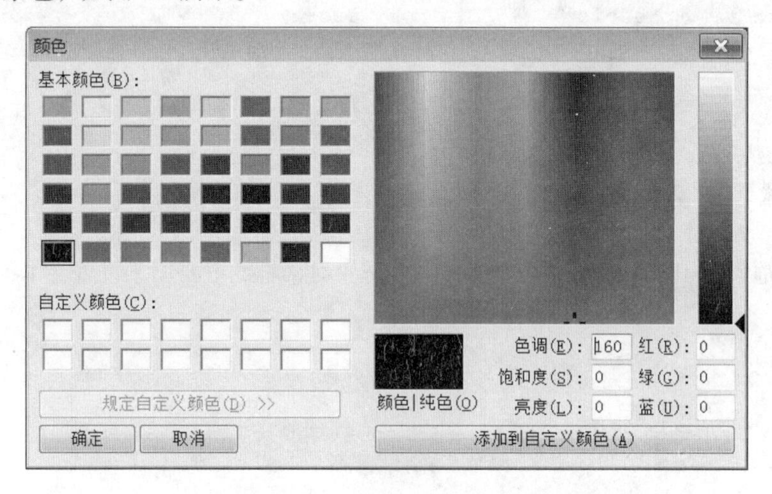

图 7.9　“颜色”对话框

1. 属性

（1）Color 属性：返回或设置在“颜色”对话框中选定的颜色，属于 Color 结构类型。

（2）AllowFullOpen 属性：设置“颜色”对话框中的“规定自定义颜色”按钮是否可用，默认为 True。

2. 方法

“颜色”对话框的常用方法是 ShowDialog，根据用户选择的是“确定”按钮或“取消”按钮，可以返回 DialogResult.Ok 或 DialogResult.Cancel。

例题 7.7 利用“颜色”对话框和按钮，设置文本框的文本颜色，运行程序界面如图 7.10 所示。

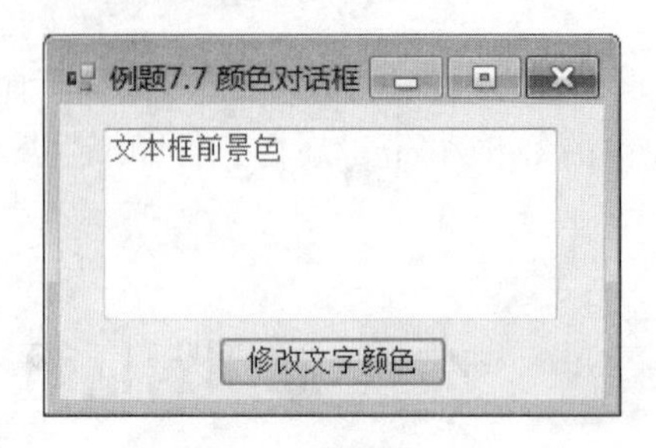

图 7.10 程序运行结果

设计分析：在窗体上添加一个“颜色”对话框 ColorDialog1。通过 ColorDialog1 的 Color 属性返回所选颜色值，将 TextBox1 的 ForeColor 属性设置成该颜色实现设置文本框的前景色。文本框的背景色 BackColor 也可以采用同样的方法进行设置。

程序主要代码：

```
Private Sub Button1_Click(…) Handles Button1.Click'********* “修改文字颜色”按钮
    If ColorDialog1.ShowDialog()=Windows.Forms.DialogResult.OK Then
                                            '若单击“确定”按钮
      TextBox1.ForeColor=ColorDialog1.Color
                                            '设置文本框的前景色为“颜色”对话框中选定的颜色
    End If
End Sub
```

7.2.2 “字体”对话框

字体对话框（FontDialog）控件可以显示“字体”对话框，主要用于设置文本的字体、字形、大小和颜色等，如图 7.11 所示。

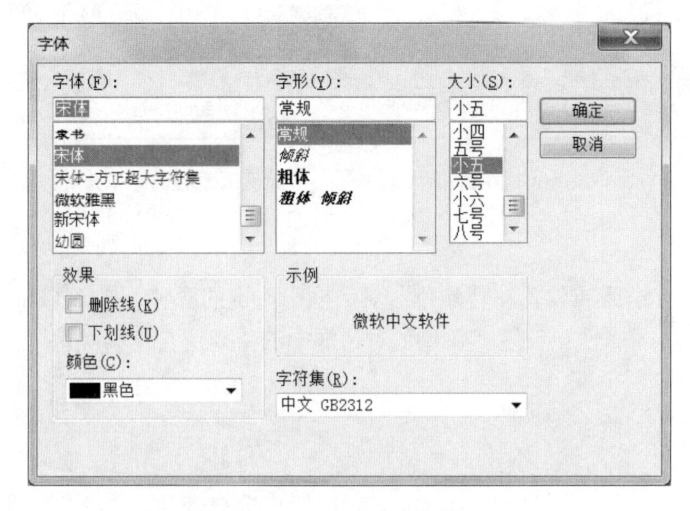

图 7.11 “字体”对话框

1. 属性

（1）Font 属性：返回或设置选定的字体，包括字形、大小和效果。

（2）ShowColor 属性：设置是否显示“颜色”下拉列表框，默认为 False。

（3）ShowEffects 属性：设置是否显示整个“效果”区域，默认为 True。

（4）ShowApply 属性：设置是否显示“应用”按钮，默认为 False。

（5）Color 属性：用户选定的颜色，当 ShowColor 属性为 True 时才有效，属于 Color 结构类型。

2. 方法

字体对话框的常用方法是 ShowDialog，显示“字体”对话框。

例题 7.8　利用字体对话框和按钮，设置文本框的文本颜色为红色、字体为楷体、字号为四号、字形为粗体。运行程序界面如图 7.12 所示。

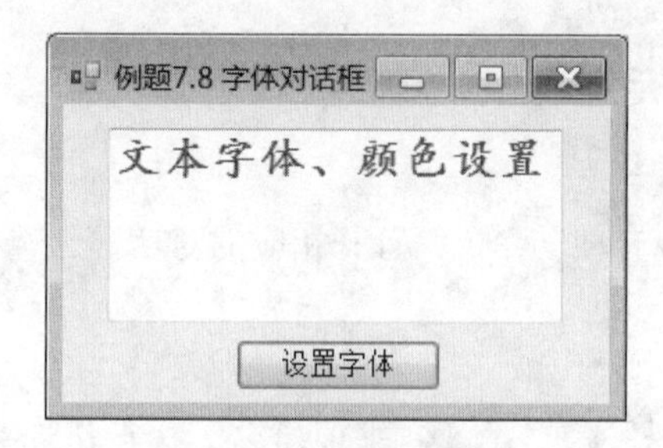

图 7.12　程序运行结果

设计分析：FontDialog1 的 Font 属性和 Color 属性返回在“字体”对话框中设置的字体和颜色。ShowColor 属性用于设置是否显示“颜色”下拉列表框，默认为 False。

程序主要代码：

```
Private Sub Button1_Click(…) Handles Button1.Click
                                                '************“设置字体”按钮
    FontDialog1.ShowColor=True                  '设置显示“颜色”下拉列表框
    If FontDialog1.ShowDialog()=Windows.Forms.DialogResult.OK Then
                                            '判断单击“确定”按钮
        TextBox1.Font=FontDialog1.Font      '设置文本框的字体为对话框中选定的字体
        TextBox1.ForeColor=FontDialog1.Color
                                        '设置文本框的前景色为“字体”对话框中选定的颜色
    End If
End Sub
```

7.3　多窗体程序设计

多窗体是指一个应用程序中有多个并列的普通窗体，每个窗体可以有自己的界面和程序代码，分别具有不同的功能。由于存在多个窗体，就涉及窗体的添加、各个窗体的打开、关闭、显示位置以及在各个窗体之间共享数据等操作，这些可以通过窗体的一些特殊的属性、方法和 Visual Basic.NET 提供的程序模块来实现。

7.3.1 添加窗体

1. 添加新窗体的常用方法

1）菜单栏命令

执行“项目”→“添加 Windows 窗体”命令，弹出“添加新项”对话框，模板默认选择“Windows 窗体”，默认名称为“Form2.vb”，根据需要修改名称，然后单击“添加”按钮。

2）快捷菜单命令

在“解决方案资源管理器”窗口中，右击项目名，弹出快捷菜单，执行“添加”→“Windows 窗体”命令，以后的操作同前。

2. 添加已存在窗体的常用方法

1）菜单栏命令

执行“项目”→“添加现有项”命令，打开相应的对话框，选择需要的窗体之后，单击“添加”按钮。

2）快捷菜单命令

在“解决方案资源管理器”窗口中，右击项目名，执行快捷菜单中“添加”→“现有项”命令，以后的操作同前。

7.3.2 窗体的显示和隐藏

1. 显示

调用窗体的 Show 和 ShowDialog 方法可显示指定的窗体，格式为对象.Show()或对象.ShowDialog()。窗体分为模式窗体和非模式窗体，模式窗体为独占式窗体，即打开了模式窗体，就只能在这个窗体上进行操作，只有关闭或隐藏当前窗体，才可以在其他窗体上操作；非模式窗体为非独占式窗体，即窗体不需要关闭就可以使焦点在该窗体和其他窗体之间移动。Show 方法用于显示非模式窗体，ShowDialog 方法用于打开模式窗体。用 Show 方法打开窗体，相当于把窗体的 Visible 属性设置为 True。

2. 隐藏

调用 Hide 方法可隐藏指定的窗体，格式为对象.Hide()。隐藏窗体实际上是使窗体不在屏幕上显示，但仍保存在内存中，相当于把窗体的 Visible 属性设置为 False。

3. 关闭

调用 Close 方法可关闭指定的窗体，格式为：对象.Close()。关闭窗体将释放该窗体上对象建立的所有资源。如果关闭的是应用程序的启动窗体，将结束应用程序。

7.3.3　设置启动窗体

多窗体应用程序在默认情况下，系统默认第一个窗体为启动窗体。只有启动窗体在程序启动时显示，其他窗体只能通过 Show 或 ShowDialog 方法显示。如果要改变启动窗体，可执行“项目”→“...属性”命令，或在“解决方案资源管理器”窗口中，右击项目名，弹出快捷菜单，执行“属性”命令。在弹出的“属性页”对话框的“应用程序”选项卡中进行设置：在“启动窗体”区域的下拉列表中选择要启动的窗体。

7.3.4　窗体间的数据传递和引用

在一个窗体中，要得到其他窗体上的数据主要有三种形式：

（1）访问另一窗体的控件，格式为窗体名.控件名.属性。

（2）访问另一窗体的全局变量，格式为窗体名.全局变量名。

（3）访问模块中的全局变量，格式为模块名.变量名。

7.3.5　多窗体的综合应用

例题 7.9　输入学生三门课程的成绩，在另一个窗体内计算总分及平均分，窗体初始时总分和平均分都显示“未计算”，如在第二个窗体中“计算”过，则显示计算结果。运行程序界面如图 7.13 所示。

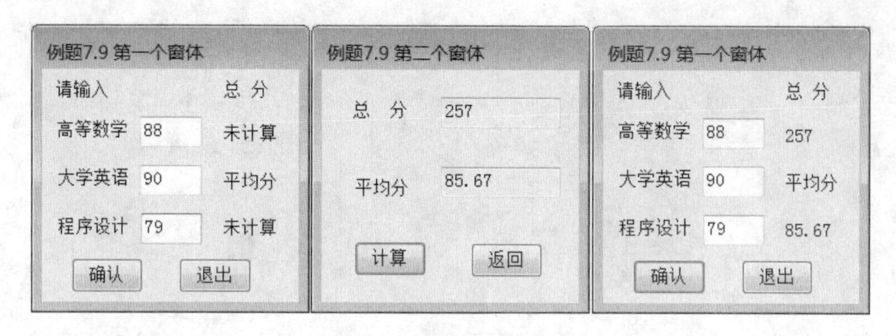

图 7.13　多窗体程序运行界面

设计分析：Form1 的 Button1 为“确认”按钮，用来显示 Form2；Button2 为“退出”按钮；标签 Label6 和 Label8 用来显示总分和平均分，初始为“未计算”。Form2 的 Button1 为“计算”按钮；Button2 为“返回”按钮，用来返回 Form1。在 Form2 中通过 Form1.控件名的方式引用第一个窗体中的内容。当从 Form2 返回 Form1 时，修改 Form1 总分和平均分下面的标签内容。为了将窗体的标题完整显示，将两个窗体的 ControlBox 属性设置为 False。利用 Val()函数可以将文本框中的字符串转换成数字，然后进行计算。

程序代码：

```
Public Class Form1
  Private Sub Button1_Click(…) Handles Button1.Click '*********** “确认”按钮
    Me.Hide()               '关键字 Me 代表代码所在的窗体，调用 Hide 方法隐藏第一个窗体
```

```
        Form2.Show()          '调用 Show 方法显示第二个窗体
    End Sub
    Private Sub Button2_Click_1(…) Handles Button2.Click
                              '*********** “退出”按钮
        End                   '实现程序的退出功能
    End Sub
End Class
Public Class Form2
    Private Sub Button1_Click(…) Handles Button1.Click '********** “计算”按钮
        Dim sum As Integer    '定义 1 个整型变量保存总分
        Dim aver As Single    '定义 1 个实型变量保存平均分
        sum=Val(Form1.TextBox1.Text) + Val(Form1.TextBox2.Text) + Val(Form1.
TextBox3.Text)
        aver=sum/3
        TextBox1.Text=sum
        TextBox2.Text=Format(aver, "0.00")
                                  '利用 Format()函数设置平均分保留小数点后两位
    End Sub
    Private Sub Button2_Click(…) Handles Button2.Click '*********** “返回”按钮
        Form1.Label6.Text=TextBox1.Text   '修改 Form1 的 Label6，返回总分
        Form1.Label8.Text=TextBox2.Text   '修改 Form1 的 Label8，返回平均分
        Me.Close()    'Form2 的总分和平均分不需保留，因此关闭 Form2；如需保留用可用 Hide
        Form1.Show()
    End Sub
End Class
```

7.4 菜单设计

菜单是用户界面的基本组成部分，对应用程序的所有操作几乎都可以通过菜单来完成。菜单有下拉菜单和快捷菜单（弹出式菜单、上下文菜单）两种基本类型。

7.4.1 下拉菜单

下拉菜单（MenuStrip）是 Windows 应用程序中最常用的一种菜单形式，位于窗口的顶部，基本结构包括菜单栏、菜单项、子菜单、快捷键和热键。

1. 创建菜单

要创建菜单栏菜单，首先要在窗体上添加下拉菜单控件，然后在下拉菜单控件中定义菜单项，最后编辑菜单项的单击事件响应代码。

（1）添加下拉菜单控件：将工具箱中的 MenuStrip 控件拖动到窗体上，系统自动将菜单栏

添加在窗体顶部，同时在窗体下方出现该控件的图标。

（2）在菜单栏中创建菜单：在“请在此处键入”文本框中输入文本来创建菜单栏，然后在菜单栏下方继续输入文本创建菜单项及子菜单，如图 7.14 所示。

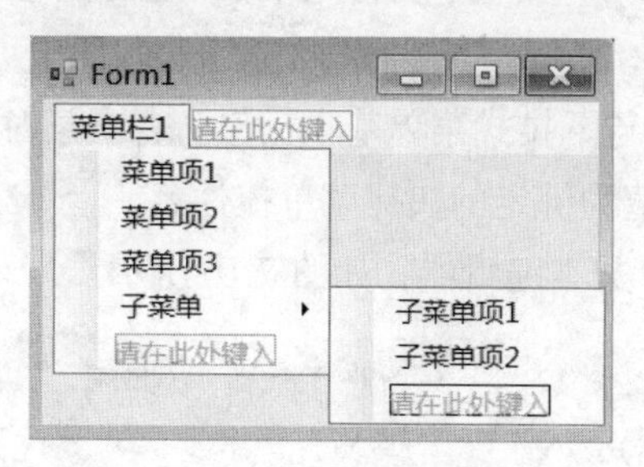

图 7.14　创建下拉菜单

单击“请在此处键入”右侧的下拉按钮，可查看下拉菜单控件所支持的 4 类菜单对象，如图 7.15 所示。

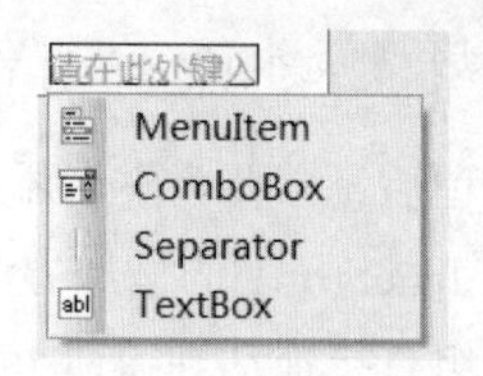

图 7.15　菜单对象类型

（1）MenuItem（菜单项）：下拉菜单的默认创建对象，图 7.14 中的“菜单项 1”“菜单项 1”等都是 MenuItem 对象。

（2）ComboBox（组合框）：使菜单项目具备下拉列表框的功能。

（3）Separator（分隔符）：用于在下拉菜单中创建分隔条。

（4）TextBox（文本框）：可以使菜单项目设置为 TextBox，使其具备接受文字输入的功能。

2. 常用属性

菜单项除了 Name、Visible、Enabled 等属性之外，还具有下列重要属性：

（1）Text 属性：设置菜单项上显示的标题文本，在字符前加一个&符号构成热键。如输入“新建(&N)”，则菜单项显示“新建(N)”，N 为热键。若菜单项是分隔符，输入一个减号“-”。

（2）ShortcutKeys 属性：设置菜单项的快捷键。

（3）ShowShortcutKeys 属性：设置是否显示菜单项的快捷键。

（4）Checked 属性：Boolean 类型。若设置为 True，则菜单项左边显示一个“√”标记，表示选中了该项，否则没有“√”，表示没有选中。

3. 常用事件

菜单项的常用事件是 Click 事件，单击菜单项、按菜单项的热键或快捷键都可触发该事件。

7.4.2 快捷菜单

快捷菜单（ContextMenuStrip）独立于窗体菜单栏而显示在窗体内的浮动菜单，显示位置取决于单击鼠标键时指针的位置。

快捷菜单控件的设计方法与下拉式菜单基本相似。右击某对象时能弹出菜单，必须设置该对象的 ContextMenuStrip 属性值为绑定的快捷菜单控件名。

例题 7.10 设计一个简单文本编辑器，如图 7.16 所示。

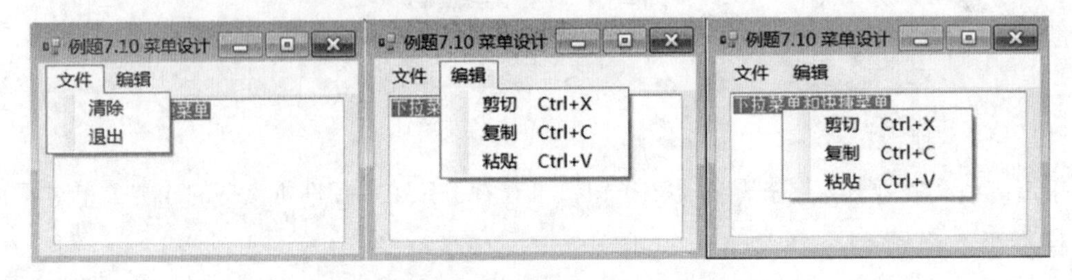

图 7.16 下拉菜单和快捷菜单程序运行界面

设计分析：为下拉菜单添加菜单项后，需要为它们添加快捷键，实现方法是设置菜单项的 ShortcutKeys 属性。快捷菜单 ContextMenuStrip1 的添加方法与下拉菜单 MenuStrip1 类似，都是从“工具箱”的“菜单和工具栏”分组直接拖动到窗体上，可以直接在窗体上修改，但是当鼠标指针离开该控件后，如需再次修改时，要先选中在窗体下方的 ContextMenuStrip1，它才会在窗体上显示，然后才能修改，参见图 7.14 下拉菜单和快捷菜单程序运行界面。将文本框 TextBox1 的 ContextMenuStrip 属性设置为快捷菜单控件 ContextMenuStrip1，来实现将快捷菜单与 TextBox1 对象绑定。

例题 7.10 控件属性设置如表 7.2 所示。

表 7.2 例题 7.10 控件属性设置

控　件　名	属　性　名	属　性　值
MenuStrip1	MenuItem	文件 ToolStripMenuItem、编辑 ToolStripMenuItem
剪切 ToolStripMenuItem	ShortcutKeys	Ctrl+X
复制 ToolStripMenuItem	ShortcutKeys	Ctrl+C
粘贴 ToolStripMenuItem	ShortcutKeys	Ctrl+V
TextBox1	ContextMenuStrip	ContextMenuStrip1

程序主要代码：

```
'下拉菜单的菜单项
Private Sub 清除 ToolStripMenuItem_Click(…) Handles 清除 ToolStripMenuItem.Click
    TextBox1.Text=""
End Sub
Private Sub 剪切 ToolStripMenuItem_Click(…) Handles 剪切 ToolStripMenuItem.Click
    TextBox1.Cut()        '调用文本框控件的 Cut 方法实现剪切功能
End Sub
```

```
Private Sub 复制 ToolStripMenuItem_Click(…) Handles 复制 ToolStripMenuItem.Click
    TextBox1.Copy()        '调用文本框控件的 Copy 方法实现复制功能
End Sub
Private Sub 粘贴 ToolStripMenuItem_Click(…) Handles 粘贴 ToolStripMenuItem.Click
    TextBox1.Paste()       '调用文本框控件的 Paste 方法实现粘贴功能
End Sub
```

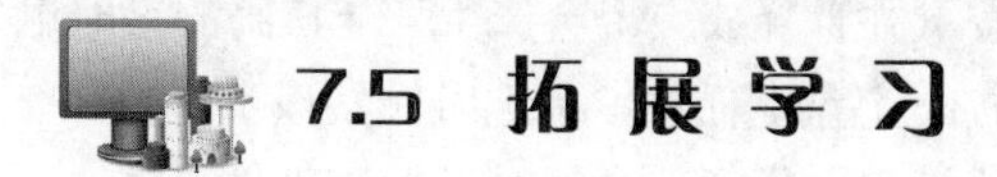

7.5 拓展学习

7.5.1　鼠标和键盘事件

键盘事件和鼠标事件是 Visual Basic.NET 最常用的两大事件，对键盘和鼠标编程是程序设计的基本技术之一。

1. 鼠标事件

鼠标事件是由鼠标动作引起的，除 Click（单击）、DoubleClick（双击）事件外，还包括下列五个常用的鼠标事件：

（1）MouseDown 事件：在对象上按下鼠标键时触发该事件。

（2）MouseUp 事件：在对象上释放鼠标键时触发该事件。

（3）MouseMove 事件：在对象上移动鼠标时触发该事件。

（4）MouseHover 事件：鼠标停留在对象上时触发该事件。

（5）MouseLeave 事件：鼠标离开对象时触发该事件。

当在窗体上触发 MouseDown、MouseUp、MouseMove 事件时，相应的过程如下（以 MouseDown 为例）：

```
    Private Sub Form1_MouseDown(ByVal sender As Object,ByVal e As System.Windows.
Forms.
    MouseEventArgs) Handles Me.MouseDown
        …
    End Sub
```

代码中的 e 参数提供了以下几个属性：

（1）Button 属性：返回按下的是哪个鼠标键，取值有 MouseButtons.Left（左键）、MouseButtons.Middle（中键）、MouseButtons.Right（右键）、MouseButtons.None（没有按下任何按键）。

（2）Clicks 属性：返回单击鼠标按键的次数。

（3）Location 属性：返回发生鼠标事件时的鼠标位置。

（4）X、Y 属性：返回发生鼠标事件时的鼠标 X 坐标或 Y 坐标。

当在窗体上触发 MouseHover、MouseLeave 事件时，相应的过程如下（以 MouseHover 为例）：

```
    Private Sub Form1_MouseHover(ByVal sender As Object, ByVal e As System.EventArgs)
Handles Me.MouseHover
```

```
    ...
End Sub
```

这两个事件的 e 参数没有上面提到的几个属性。

2. 键盘事件

键盘事件是由按键动作触发的，在窗体和接收键盘输入的控件上能响应的事件，包括：

（1）KeyPress 事件：按下并且释放一个会产生 ASCII 码的键时触发该事件。

（2）KeyDown 事件：按下键盘上任意一个键时触发该事件。

（3）KeyUp 事件：释放键盘上任意一个键时触发该事件。

当在窗体上触发 KeyPress 事件时，相应的过程如下：

```
Private Sub Form1_KeyPress(ByVal sender As Object,ByVal e As System.Windows.
Forms.
KeyPressEventArgs) Handles Me.KeyPress
    ...
End Sub
```

代码中的 e 参数提供了以下 2 个属性：

（1）KeyChar 属性：返回按下的键对应的字符。

（2）Handled 属性：是 Boolean 类型，返回是否处理过当前的按键输入。若为 True，表示本次按键被处理过，不会进一步处理，即这次按键被忽略。否则，将传送给 Windows 进行常规处理。该属性可以在某些控件中过滤掉不允许的字符。

当在窗体上触发 KeyDown、KeyUp 事件时，相应的过程如下（以 KeyDown 为例）：

```
Private Sub Form1_KeyDown(ByVal sender As Object,ByVal e As System.Windows.
Forms.KeyEventArgs) Handles Me.KeyDown
    ...
End Sub
```

代码中的 e 参数提供了以下几个常用属性：

（1）Alt、Control、Shift 属性：是 Boolean 类型，返回是否按下 Alt 键、Ctrl 键或 Shift 键。

（2）KeyCode：返回所按键的键值或键名，是 Keys 枚举类型（见表 7.3）的一个成员。无论键盘是处于小写状态还是大写状态，在按下 A 键时，e.KeyCode 的值都是相同的。对于有上档字符和下档字符的键，其 e.KeyCode 值都是下档字符对应的键值。

表 7.3　Keys 枚举类型

Keys 枚举类型的部分成员	对应键盘上的按键
Keys.A～Keys.Z	键 A～键 Z
Keys.D0～Keys.D9	大键盘上的键 0～键 9
Keys.F1～Keys.F24	功能键 F1～F24
Keys.NumPad0～Keys.NumPad9	数字小键盘上的键 0～键 9
Keys.Space、Keys.Alt、Keys. Escape、Keys.PageDown	空格键、Alt 键、Esc 键、PgDn 键

例题 7.11　在窗体上按住左键移动鼠标时，标签中同步显示当前鼠标的 X 坐标和 Y 坐标，当按下 Alt+D 组合键时关闭窗体，运行程序界面如图 7.17 所示。

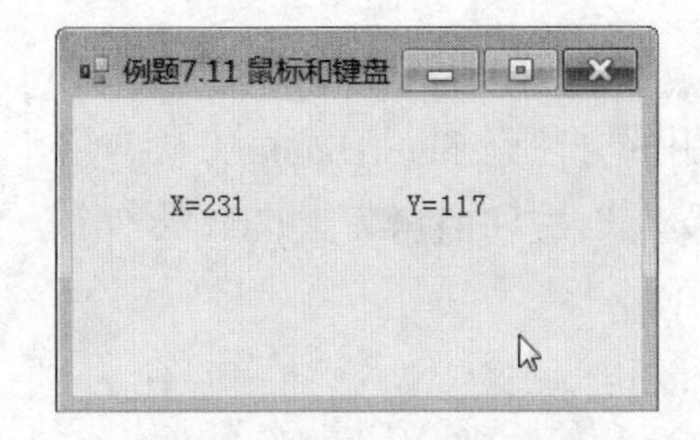

图 7.17　鼠标和键盘程序运行界面

设计分析：标签初始化为空，当鼠标按住左键开始移动时才进行同步显示。在鼠标的 MouseMove 事件中，利用 e 参数的 X、Y 属性将鼠标的水平坐标和垂直坐标送到 Label1 和 Label2。

程序代码：

```
Private Sub Form1_Load(…) Handles MyBase.Load          '*************窗体初始化
    Label1.Text="": Label2.Text=""                     '将两个标签内容清空
End Sub
Private Sub Form1_MouseMove(…) Handles Me.MouseMove
                                              '*************窗体的鼠标移动事件
    If e.Button=MouseButtons.Left Then
        Label1.Text="X=" & e.X                '通过参数 e 的 X 属性得到鼠标的水平坐标
        Label2.Text="Y=" & e.Y                '通过参数 e 的 Y 属性得到鼠标的垂直坐标
    End If
End Sub
Private Sub Form1_KeyDown(…) Handles Me.KeyDown    '************窗体的键盘按键事件
    If e.KeyCode=Keys.D And e.Alt=True Then        '判断是否同时按下 D 键和 Alt 键
        Me.Close()                                 '关闭当前窗体
    End If
End Sub
```

7.5.2　更多通用对话框

Visual Basic.NET 提供了打开文件对话框、保存文件对话框等控件来帮助用户进行文件操作，并且提供了打印文档、打印对话框、打印预览对话框等专门用于打印的控件。

1. 打开文件对话框

打开文件对话框（OpenFileDialog）控件允许用户选择待打开文件的位置和文件名。

1）常用属性

（1）FileName 属性：字符串类型，返回用户在对话框中选定的包括完整路径的文件名。

（2）Title 属性：字符串类型，返回用户在对话框中选定的文件名，不包括路径。

（3）Filter 属性：返回或设置文本框中所显示文件的类型，该属性值可以是有一组元素或用“|”符号分开的分别表示不同类型文件的多组元素组成。例如，Text Files|*.txt|所有文件|*.*显示文本文件和所有文件。

（4）InitialDirectory 属性：返回或设置文件对话框的初始路径。

2）常用方法和事件

打开文件对话框控件最常用的方法是 ShowDialog 方法，用于显示“打开”对话框。当用户单击对话框中的“打开”或“保存”按钮时触发 FileOk 事件。

2. 保存文件对话框

保存文件对话框（SaveFileDialog）控件用于保存文件，它为用户在存储文件时提供一个标准用户界面，使用户可以设置保存路径和文件名称，与打开文件对话框一样，它并不能真正存储文件，要写入文件需要编程来实现。文本框中文字的读入和保存，可通过 My.Computer.FileSystem.ReadAllText 和 My.Computer.FileSystem.WriteAllText 方法实现，ReadAllText 方法默认支持的编码类型为 ASCII 编码，如果读取的文件中包含中文，则可能会出现乱码，对于中文文件的处理详见第 10 章。

保存文件对话框控件的属性与打开文件对话框控件基本相同，特有的属性是 DefaultExt 属性，用于设置默认文件扩展名，事件和方法与打开文件对话框控件相同，这里不再赘述。

3. 打印文档

打印文档（PrintDocument）控件定义一个向打印机发送输出的对象，通过设置一些属性来告诉应用程序要打印什么内容以及打印设置的相关内容。常用属性有：

DocumentName 属性：返回或设置打印文档时要显示的文档名。

DefaultPageSettings 属性：返回或设置页面设置的值。

打印文档控件常用的方法是 Print 方法，用于开始打印进程。常用事件是 PrintPage 事件，当需要为当前页预览打印输出时发生。

4. 打印对话框

打印对话框（PrintDialog）控件是用于显示 Windows 标准“打印”对话框，可完成选择打印机、设置打印的页面等操作。常用属性有：

PrintSettings 属性：返回或设置对话框修改的打印机设置。

Document 属性：返回或设置要打印的文档，用于获取 PrintSettings 的 PrintDocument。

打印对话框控件常用的方法是 ShowDialog 方法，用于显示“打印”对话框。

5. 打印预览对话框

打印预览对话框（PrintPreviewDialog）控件是预先配置的对话框，用来显示打印后的文档外观，包括打印、放大、显示一页或多页和关闭等按钮。常用属性包括：

AutoSize 属性：返回或设置打印预览对话框是否自动调整大小以保证完整显示其内容。

Document 属性：返回或设置要预览的文档。

Location 属性：返回或设置该控件左上角相对于其容器的左上角的坐标。

打印预览对话框控件常用的方法是 ShowDialog 方法，用于显示“打印预览”对话框。

课后习题

一、单选题

（1）设置图片框的________可使图片框按图片的尺寸自动调整大小。

A．AutoSize 属性为 True　　B．AutoSize 属性为 False

C．Stretch 属性为 True　　D．Stretch 属性为 False

（2）在菜单编辑器中定义一个名称 Menu1 的菜单项，执行________语句可以在运行时隐藏该菜单项。

A．Menu1.Enabled = True　　B．Menu1.Visible = True

C．Menu1.Enabled = False　　D．Menu1. Visible = False

（3）在菜单编辑器中定义一个名称 Menu1 的菜单项，为了在运行时使该菜单项失效（变灰），这时应使用的语句为________。

A．Menu1.Enabled = True　　B．Menu1.Enabled = False

C．Menu1.Visible = True　　D．Menu1. Visible = False

（4）显示弹出式菜单要用________方法实现。

A．Popup　　B．PopupMenu

C．ShowMenu　　D．DrawMenu

（5）Visual Basic 中 MDI 窗体是指________窗体。

A．单文档界面　　B．简单界面

C．多文档界面　　D．复杂界面

（6）如果要每隔 15 ms 触发一次 Timer 事件，则应对________属性进行设置。

A．Enabled　　B．Interval

C．Visible　　D．Name

（7）计时器控件可用于后台进程中，可在 Timer 事件中编写程序代码，要停止触发 Timer 事件，必须通过________属性。

A．Enabled = False 或 Interval = 0

B．Enabled = False 或 Visible = False

C．Visible = False 或 Interval = 0

D．Enabled = False 且 Interval = 0

（8）在程序运行期间，如果拖动滚动条的滑块，则该滚动条________事件将被触发。

A．Move　　B．Change

C．Scroll　　D．GotFocus

（9）设置________属性可以改变单击滚动条两端的箭头按钮时的滚动步长。

A．Max　　B．Min

C．LargeChange　　D．SmallChange

（10）表示滚动条控件取值范围最大值的属性是________。

A．Max　　B．Min

C．LargeChange　　D．SmallChange

二、填空题

（1）Visual Basic 中的菜单可分为________和________两类。
（2）对于窗体上的菜单项，如果不允许显示，应将________属性设置为 False。
（3）多文档界面由________和________组成。
（4）Timer 控件的唯一事件是________。
（5）滚动条响应的重要事件有________和 Change。
（6）当用户单击滚动条的空白处时，滑动移动的增量由________属性决定。

三、编程题

（1）改写“例题 7.1 选课系统”的程序，将右边选择框中所有项目“退回”以及“清空”，请编程实现。

（2）设计一个小狗做水平运动的动画程序，运行程序界面如图 7.18 所示。单击“启动”按钮小狗开始向前运动，遇到窗体右边界时掉头然后向右运动，遇到窗体左边界时掉头向右运动。

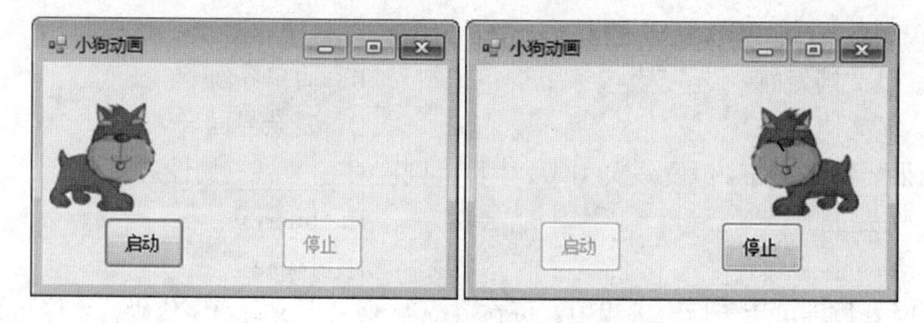

图 7.18　小狗移动程序运行界面

第8章　面向对象程序设计

20 世纪 80 年代中期以后，大多数语言都是面向对象程序设计（OOP）的，面向对象的编程技术使得程序设计不再从代码开始。作为面向对象的程序设计语言，对象是 Visual Basic.NET 的核心，窗体与控件都是作为对象呈现的。Visual Basic.NET 提供了完整的面向对象支持，本章主要介绍类和对象的创建、继承和派生以及接口和多态。

8.1　面向对象的基本概念

8.1.1　面向对象技术

与传统的过程化程序设计相比，面向对象思想更接近人的思维方式，是一种系统化的程序设计方法。它允许抽象化、模块化的分层结构，通过创建对象来简化程序设计，提高代码的可重用性。

8.1.2　类和对象

1. 对象

对象是客观世界中的事物或人们头脑中的各种概念在计算机程序中的抽象表示，换句话说是现实世界中个体的数据抽象模型，是面向对象程序设计的基本元素。每个对象都有自己的属性、方法和事件。在现实生活中对象无所不在，例如动物、植物、车、计算机等都是对象，每个对象都有自己的状态和行为。

在面向对象的程序设计中，对象的概念就是对现实世界中对象的模型化，它是代码和数据的组合，有自己的行为和状态。对象的状态用数据表示，称为对象的属性，对象的行为用代码来实现，称为对象的方法。

例如，对于每个动物都具有行为和状态，身长、重量等状态就是它的属性，睡觉、呼吸、吃等行为就是它的方法。

2. 类

类是对具有相同数据和相同操作的一组相似对象的定义，即对具有相同属性和行为的一组相似对象的抽象。类是用来创建对象的模板，它包含所创建对象的状态描述和方法描述，而对象只是类的一个实例。

例如，动物这个词本身就是一个类，它描述的是自然界中生物的一大类，多以有机物为食料，有神经，有感觉，能运动，能呼吸。它可以有很多属性和方法，如前面讲到的身长、重量、睡觉、呼吸、吃等。动物又包括鱼类、鸟类等子类型，鱼这个类同样包括重量、呼吸等属性和方法，除此之外还具有鱼鳍、鱼鳃、游动等特性。比如说鲨鱼、带鱼等都属于鱼类，它们具有不同的身长、重量、游动等属性，但是都遵循鱼类的特性，同时也具备动物这个类的所有特性。

3. 类和对象的关系

类包含了有关对象的特征和行为信息，它是对象的模板，对象是由类创建的，对象是类的具体表现。所有对象的属性、事件和方法在定义类时被指定，一个属于类的特定对象称为该类的一个实例。类和对象的关系如图 8.1 所示。

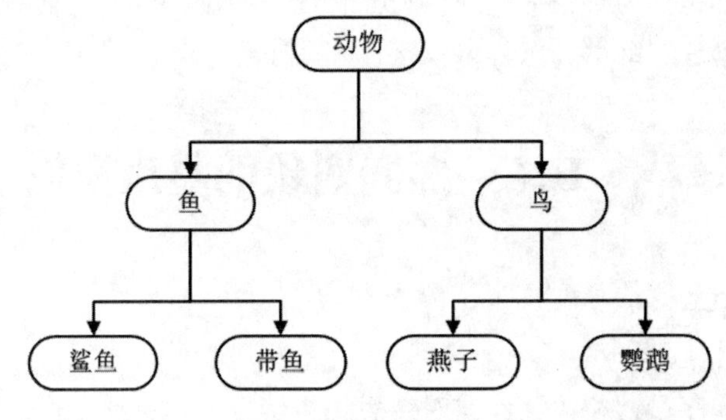

图 8.1 类和对象的关系

在 Visual Basic.NET 工具箱中的控件如列表框、标签、按钮等都是类。例如，每次向窗体添加列表框时，就会创建 ListBox 类的一个实例。ListBox 类包含特定的已定义的方法（如 Hide、Refresh）和属性（如 Name、Items），但是 ListBox 类本身并没有具体的 Name 和 Items 的值，也不能执行 Hide 和 Refresh 方法，必须通过创建的实例（如 ListBox1）来设置相应的 Name、Items 值，以及执行 Hide、Refresh 方法。

8.1.3 类的基本特性

类具有抽象、封装、继承和多态四个特性，这些特性对提高代码的可重用性非常有用。

1. 抽象

抽象是指提取一个类或对象的共同特征，该特征又能区分不同类或对象。摈弃类或对象的非本质特征能忽略对象的内部细节，使用户集中精力来使用对象的共同特性。

2. 封装

封装是指将数据成员、属性、事件和方法（统称为成员）集合在一个整体中的过程。它具有对内部细节隐藏保护的能力，类内的某些成员可以对外隐藏的特性被保护起来。在 Visual Basic.NET 中，类是实现封装的工具，封装保证了类具有较好的独立性，防止外部程序破坏类的内部数据，同时便于程序的维护和修改。

3. 继承

继承是一种连接类与类的层次模型，利用现有类派生出新类的过程称为类继承。新类拥有原有类的特性，又增加了自身新的特性，程序设计时，只需对新增的内容或是对原内容的修改设计代码。继承还具有传递机制，即最下层的派生类可继承其上各层基类的全部特性。例如鱼类就是由动物类产生的派生类，它继承了动物类的所有特性。继承性可简化类和对象的创建工作量，增强代码的可重用性。

4. 多态

多态是指同样的消息被不同类型的对象接收时导致完全不同的行为。多态性允许每个对象以适合自身的方式去响应共同的消息，不必为相同功能的操作作用于不同的对象而去特意识别，为软件开发和维护提供了极大的方便。多态性还增强了软件的灵活性和重用性，允许用户以更明确、易懂的方式建立通用软件。

8.2　创建类和对象

8.2.1　定义类

1. 类的定义

在 Visual Basic.NET 中，类通过 Class…End Class 语句定义，并在类中定义所需要的数据成员、属性、方法和事件以及构造函数和析构函数，定义的格式为：

```
[ 访问控制修饰符 ] Class 类名
      数据成员的说明
      属性的定义
      构造函数的定义
      方法的定义
      事件的定义
      析构函数的定义
End Class
```

关键字 Class 前面的访问控制修饰符指定类的作用域，即在何处可访问类中的成员。常用的访问控制修饰符包括 Public（共有）、Private（私有）和 Protected（保护）。

Public：表明同一项目中任意位置的代码都可以不受限制地存取这个类。

Private：表明只能在此类中使用，外部无法存取。

Protected：表明仅可以从该类内部及其派生类中访问该类。

2. 类定义的位置

类是一个代码块，可以出现在不同的位置，具体有：

（1）放在窗体或模块文件中：在 Windows 窗体文件、Web 窗体文件、模块文件中都可以定义类。也可以将类定义的代码放在窗体代码窗口中，与窗体类并列。下面以动物类为例说明在窗体类的代码中、模块文件中以及与窗体类并列的定义类的形式。

```
'在窗体类的代码中定义类
Public Class Form1
    ⋮
    Class animal
    ⋮
    End Class
    ⋮
End Class
'在模块的代码中定义类
Module Module1
    Class animal
    ⋮
    End Class
End Module
'与窗体代码并列
Public Class Form1
    ⋮
End Class
Class animal
    ⋮
End Class
```

（2）放在项目内单独文件中：自定义类可以作为单独文件放在项目中。在已建立的项目中，执行“项目”→“添加类”命令，弹出“添加新项”对话框，在“模板”窗口中选择“类库”，在“名称”栏内输入要建立的类库文件名，然后单击“确定”按钮。

（3）放在单独的项目中：当要建立的类较多时，可以把类放在一个项目中。执行“文件”→“新建项目”命令，弹出“新建项目”对话框，在“模板”窗口中选择“类库”，在“名称”栏内输入要建立的类库文件名，然后单击“确定”按钮。

3. 类的成员

类的成员包括数据成员、属性、方法、事件以及构造函数和析构函数。

数据成员：与对象或类有关联的成员变量。

属性：对象或类的特性，与数据成员不同，属性有 Get 和 Set 属性过程，用于获取和设置属性。

方法：类和对象可执行的操作。

事件：由类产生的通知，用于说明发生什么事情。

构造函数：执行需要对类的实例进行初始化的动作。

析构函数：执行在类的实例要被永远丢弃前要实现的动作。

对类中成员的访问同样可以用前述访问控制修饰符指定：Public 表明该成员可以被所有代码访问（具有最大的开放性）；Private 表明该成员仅可以被声明它的类中代码访问；Protected 表明该成员可以被继承类访问。

8.2.2　定义数据成员

在类中声明的变量就是数据成员，主要有两类：用 Private 或 Dim 关键字声明的变量及私有数据成员；用 Public 关键字声明的变量即共有数据成员。

例题 8.1　设计一个圆类，它具有半径、周长和面积等数据成员。

程序代码：

```
Class Circle
    Private Radius As Integer
    Public Perimeter As Double
    Public Area As Double
End Class
```

在 Circle 类中，声明的 Radius 是私有数据成员，只能在类的内部使用，外部无法访问；而 Perimeter、Area 是共有数据成员，可以在类的外部读取或修改它们的值。

8.2.3　定义属性

属性是描述对象状态的数据，如窗体的外观、背景颜色、长度、宽度等，利用属性可以确认数据输入的正确性，从而提高程序的稳定性。在 Visual Basic.NET 中创建属性使用 Property 语句，属性可以有返回值也可以赋值，分别使用 Get 语句和 Set 语句实现，格式如下：

```
[ 访问控制修饰符 ][ReadOnly|WriteOnly] Property 属性名(参数列表) As 数据类型
     Get
 ⋮
     End Get
     Set(ByVal Value As 数据类型)
 ⋮
     End Set
End Property
```

例题 8.2　为圆类添加属性，用于设置和返回半径，要求半径在 5 和 20 范围内。

程序代码：

```
Public Property 半径() As Integer
    Get
        Return Radius
    End Get
    Set(ByVal value As Integer)
        If value<5 Or value > 20 Then          '要求半径的取值范围在 5 到 20 之间
            MessageBox.Show("Radius should belong (5-20)")
            Radius=0
        Else
            Radius=value
        End If
    End Set
End Property
```

ReadOnly 和 WriteOnly 关键字表示只读属性和只写属性。只读属性只能读取而不能设置的属性，需要删除用于设置属性值的 Set 过程。只写属性只能设置而不能读取的属性，需要删除用于读取属性值的 Get 过程。

数据成员的作用类似于属性，但是属性是通过属性过程定义的，可以在 Set 过程中对要赋给属性的值先进行校验，如是否小于 0，是否是非数字字符等；而定义数据成员，虽然简单灵活，但却无法对要赋给变量的值进行校验。

8.2.4 定义方法

定义类的方法，就是在类中声明 Sub 过程或 Function 过程。通过声明 Sub 过程定义的方法，调用时无返回值；通过声明 Function 过程定义的方法，调用时必须返回一个值。

例题 8.3 为圆类添加方法，用于计算圆的周长、面积以及返回圆的直径。

程序代码：

```
Public Sub Calculate()              '*******定义类的方法，计算周长和面积
   Perimeter=2 * Math.PI * Radius 'Math.PI 是 Math 类提供的常数，值为 3.1415926……
   Area=Math.PI * Radius * Radius
End Sub
Public Function Diameter() As Double  '*********定义类的方法，计算并返回直径
   Return Radius * 2
End Function
```

8.2.5 定义事件

事件是类对外界的响应。事件有很多，如鼠标的事件有 MouseMove、MouseDown 等，键盘的事件有 KeyUp、KeyDown 等。在类中使用 Event 语句声明类的事件，格式如下：

```
Public Event 事件名( 参数列表 )
```

声明事件后，使用 RaiseEvent 语句触发事件。格式如下：

```
RaiseEvent 事件名( 参数列表 )
```

在类的具体实例中，也就是在创建该类的对象之后，要为该对象所响应的事件编写“事件处理代码”，即“事件响应过程”，格式如下：

```
Private Sub 对象名_事件名( 参数列表 ) Handles 对象名.事件名
    事件处理代码
End Sub
```

对于自定义类中的事件，在编写“事件处理代码”之前，还需要使用 WithEvents 关键字声明响应事件的对象。

例题 8.4 为圆类添加事件，在调用计算周长面积的方法时触发该事件。

程序代码：

```
Public Event ShowResult(ByVal P As Double,ByVal A As Double)
                                              '声明数据成员后声明事件 ShowResult
⋮
Public Sub Calculate()
```

```
    ⋮
    RaiseEvent ShowResult(Perimeter, Area)    '添加引发事件的 RaiseEvent 语句
End Sub
```

8.2.6　定义构造函数和析构函数

1. 构造函数

构造函数是实现对象初始化的特殊方法，它在创建类实例时运行，没有返回值。构造函数有以下特点：

（1）构造函数名只能是 New，并且不能指定函数类型（即为 Sub 过程）。

（2）如果在类中未定义构造函数，系统会自动生成没有参数的默认构造函数：

```
Private Sub New()
End Sub
```

（3）如果用户显式地定义了构造函数，系统就不会自动生成默认构造函数。如可定义圆类的构造函数为：

```
Public Sub New(ByVal r as Integer)
     Radius=r
End Sub
```

（4）构造函数在使用 New 创建对象时系统自动调用，不能被直接显式地调用，并且只能执行一次。

（5）构造函数可以重载（详见 8.4.2），即可定义多个构造函数，它们通过参数的个数不同或参数的类型不同来加以区别。

2. 析构函数

当某个对象使用完毕，在程序中不再需要它时，就应该及时将它“销毁”，即调用析构函数回收该对象占用的内存和资源。在 Visual Basic.NET 中使用名为 Finalize 的 Sub 过程作为析构函数。析构函数是一个受保护的过程，当对象的生命周期结束时，系统自动调用 Finalize()函数，并且只能调用一次。如定义圆类的析构函数为：

```
Sub Finalize()
     Radius=nothing
End Sub
```

当对象变量占用的内存空间很大时，一定要及时释放它占用的内存空间，以免影响程序的运行，除了在析构函数中回收占用的空间外，也可以在定义并使用对象的代码后面添加下面的语句来释放内存资源：

```
对象变量名=Nothing
```

8.2.7　对象及其成员的访问

在定义类之后，必须创建类的实例，即声明对象，才能使用类。

1. 声明对象变量

创建类的实例，可以先声明对象变量再创建实例，也可以在声明对象变量的同时创建实例。

（1）先声明再创建实例，其格式如下：

```
Dim 对象名 As 类名    '此时对象名的值为Nothing，需进一步实例化
对象名=New 类名
```

（2）声明的同时创建实例有两种方法：

```
Dim 对象名 As New 类名
或  Dim 对象名 As 类名=New 类名
```

2. 对象变量的赋值

对象变量的赋值与普通变量的赋值相同。例如：

```
Dim myText As TextBox        '声明对象变量myText为通用文本框变量，可存储任何一个文本框对象
myText=TextBox1              '把文本框TextBox1赋给对象变量myText
myText.Text="Ok"             '则可设置文本框TextBox1的Text属性为"Ok"。
```

3. 对象成员的访问

对象成员必须要通过对象变量进行访问，访问各成员的格式分别如下：

```
对象名.数据成员              '访问数据成员
对象名.属性()                '访问属性
对象名.方法(参数列表)        '访问方法
```

事件的访问比较复杂，详见例题8.5。

例题 8.5 应用圆类设计一个应用程序，要求输入半径，单击“计算周长和面积”按钮计算周长和半径并在文本框中显示结果，单击“计算直径”按钮在消息框中显示圆的直径。运行程序界面如图8.2所示。

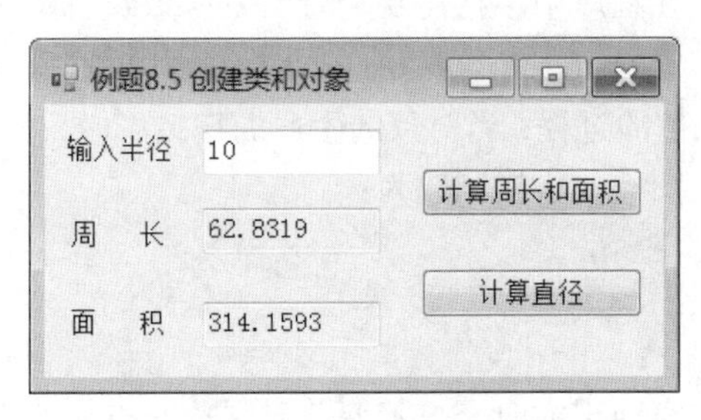

图8.2 类和对象的应用

设计分析：TextBox1 用于输入半径，TextBox2 和 TextBox3 用于显示圆的周长和面积（ReadOnly=True）。圆的周长和面积需要触发类的Calculate方法中的事件得到，因此该对象要用WithEvents声明，并且需要在窗体代码中编程实现该对象的事件处理。

程序代码：

```
Public Class Form1
    WithEvents c As New Circle
                              '要处理Circle类的事件，必须用WithEvents关键字声明对象
```

```
    Private Sub Button1_Click(…) Handles Button1.Click
                                                '************计算周长和面积
        If IsNumeric(TextBox1.Text) Then  '判断文本框中的内容是否为数字
            c.半径()=TextBox1.Text            '设置对象的“半径”属性
            c.Calculate()                     '调用对象的 Calculate 方法
        Else
            MessageBox.Show("半径必须是数字")
        End If
    End Sub
    Private Sub Button2_Click(…) Handles Button2.Click  '************计算直径
        If IsNumeric(TextBox1.Text) Then
            c.半径()=TextBox1.Text
            MessageBox.Show("直径是 " & c.Diameter())
        Else
            MessageBox.Show("半径必须是数字")
        End If
    End Sub
Private Sub c_ShowResult(…) Handles c.ShowResult
                                                '**编写 c 的 ShowResult 事件响应代码
        TextBox2.Text=Format(c.Perimeter, "0.0000")
        TextBox3.Text=Format(c.Area, "0.0000")        '输出成员，保留小数点后 4 位
    End Sub
End Class
Class Circle                            '************类的定义，与窗体代码并列
    Private Radius As Integer
    Public Perimeter As Double
    Public Area As Double
    Public Event ShowResult(ByVal P As Double, ByVal A As Double)
    Public Property 半径() As Integer '***********定义类的属性，返回和设置半径的值
        Get
            Return Radius
        End Get
        Set(ByVal value As Integer)
            If value < 5 Or value > 20 Then
                MessageBox.Show("半径必须属于 (5-20)")    '要求半径的取值在 5 到 20 之间
                Radius=0
            Else
                Radius=value
            End If
        End Set
    End Property
    Public Sub Calculate()          '************定义类的方法，计算周长和面积
```

```
        Perimeter=2 * Math.PI * Radius
                                        'Math.PI 是 Math 类提供的常数，值为 3.1415926……
        Area=Math.PI * Radius * Radius
        RaiseEvent ShowResult(Perimeter, Area)  '添加引发事件的 RaiseEvent 语句
    End Sub
    Public Function Diameter() As Double
                                        '************定义类的方法，计算并返回直径
        Return 2 * Radius
    End Function
End Class
```

8.3 继承和派生

8.3.1 继承的概念

继承是面向对象程序设计的一个重要特性。继承的思想是以一个现有类为基础创建一个类，继承其功能和接口（详见 8.4.1）。利用继承性，可以在已有类的基础上构造新的类，一个类可以继承另一个类的方法、属性、事件和数据成员。

1. 基类

在继承关系中，被继承的类称为基类（或父类）。

2. 派生类

继承后产生的类称为派生类（或子类）。派生类继承并且可以重写基类的方法和属性，也可以向派生类增加新的成员。

8.3.2 继承的实现

在 Visual Basic.NET 中不允许多重继承，即派生类不能由多个基类继承而来，它只能继承一个基类，但是允许深度的分级继承，即一个派生类可由另一个派生类继承而来。派生类的定义中要首先使用 Inherits 语句，格式如下：

```
[ 访问控制修饰符 ] Class 派生类名
Inherits  基类名
    ⋮
End Class
```

8.3.3 派生类的构造函数

派生类可以继承基类的数据成员、属性、方法和事件，但是不能继承构造函数，因此，若需要在构造函数中对派生类对象进行初始化，需要定义新的构造函数。格式如下：

```
Public Sub New( 派生类构造函数总参数列表 )
    MyBase.New( 基类构造函数参数列表 )
   派生类新增数据成员初始化
End Sub
```

在派生类构造函数中，调用基类构造函数的语句必须放在第一行，否则会产生语法错误，如果基类构造函数不需要参数，可以省略，但为了提高代码的可读性，通常还是显式地调用 MyBase.New()。

例题 8.6　设计一个动物类 animal 作为基类，具有身长、重量等数据成员，利用类的构造函数设置数据成员的值，利用类的方法输出这些数据成员。在动物类的基础上派生出鱼类 fish，为其增加鱼鳍数据成员并进行输出，另外增加方法可以判断它是属于奇鳍（鱼鳍不成对）还是属于偶鳍（鱼鳍成对）。

设计分析：fish 类的构造函数需要重写，而数据成员的输出要设计新的方法来实现。

程序代码：

```
Public Class Form1
    Public Class animal                '***************在窗体内定义动物类 animal
        Private height As Integer  '声明数据成员
        Private weight As Integer
        Public Sub New(ByVal h As Integer, ByVal w As Integer)
                                                    '*************定义构造函数
            height=h                                '为数据成员赋值
            weight=w
        End Sub
        Public Sub Print()              '**************定义输出数据成员的方法 Print
            Debug.WriteLine(height)     '利用即时窗口输出信息
            Debug.WriteLine(weight)
        End Sub
    End Class
    Public Class fish                           '*************定义派生类 fish
        Inherits animal                         '继承自 animal 类
        Private fin As Integer                  '增加新的数据成员
        Public Sub New(ByVal h As Integer, ByVal w As Integer, ByVal f As Integer)
            MyBase.New(h, w)                    '调用基类的构造函数
            fin=f                               '为新成员赋值
        End Sub
        Public Sub MyPrint()                    '**************增加新的过程实现输出
            MyBase.Print()                      '调用基类的输出过程
            Debug.WriteLine(fin)                '输出新增数据成员
        End Sub
        Public Sub Parity()             '*************增加新的方法实现鱼鳍的奇偶判断
            If fin Mod 2=0 Then
                Debug.WriteLine("属于偶鳍类")
            Else
```

```
                Debug.WriteLine("属于奇鳍类")
            End If
        End Sub
    End Class
    Private Sub Form1_Load(…) Handles MyBase.Load
        Dim a As New animal(10,20)          '创建 animal 类的对象同时实例化该对象
        Dim f As New fish(5,8,6)            '创建 fish 类的对象同时实例化该对象
        a.Print()                           '调用对象 a 的 Print 方法输出其数据成员
        f.MyPrint()                         '调用对象 f 的 MyPrint 方法输出其数据成员
        f.Parity()                          '调用对象 f 的 Parity 方法输出奇偶性
    End Sub
End Class
```

运行结果：

```
10
20
5
8
6
属于偶鳍类
```

8.4 接口与多态

8.4.1 接口

为了解决派生类不允许多重继承的问题，引入接口的概念。接口是封装的成员（属性、方法和事件）的集合，它只包含其中所定义的成员的声明部分不包含实现部分，而其实现的细节是由类来完成的。实现接口的类必须严格按接口的定义来实现接口的每个方面。

1. 接口的定义

接口的定义是包含在 Interface 和 End Interface 语句之间的一个代码块，可以出现在项目的不同位置。如果接口在一个类的内部定义，实现接口的类只能出现在这个类中；如果接口定义在类的外部、模块内部或模块外部，那么实现接口的类可以出现在项目的任何位置。接口定义的格式如下：

```
[ 访问控制修饰符 ] Interface 接口名
    [Inherits 接口 [, 接口]]        '继承自其他接口，“接口”为被继承的接口名称
    [Property 属性过程名]           '以下成员都只是声明部分
    [Function 方法名]
    [Sub 方法名]
    [Event 事件名]
End Interface
```

2. 接口的实现

在类中实现接口是通过 Implements 关键字完成的，格式如下：

```
Implements 接口名[, 接口名]                         '指定接口
方法名|属性过程名|事件名 Implements 接口名.成员名   '指定类的成员是哪一个接口的实现
```

例题 8.7　定义两个接口，一个接口中声明返回和设置学生名字的属性过程，另一个接口声明返回学生两门课程成绩总和的方法。在一个学生类中实现这两个接口。

程序代码：

```
Public Class Form1
    Private Sub Form1_Load(…) Handles MyBase.Load
                                                '创建 Student 类的对象，调用类的功能
        Dim student1 As New Student("张三")      '声明一个 Student 的对象 student1
        Debug.WriteLine("姓名: " & student1.Name)           '访问对象的 Name 数据成员
        Debug.WriteLine("总成绩: " & student1.add(85, 88))'调用对象的 add 方法
    End Sub
End Class
Interface MyInterface1               '**************定义第一个接口
    Function add(ByVal x As Integer,ByVal y As Integer)
                                     '声明具有两个参数的 add 方法
End Interface
Interface MyInterface2               '**************定义第二个接口
    ReadOnly Property Name() As String  '声明只读的 Name 属性
End Interface
Class Student                        '**************实现两个接口的类
    Implements MyInterface1          '指定接口
    Implements MyInterface2
    Private MyName As String         '声明类的私有数据成员
    Public Sub New(ByVal s As String)    '**************定义构造函数
        MyName=s
    End Sub
    '**************add 方法的实现
    Public Function add(ByVal x As Integer,ByVal y As Integer) As Object Implements
MyInterface1.add
        Return x+y                       '返回 x 与 y 的和
    End Function
    Public ReadOnly Property Name() As String Implements MyInterface2.Name
        Get
            Return MyName       'MyName 成员的赋值在构造函数中实现，这里只需返回成员值
        End Get
    End Property
End Class
```

运行结果：

```
姓名: 张三
总成绩: 173
```

8.4.2 多态

多态性是面向对象程序设计的精华，它允许定义名称相同但功能不同的方法或属性。实现多态最常见的方法是重载和重写。重载要求参数列表有所不同：或者参数个数不同，或者参数类型不同。当参数个数和类型全部相同时，不能重载，只能重写。

1. 重载

重载是指在一个类中可以有多个名称相同的方法，但参数必须不同，即参数的类型或参数的个数不相同。在 Visual Basic.NET 中，Sub 过程、Function 过程、属性过程都可以重载，实现方法是在声明语句中使用 Overloads 关键字，如可重载的 Sub 过程的声明格式如下：

```
Public Overloads Sub 方法名( 参数列表 )
```

例题 8.8 定义一个圆柱类，具有半径、高度数据成员，可以在实例化对象时通过构造函数对数据成员赋值也可以直接对数据成员赋值。为圆类添加一个方法，可返回圆柱的底面积或圆柱的侧面积。在窗体中应用圆柱类，运行程序界面如图 8.3 所示。

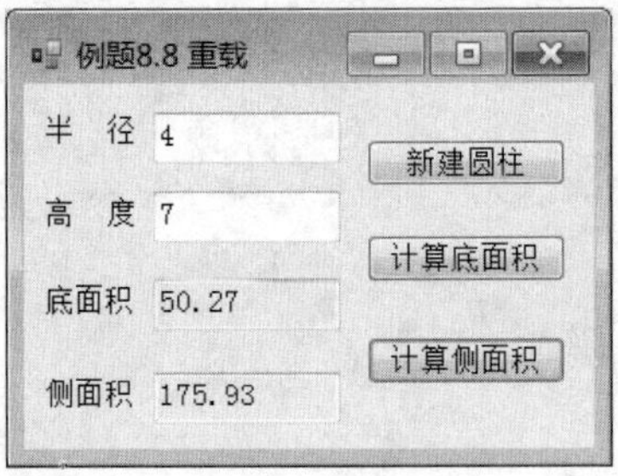

图 8.3 重载

设计分析：在用 New 实例化对象时，有两种形式，即默认的无参数构造函数和有两个参数能对数据成员赋值的构造函数。如果显式定义构造函数，系统不会自动生成默认构造函数，为了实现重载，这里显式定义默认构造函数。同样具有计算功能的方法也需要利用参数不同来实现重载。用于输出底面积和侧面积的 TextBox 控件，其 ReadOnly 属性设置为 True。

程序代码：

```
Public Class Form1
    Public c1 As Cylinder  '*********创建圆柱类的对象：也可同时用 New 实例化，后面赋值
    Private Sub Button1_Click(…) Handles Button1.Click
                                '********* "新建圆柱" 按钮
        If IsNumeric(TextBox1.Text) And IsNumeric(TextBox2.Text) Then
            c1=New Cylinder(TextBox1.Text,TextBox2.Text)
        '也可以利用语句 c1.Radius=TextBox1.Text 和 c1.Height=TextBox2.Text 直接赋值
            MessageBox.Show("成功创建了一个圆柱")
        Else
            MessageBox.Show("请输入正确的半径和高度")
        End If
    End Sub
```

```
    Private Sub Button2_Click(…) Handles Button2.Click
                                                   '********** “计算底面积”按钮
        TextBox3.Text=Format(c1.Calculate(c1.Radius), "0.00")
                                                   '调用一个参数的 Calculate
    End Sub
    Private Sub Button3_Click(…) Handles Button3.Click
                                                   '********** “计算侧面积”按钮
        TextBox4.Text=Format(c1.Calculate(c1.Radius,c1.Height),"0.00")
    End Sub
End Class
Public Class Cylinder                              '**********定义圆柱类
    Public Radius As Integer
    Public Height As Integer
    Sub New()                                      '*********无参数的默认构造函数
    End Sub
    Sub New(ByVal r As Integer,ByVal h As Integer)
        Radius=r
        Height=h
    End Sub
    Public Overloads Function Calculate(ByVal r As Integer) As Single
        Return Math.PI * r * r    'Math.PI 是 Math 类提供的常数，值为 3.1415926……
    End Function
    Public Overloads Function Calculate(ByVal r As Integer,ByVal h As Integer)
As Single
        Return 2 * Math.PI * r * h
                                  '*****重载 Calculate 方法计算侧面积,该方法有两个参数
    End Function
End Class
```

2. 重写

在继承关系中，派生类继承了基类的属性和方法，但在实际应用中，派生类需要对基类的属性和方法进行改写或扩充，这就是重写。重写方法时，在基类中将方法定义为 Overridable，在派生类中定义为 Overrides，基类和派生类中该方法名与参数要完全一致。

例题 8.9　在例题 8.6 的派生类中重写基类的 Print 方法，实现输出所有数据成员的功能。

程序主要代码：

```
Public Overridable Sub Print()
                              '*****在基类 animal 类中用关键字 Overridable 声明 Print 方法
    Debug.WriteLine(height)   '利用输出窗口查看信息
    Debug.WriteLine(weight)
End Sub
Public Overrides Sub Print()
    MyBase.Print()            '调用基类的输出过程
    Debug.WriteLine(fin)      '输出新增的数据成员
End Sub
```

课后习题

一、单选题

（1）以下________表示面向对象程序设计。

A. OOP　　B. GUI

C. OCR　　D. OLE

（2）________是指把对象的属性、事件和方法结合在一起，构建一个独立体。

A. 继承　　B. 抽象

C. 多态　　D. 封装

（3）在类中定义只读属性可以使用________语句。

A. ReadOnly　　B. WriteOnly

C. Set　　D. Load

（4）________不属于定义时常用的访问控制修饰符。

A. Public　　B. Private

C. Protected　　D. Shared

（5）实现多态最常见的方法是________

A. 继承和派生　　B. 重载和重写

C. 抽象和封装　　D. 输入和输出

二、填空题

（1）在继承关系中，被继承的类称为________。

（2）类的基本特性包括________、________、________和________。

三、简答题

（1）简述类和对象的关系。

（2）简述构造函数和析构函数的功能。

（3）接口有什么作用？如何定义和实现接口？

（4）定义一个抽象形状类，利用它派生出矩形、圆形等具体形状类，具体形状类都有两个方法，即返回面积和返回颜色。设计一个应用程序测试类的功能。

第9章 Visual Basic.NET绘图

Visual Basic.NET 不仅具有很强的绘制图形能力，而且绘制方法十分方便、简捷。在.NET框架中，运用 GDI+可以在 Windows 窗体上绘制出各种图形和图案，书写出各种字体、字号和样式的文字串。

9.1 画布概述

在 Windows 窗体上画图首先需要一张“画布”，然后拿出“画笔”，运用画图“技能”，就可以在画布上轻松地画出想画的图形。

9.1.1 画布绘图

构造好一幅空白的“画布”，建立属于自己的一支“画笔”，运用绘图“方法”，就可以在指定的“画布”对象上，绘制出预想的图形。

画布、画笔、绘图方法就是画图的三步骤。

例题 9.1 在窗体上绘制一个 200×50 像素的蓝色矩形，其左上角距窗体左边和上边分别为 20 和 30 个像素。程序运行界面如图 9.1 所示。

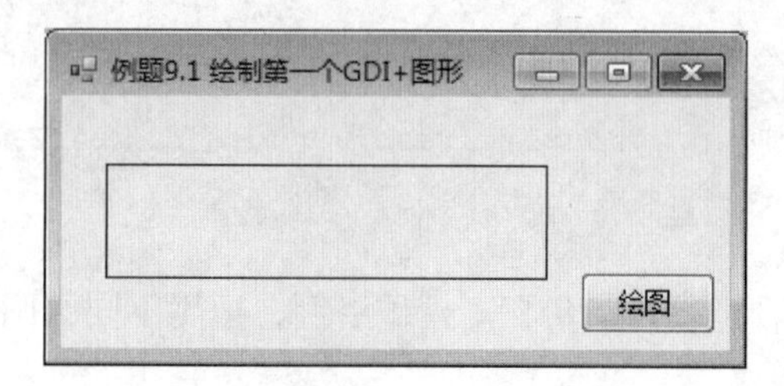

图 9.1 绘制第一个 GDI+图形

程序代码：

```
Private Sub Button1_Click(…) Handles Button1.Click   '****** “绘图”按钮事件
    Dim g As Graphics                                '声明 Graphics 对象
    g=Me.CreateGraphics()                            '在窗体上构造画布 g（第一步）
    Dim myPen As Pen=New Pen(Color.Blue)             '定义属于自己的一支蓝色笔（第二步）
    g.DrawRectangle(myPen,20,30,200,50)              '运用矩形绘图方法，绘制矩形（第三步）
    myPen.Dispose() : g.Dispose()                    '释放绘图对象
```

```
End Sub
```

通过引例可以清楚地看到画图三步曲。模仿引例，运用不同的绘图方法，就可以绘制出直线（DrawLine）、椭圆（DrawEllipse）、圆弧（DrawArc）等图形。

9.1.2 画布书写

构造好一幅空白的“画布”，建立属于自己的一支“画刷”，同时选定书写字体、字号和样式，运用书写“方法”，就可以在指定的“画布”对象上书写出漂亮的文本。

画布、画刷与字体、书写方法就是书写的三步骤。

例题 9.2 在窗体上书写一串红色的 24 号粗体隶书文本“欢迎使用 GDI+绘图”，书写的开始位置位于窗体的左上角。该位置距窗体左边和上边分别为 20 和 30 个像素。程序运行界面如图 9.2 所示。

图 9.2 书写文本

程序代码：

```
Private Sub Button1_Click(…) Handles Button1.Click         ******  “书写”按钮事件
    Dim g As Graphics=Me.CreateGraphics()
    Dim myBrush As Brush=New SolidBrush(Color.Red)
                                                    '定义属于自己的一支红色画刷（第二步）
    Dim myFont As Font=New Font("隶书",24,FontStyle.Bold)
                                                    '以及自己的字体、字号和样式
    Dim myText As String="欢迎使用 GDI+绘图"
    g.DrawString(myText,myFont,myBrush,20,30)
    myFont.Dispose() : myBrush.Dispose() : g.Dispose()    '释放绘图对象
End Sub
```

通过引例可以清楚地看到书写三步骤。模仿引例，运用不同的画刷，书写出具有多种特殊效果的文本串。

9.2 GDI+绘图基础

GDI（Graphics Device Interface，“图形设备接口）是一个能接受 Windows 应用程序绘图请求，并转换为特定图形显示设备的程序集合。GDI+就是图形设备接口的扩充版，它提供了可用于创建二维矢量图形、书写字体、填充画刷等的对象和方法。

9.2.1　GDI+绘图的基本类和画图

Visual Basic.NET 在创建 Windows 应用程序时，默认已经加载了 System.Drawing 命名空间。它提供了 GDI+的基本对象和绘图方法，也是 GDI+绘图的基础命名空间。在特殊绘图场合还可能会引用到下列命名空间：

（1）System.Drawing.Drawing2D　　提供高级的二维矢量图形方法

（2）System.Drawing.Text　　提供多种书写字体、字号、样式

1. 熟悉 GDI+绘图的类

在 System.Drawing 命名空间中包含了如下基本的类：

（1）Graphics 类：首先要创建好 Graphics 类的画布，然后就可以运用 Graphics 类的各种绘图方法（画直线、矩形、椭圆、圆弧）。

（2）Pen 类：画笔类。定义画笔的颜色、线宽和样式，勾画出图形的轮廓。

（3）Brush 类：画刷类。定义填充闭合图形或字体内部的颜色、图像和纹理。

（4）Font 类：字体类。定义字体名称、字号和样式（粗体、斜体等）。

在上述画图三步骤和书写三步骤中，已经示例了这些类的简单运用方法。

2. Graphics 类的画布对象

1）创建 Graphics 类的画布对象

例题 9.1 和例题 9.2 中都是在本窗体（Me）上构造的画布 g，其实也可以在具有 Text 属性的其他控件（如 Label，PictureBox）上构造画布。一般具有如下格式：

```
Dim 画布对象 As Graphics = 控件名.CreateGraphics()
```

例如在 Label1 控件上创建画布：Dim g As Graphics=Label1.CreateGraphics()，或者在 PictureBox1 上创建画布：Dim g As Graphics=PictureBox1.CreateGraphics()。

2）释放画布对象

当使用完画布对象 g 后，应该释放该画布对象的内存空间。一般具有如下格式：

```
g.Dispose()
```

其实 Pen、Brush、Font 类的对象在使用完后，也需要使用 Dispose()方法释放内存空间。

3）擦干净画布

如果在已经绘过图的画布上重新绘图，就需要擦干净画布。如果画布是在 Me 上建立的，可以使用 g.Clear(Me.BackColor)的方法擦干净画布；如果画布是在 Label1 上建立的，可以使用 g.Clear(Label1.BackColor)方法擦干净画布。

9.2.2　GDI+绘图的相关对象

1. GDI+绘图的三种结构对象

1）Point 对象

Point 对象表示一个平面系中的坐标点(x,y)，其中 x、y 为整数。例如可以声明：

```
Dim myPt1 As New Point(20,30)    '定义坐标为(20,30)的点
```

如果要声明 x、y 为浮点数的点坐标，就可以使用 PointF 对象，用法同 Point 对象。

2）Rectangle 对象

Rectangle 对象表示一个平面系中的矩形区域(x,y,Width,Height)，其中 x、y 为矩形左上角坐标点，Width 为矩形宽，Height 为矩形高，这些参数都是整数。例如可以声明：

```
Dim myRect As New Rectangle(20,30,200,58)    '定义左上角(20,30)宽200高58的矩形
```

如果要声明这些参数为浮点数的矩形，就可以使用 RectangleF 对象，用法同 Rectangle 对象。

3）Size 对象

Size 对象仅表示一个宽度 Width 和高度 Height 的长方形区域，无位置信息。例如：

```
Dim mySize As New Size(200,58)    '定义200×58的长方形区域
```

2. GDI+绘图的 Color 对象

Color 对象除了预定义颜色常量外，还可以使用 FromArgb(alpha,red,green,blue)或 FromArgb(alpha,Color.颜色名)函数自定义颜色。这些参数分别表示“透明度、红、绿、蓝”，其取值范围都在 0～255 之间的整数。透明度在图像处理中称为 Alpha 通道，0 表示透明，255 表示不透明。如果不考虑透明度，也可以直接使用 FromArgb(red,green,blue)的格式或更简洁地写成“Color.颜色名”。

9.2.3 画布的默认坐标系与变换

1. GDI+绘图画图的默认坐标系

在窗体或标签上构建好画布后，就默认建立了坐标系。该坐标系原点就在画布的左上角，它的单位是像素点，x 轴自左向右，y 轴自上向下，如图 9.3 所示。

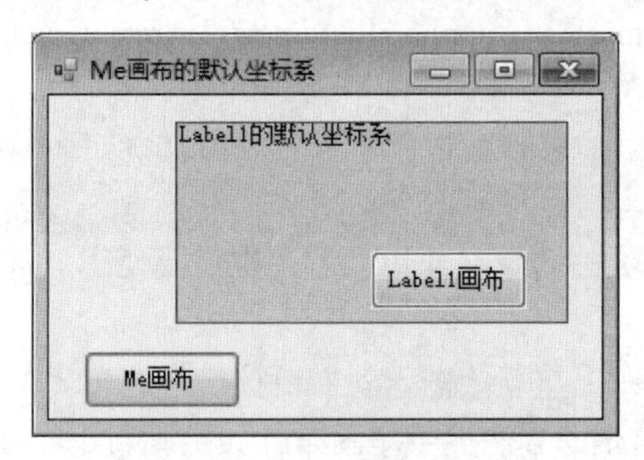

图 9.3 画布的默认坐标系

如果想在数学意义的笛卡儿坐标系上绘出函数图形，需要经过坐标变换或坐标系变换两种手段后才能完成。

2. 坐标系变换方法

如果觉得默认坐标系在绘图中不方便，GDI+还提供了坐标系平移、旋转、缩放和还原的变换方法，如表 9.1 所示。

表 9.1　GDI+画布的坐标系变换方法

变换方法	功　能	格　式	注　释
g.TranslateTransform	平移	TranslateTransform (35, 45)	X 方向平移 35；Y 方向平移 45
g.ScaleTransform	缩放	ScaleTransform (2, 0.5)	X 方向放大 1 倍；Y 方向缩小 1 倍
g.RotateTransform	旋转	RotateTransform (–25)	坐标系从 X 正向按逆时针旋转 25°
g.ResetTransform	还原	ResetTransform ()	还原为默认坐标系

上述变换方法还可以组合运用。变换过程及运行界面如图 9.4 所示。

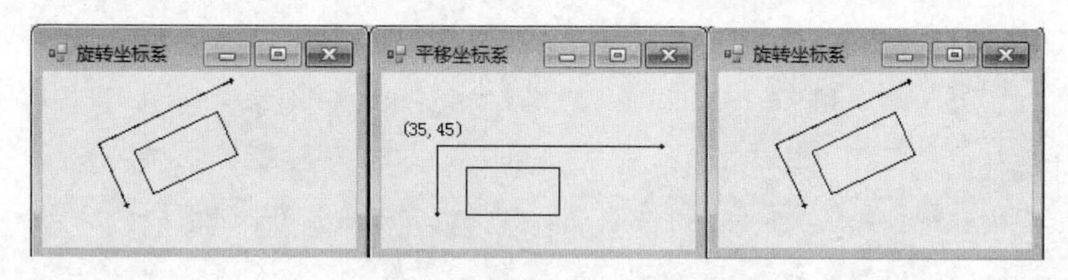

图 9.4　画布的坐标系变换

9.3　画布绘图与书写

9.3.1　画笔与绘图方法

1. 画笔

Pen 就是 GDI+中的画笔对象。它通过绘图方法可以绘制出 Pen 对象所定义的画笔颜色、线宽和线条样式（三要素）的图形轮廓。定义画笔的格式如下：

```
Dim 画笔对象 As Pen=New Pen(颜色[,线宽])
```

上述格式只定义了画笔颜色和线宽（默认笔宽为 1）。如要定义画笔的线条样式 DashStyle，需要在命名空间引入 System.Drawing.Drawing2D。画笔的 DashStyle 属性值可以取 Solid（默认）、Dash、DashDot、DashDotDot 和 Dot，如图 9.5 所示。

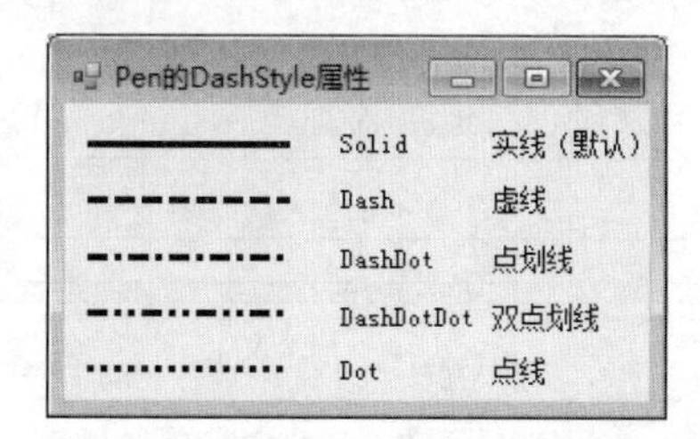

图 9.5　DashStyle 属性对应的线条样式图

Pen 还可以运用 SetLineCap 方法定义线头、线尾和线条的样式，其格式如下：

```
画笔对象.SetLineCap(StartCap,EndCap,DashCap)
```

其中，StartCap 为线头的样式，EndCap 为线尾的样式，DashCap 为线段头的样式。

例题 9.3　在窗体上定义一支宽度为 5 的蓝色画笔 myPen，并通过 SetLineCap 方法设置线头、线尾和线段头的样式，绘制一条自左至右的蓝色箭头线。然后重新定义 myPen 的线头、线尾和线段头样式，绘制二条红色带箭头的虚线。程序运行界面如图 9.6 所示。

图 9.6　SetLineCap 方法定义线头、线尾和线段头

程序主要代码：

```
Dim g As Graphics=Me.CreateGraphics()                '构建 Me 上的画布 g
Dim myPen As New Pen(Color.Blue,5)                   '定义一支线宽 5 的蓝色笔
myPen.SetLineCap(LineCap.Flat,LineCap.ArrowAnchor,DashCap.Flat)
g.DrawLine(myPen,10,30,200,30)                       '绘制自左向右的蓝色箭头线
'重新定义画笔的线头=箭头; 线尾=平头; 线段头=尖角
myPen.StartCap=LineCap.ArrowAnchor : myPen.EndCap=LineCap.Flat : myPen.DashCap
=DashCap.Triangle
myPen.DashStyle=DashStyle.Dash                       '重新定义线条样式为虚线
myPen.Color=Color.Red : myPen.Width=8                '重新定义宽为 8 的红色画笔
g.DrawLine(myPen,10,60,200,60)                       '绘制自右向左的红色箭头虚线
g.DrawLine(myPen,50,125,100,60)                      '绘制向左下的红色箭头虚线
```

2. 各种绘图方法

在画图三步骤中，首先构建画布 g，然后定义画笔 myPen，现在就可以运用各种绘图方法绘制图形。画布对象 g 的各种绘图方法如表 9.2 所示。

表 9.2　GDI+的各种绘图方法

绘图方法	说　明	格　式
g.DrawLine	绘制直线	DrawLine(myPen, myPt1, myPt2)
g.DrawRectangle	绘制矩形	DrawRectangle(myPen, myRect)
g.DrawEllipse	绘制椭圆	DrawEllipse(myPen, myRect)
g.DrawArc	绘制圆弧线	DrawArc(myPen,myRect, startTangle, sweepTangle)
g.DrawPie	绘制扇形	DrawPie(myPen,myRect, startTangle, sweepTangle)
g.DrawPolygon	绘制多边形	DrawPolygon(myPen, Point 数组)
g.DrawCurve	绘制曲线	DrawCurve(myPen, Point 数组)
g.DrawClosedCurve	绘制封闭曲线	DrawClosedCurve(myPen, Point 数组)

表 9.2 中 myPt1、myPt2 为 Point 结构；myRect 为 Rectangle 结构；startTangle 为弧线起始角度，sweepTangle 为弧线扫过的角度。

1）绘制直线、矩形和椭圆

例题 9.4　在窗体上定义一支宽度为 2 的黑色画笔 myPen，定义一个矩形区域 myRect，以及该矩形区域的左上角点 myPt1 和右下角点 myPt2。先绘制一条从 myPt1 至 myPt2 的直线，然后绘制一个 myRect 区域的矩形，最后绘制 myRect 区域内的内切椭圆。程序运行界面如图 9.7 所示。

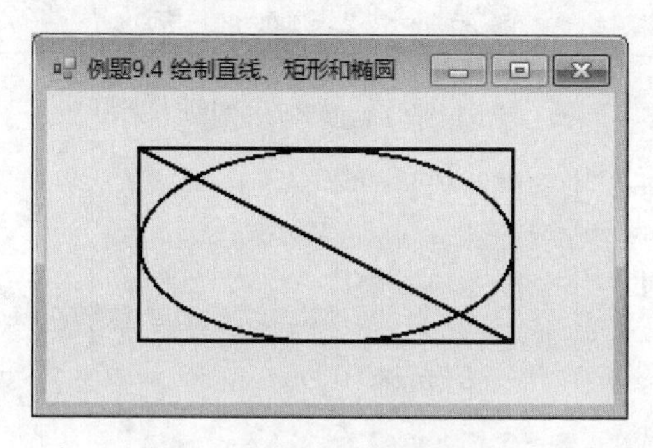

图 9.7　绘制直线、矩形和椭圆

程序主要代码：

```
Private Sub Form1_Click(…) Handles Me.Click          '****** 窗体单击事件
    Dim g As Graphics=Me.CreateGraphics()
    Dim myPen As Pen=New Pen(Color.Black,2)
    Dim myPt1 As Point=New Point(50,30), myPt2 As Point=New Point(250,130)
    Dim myRect As Rectangle=New Rectangle(50,30,200,100)
    g.DrawLine(myPen,myPt1,myPt2)
                              '等价于: g.DrawLine(myPen,50,30,250,130)
    g.DrawRectangle(myPen,myRect)
                              '等价于: g.DrawRectangle(myPen,50,30,200,100)
    g.DrawEllipse(myPen,myRect)
                              '等价于: g.DrawEllipse(myPen,50,30,200,100)
    myPen.Dispose() : g.Dispose()
End Sub
```

绘制椭圆与绘制矩形都需要一个矩形区域，该矩形区域就是一个 Rectangle 对象。绘制图形方法的参数既支持 GDI+的结构对象（如 Point、Rectangle），也支持分开的直接参数（见程序代码注释中“等价于”后的格式）。

2）绘制圆弧和扇形

绘制圆弧和扇形时的起始角度 startTangle 和扫过角度 sweepTangle 符合如下规则：

（1）正向 X 轴为 0°起始角。

（2）从 0°起始角开始，顺时针方向为正向起始角（startTangle>0）；逆时针为负向起始角（startTangle<0）。

（3）从起始角 startTangle 开始，顺时针扫过角度为正（sweepTangle>0）；逆时针扫过角度为负（sweepTangle<0）。

具体可以分为四种情况，如图 9.8 所示。

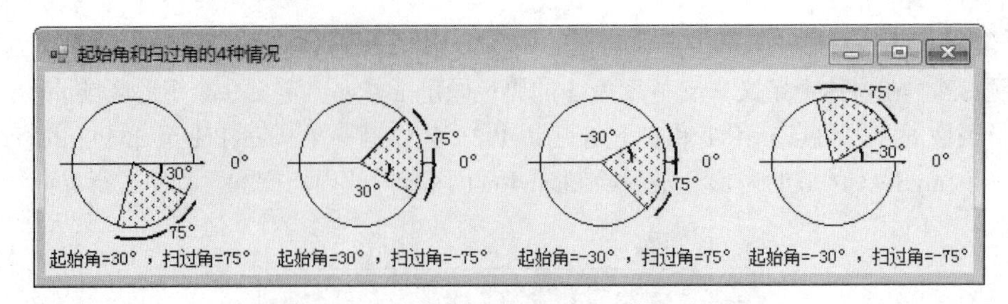

图 9.8　startTangle 和 sweepTangle 的四种情况

第 1 种情况（startTangle>0，sweepTangle>0）：

```
g.DrawPie(myPen,myRect,30,75)            '绘制扇形
```

第 2 种情况（startTangle>0，sweepTangle<0）：

```
g.DrawPie(myPen,myRect,30,-75)           '绘制扇形
```

第 3 种情况（startTangle<0，sweepTangle>0）：

```
g.DrawPie(myPen,myRect,-30,75)           '绘制扇形
```

第 4 种情况（startTangle<0，sweepTangle<0）：

```
g.DrawPie(myPen,myRect,-30,-75)          '绘制扇形
```

将绘制扇形的方法替换成 DrawArc()方法，便可以绘制相应的圆弧。

3）绘制多边形和曲线

例题 9.5　在窗体上定义一支宽度为 2 的海蓝色画笔 myPen，定义一个矩形区域 myRect。分别构建 Label1 和 Label2 两张画布。分别定义一组 Point 对象的数组，绘制多边形和曲线，程序运行界面如图 9.9 所示。

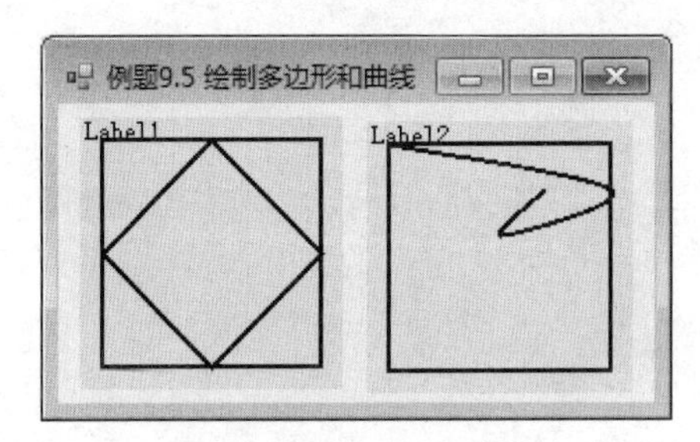

图 9.9　绘制多边形和曲线

程序代码：

```
Public Class Form1
    '声明窗体级对象变量矩形区域和画笔
    Dim myRect As Rectangle=New Rectangle(10,10,100,100)
    Dim myPen As Pen=New Pen(Color.Navy,2)
    Private Sub Label1_Click(…) Handles Label1.Click '****** 标签 1 画布单击事件
        Dim g As Graphics=Label1.CreateGraphics()      '在 Label1 上构建画布
        Dim myPoints As Point()={New Point(60,10),New Point(110,60),New Point(60,
110),New Point(10,60)}                    '声明一组多边形顶点的 Point 对象数组
        g.DrawRectangle(myPen,myRect)
        g.DrawPolygon(myPen,myPoints)       '绘制多边形
        g.Dispose()
```

```
    End Sub
    Private Sub Label2_Click(…) Handles Label2.Click '****** 标签 2 画布单击事件
        Dim g As Graphics=Label2.CreateGraphics() '在 Label2 上构建画布
        Dim myPoints As Point()={New Point(10,10),New Point(110,30),New Point(60,
50), New Point(80,30)}                                  '声明一组曲线关键点的 Point 对象数组
        g.DrawRectangle(myPen,myRect)
        g.DrawCurve(myPen,myPoints)                     '绘制曲线
        g.Dispose()
    End Sub
End Class
```

9.3.2 画刷与填充方法

1. 画刷

画刷 Brush 用于封闭图形的填充和书写字体时的笔画。常用的画刷有 SolidBrush、HatchBrush、LinearGradientBrush 和 TextureBrush。这些画刷类都需要引入 System.Drawing.Drawing2D 命名空间。

1）单色实体刷 SolidBrush

在例题 9.2 中，已经引用过“单色实体刷”SolidBrush 来书写文本。其实，利用 SolidBrush 还可以简单地以单色填充矩形、椭圆、多边形和扇形等封闭图形。其格式如下：

```
Dim 单色实体刷对象 As Brush=New SolidBrush(颜色)
```

2）图案网格刷 HatchBrush

用定制的图案格式以及前后景颜色来填充封闭图形。图 9.10（a）分别展现了前景黑色背景白色的斜十字线（HatchStyle.DiagonalCross）、草皮（HatchStyle.Divot）和水平砖（HatchStyle.HorizontalBrick）的填充图案。定义图案网格刷的格式如下：

```
Dim 图案网格刷对象 As New HatchBrush(预制图案,前景色,背景色)
```

以图案网格刷“斜十字线（HatchStyle.DiagonalCross）”为例，其主要代码如下：

```
Dim myHatchBrush As New HatchBrush(HatchStyle.DiagonalCross, Color.Black,
Color.White)
g.FillRectangle(myHatchBrush,myRect)           '先填充图案网格刷
g.DrawRectangle(myPen,myRect)                  '再勾画图形轮廓线
```

3）双色渐变刷 LinearGradientBrush

用起始点颜色到终止点颜色的线性渐变色来填充封闭图形。图 9.10（b）分别展现了起始黑色终止白色的水平渐变、垂直渐变和右下斜渐变的填充样式。定义双色渐变刷的格式如下：

```
Dim 双色渐变刷对象 As New LinearGradientBrush(起始点,终止点,起始色,终止色)
```

以双色“水平”渐变刷为例，其主要代码如下：

```
Dim myRect As New Rectangle(5,5,60,60)              '定义一个矩形区域
Dim myPt1 As New Point(5,5), myPt2 As New Point(65,5)
                                                     '起始点与终止点在一条水平线上
Dim myLinearGBrush1 As New LinearGradientBrush(myPt1, myPt2, Color.Black,
Color.White)
```

```
    g.FillRectangle(myLinearGBrush1,myRect)   '用从左端的黑色渐变成右端的白色刷填充图形
    g.DrawRectangle(myPen,myRect)             '再勾画图形轮廓线
```

4）图片纹理刷 TextureBrush

用一个图片的重复当作规则纹理来填充封闭图形。图 9.10（c）展现了用考拉熊图片的填充样式。定义图片纹理刷的格式如下：

```
    Dim 图片纹理刷对象 As New TextureBrush("路径+图片文件名")
```

以图片纹理刷为“Koala.jpg”图片为例，其主要代码如下：

```
    Dim myTextureBrush As New TextureBrush(New Bitmap(Application.StartupPath +
"\..\..\images\Koala.jpg"))               '图片路径要考虑与解决方案应用程序的相对存放位置
        g.FillRectangle(myTextureBrush,myRect)     '用图片纹理刷填充图形
          g.DrawRectangle(myPen,myRect)            '再勾画图形轮廓线
```

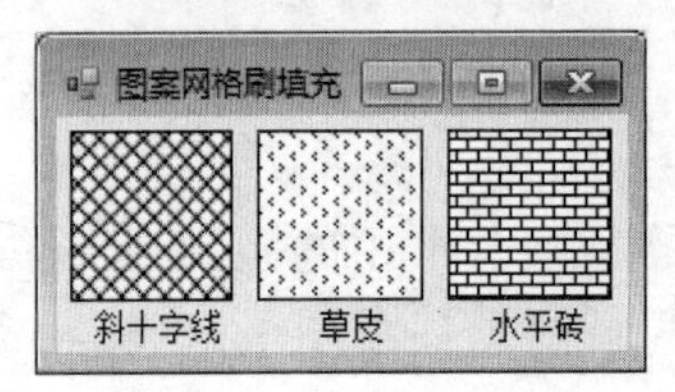

（a）双色渐变刷

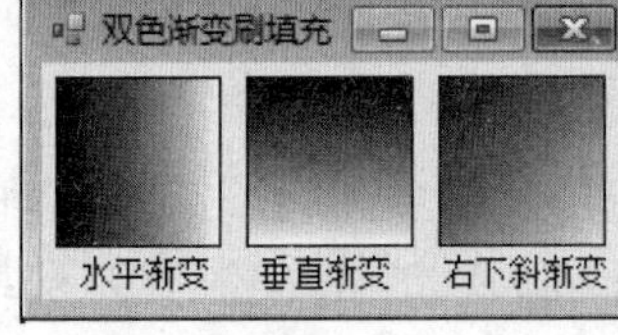

（b）和图片纹理刷

（c）的示例

图 9.10　图案网格刷

2. 各种填充方法

前面已经使用了矩形填充方法，更多填充方法如表 9.3 所示。

表 9.3　GDI+的各种填充方法

绘图方法	说　明	格　式
g.FillRectangle	填充矩形	FillRectangle (myBrush, myRect)
g.FillEllipse	填充椭圆	FillEllipse(myBrush, myRect)
g.FillPie	填充扇形	DrawPie(myBrush, myRect, startTangle, sweepTangle)
g.FillPolygon	填充多边形	FillPolygon(myBrush, Point 数组)
g.FillClosedCurve	填充封闭曲线	FillClosedCurve(myBrush, Point 数组)

表 9.3 中，myBrush 是定义过的上述四种填充刷，myRect 是一个矩形区域，startTangle 为弧线起始角度，sweepTangle 为弧线扫过的角度。

9.3.3　字体与书写方法

1. 字体

书写文本需要先定义书写的 Font 字体对象。该对象可以定义字体名（字符串）、字号（数值）和样式（预选的文字常量），其格式如下：

```
    Dim 字体对象 As New Font(字体名,字号,字体样式)
```

2. 书写方法

书写方法只有 DrawString，其格式如下：

```
DrawString(书写文本串,字体对象,画刷,书写开始位置左上角点坐标)
```

例题 9.6 在 320×180 的窗体上，设计一个由定时器控制的动画。书写带有下画线“一手好字”的华文行楷从窗体左上角开始，由远而近地最后展现在窗体中央（最大 48 号字），程序运行界面如图 9.11 所示。

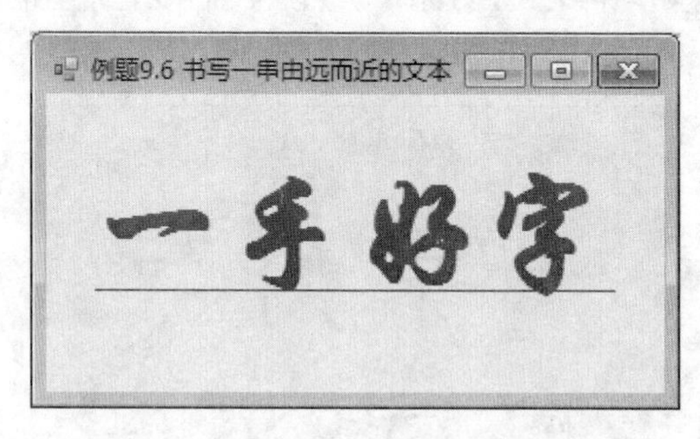

图 9.11 动画书写一串由远而近的文本

设计分析：在窗体上构建好画布、定义好画笔。初始化远方书写文本串的起始位置(−10,0)，初始字号为 3。单击窗体定时器开始工作。定时器事件中每次改变书写文本串的起始位置，并且重新定义增加过字号的字体；然后，清除掉原来的文本串后，重新书写文本，直至字号到达 48 号，定时器停止工作。

程序代码：

```
    '声明窗体级对象变量
  Dim x As Single,y As Single, n As Integer
    Dim g As Graphics=Me.CreateGraphics()          '在 Me 上构建画布 g
    Dim myBrush As New SolidBrush(Color.Red)       '定义单色刷
    Private Sub Form1_Click(…) Handles Me.Click
                                        '********************窗体单击事件
        x=-10 : y=0 : n=3               '书写起始点位置(-10,0)，开始字号 n=3
        Timer1.Enabled=True             '启动定时器工作
    End Sub
    Private Sub Timer1_Tick(…) Handles Timer1.Tick
                                        '********************定时器触发事件
        x=x+0.5 : y=y+0.8
                    '书写串的起始位置 x 方向向右(增量 0.5)，y 方向向下移动(增量 0.8)
        n=n+1       '书写串的字号 n 增加 1 号(也可以带小数点的字号)
        If n>48 Then
            Timer1.Enabled=False   '字号变化超过 48，定时器停止工作
        Else
            Dim myFont As New Font("华文行楷",n,FontStyle.Bold Or FontStyle.
Underline)
            g.Clear(Me.BackColor)      '根据新字号 n 重新定义新字体，并清除原文本串
            g.DrawString("一手好字",myFont,myBrush,x,y)
```

```
                                              '在新（x,y）位置书写文本串
        End If
    End Sub
```

例题 9.7 在 320×180 的窗体上，书写具有从红到蓝水平渐变色的仿宋体文本“一手好字”。运用坐标系平移、缩放变换后，书写其灰色倒影，程序运行界面如图 9.12 所示。

设计分析：在窗体上构建好画布、定义好由红至蓝渐变画刷和 48 号粗体仿宋字体。在起始位置（10,20）处书写正体文本串“一手好字”。然后，平移坐标至正体字底部，再纵向反转坐标。最后用灰色画刷、斜体重新书写该文本。

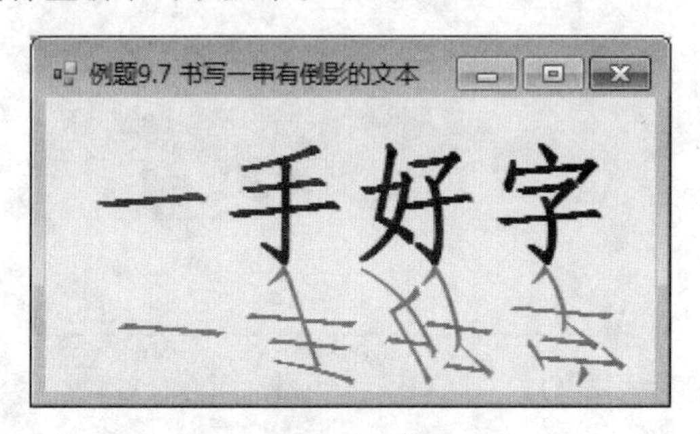

图 9.12 书写一串有倒影的文本

程序代码：

```
    Private Sub Form1_Click(…) Handles Me.Click       '************ 窗体单击事件
        Dim g As Graphics=Me.CreateGraphics()         '在 Me 上构建画布
        Dim myBrush As New LinearGradientBrush(New Point(10,0),New Point(280,0),
Color.Red,Color.Blue)
                '定义双色（由红至蓝）水平渐变刷，书写字体的水平区域大致在 10~280 之间
        Dim myFont As New Font("仿宋",48,FontStyle.Bold)
                '定义字体：仿宋体、48 号字、粗体
        g.DrawString("一手好字",myFont,myBrush,10,20)  '从(10,20)坐标开始，书写文本串
        g.TranslateTransform(0,71)                  'y 方向向下平移 71，x 方向不变
        g.ScaleTransform(1,-1)                      'x 方向保持原状，y 方向无缩放但反向变换
        Dim yourBrush As New SolidBrush(Color.Gray)          '定义倒影灰色实体刷
        Dim yourFont As New Font("仿宋",48,FontStyle.Italic)
                                                    '定义倒影字体：仿宋、48 号、斜体
        g.DrawString("一手好字",yourFont,yourBrush,12,-71)     '书写倒影
    End Sub
```

9.4 绘制函数图形

9.4.1 绘制 y=f(x)函数图形

例题 9.8 （折线法）在 400×250 的窗体上，选用 Label 作为画布，通过自定义坐标变换，将用户坐标原点平移至画布的合适位置（x_0,y_0）。单击“绘图”按钮，先绘制出黑色坐标轴、

写上红色坐标标记（X，Y 和原点坐标(0,0)），再绘制 x 范围从$-0.5\pi \sim 5.5\pi$，x 精度为 0.01，x 放大系数为 18、y 放大系数为 60 的 Sin(x)图形。程序运行界面如图 9.13 所示。

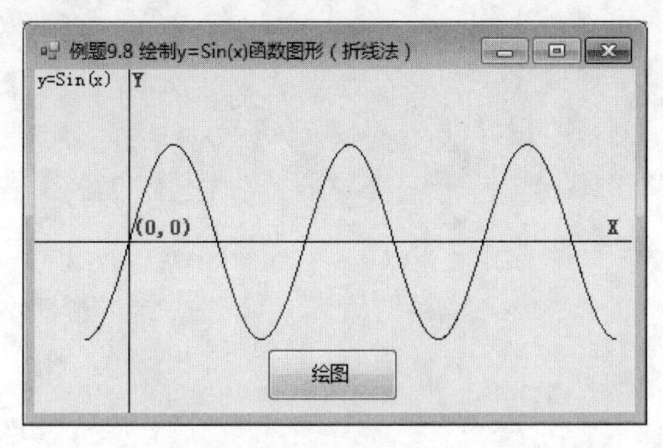

图 9.13　运用 DrawLine 方法绘制函数图形（折线法）

设计分析：在窗体上由标签 Label1 构建画布（其 Autosize=False，Dock=Fill），这样构建的画布具有与控件同样大小的尺寸（如果用 Me 构建，由于存在边框和标题栏，画布绘图区域与控件大小相差甚远）。根据绘图的 x 取值范围（x_a,x_b），确定平移坐标的（x_0,y_0），从而可以绘制出坐标轴。X 轴上的 delt 表示绘图间隔精度，通过计算前后两点坐标（x_1,y_1）和（x_2,y_2），用 DrawLine 方法绘制出折线，不断循环计算后点，连接折线，最终形成函数图形。

程序代码：

```
Const PI As Double=3.1415926                            '定义π常量
Private Sub Button1_Click(…) Handles Button1.Click '******* “绘图”按钮事件
    Dim g As Graphics=Label1.CreateGraphics()         'Label1 标签做画布
    Dim p As New Pen(Color.Black)                     '画笔
    Dim b As New SolidBrush(Color.Red)                '书写画刷
    Dim f As New Font("宋体",10,FontStyle.Bold)       '书写字体
    'x0,y0: 新坐标原点; xa,xb: 绘图 x 起止范围; x1,y1: 折线起点; x2,y2: 折线终点; delt:
x 步长
    Dim x0,y0,xa,xb,x,x1,y1,x2,y2,delt As Single
    Dim ampX, ampY As Integer                         'x 轴放大系数、y 轴放大系数

    '窗体=400*250; 画布 Label1 撑足窗体: Autosize=False; Dock=Fill
    ampX=18 : ampY=60              'ampX=10;15;25 试看效果; ampY=40;20;80 试看效果
    x0=60 : y0=Label1.Height/2     '平移坐标的偏移量: x0 偏左, y0 取中点

    '画坐标轴线
    g.DrawLine(p,x0,0,x0,Label1.Height)         '画 y 轴
    g.DrawLine(p,0,y0,Label1.Width,y0)          '画 x 轴

    '书写坐标标记
    g.DrawString("(0,0)",f,b,x0,y0-15)
    g.DrawString("Y",f,b,x0,0)
```

```
    g.DrawString("X",f,b,Label1.Width-ampX,y0-15)

    delt=0.01          '还可以试画 delt= 0.1;0.2;0.3;0.5;0.9 看效果
    xa=-0.5 * PI : xb=5.5 * PI         'xa=-0.5π,xb=5.5π
    x1=x0+xa * ampX : y1=y0-Math.Sin(xa) * ampY '第 1 个起点由 xa 算得
    For x=xa+delt To xb Step delt      '从第 2 个点开始循环计算折线终点
        x2=x0+x * ampX                 'x 变换：先位移 x0，再放大(ampX)倍
        y2=y0-Math.Sin(x) * ampY
                   'y 变换：先位移 y0，再计算 y 函数值，后放大(-ampY)倍
        g.DrawLine(p,x1,y1,x2,y2)      '画(x1,y1)-(x2,y2)折线
        x1=x2 : y1=y2                  '终点变起点
    Next x
    p.Dispose() : b.Dispose() : f.Dispose() : g.Dispose()
End Sub
```

例题 9.8a（圆点法）在 400×250 的窗体上，选用 Label 作为画布，将默认坐标原点通过坐标系平移方法平移至画布的中央位置（x0,y0）。单击“绘图”按钮，先绘制出坐标轴，再绘制 x 范围从-3π～3π，x 精度为 0.01，x 放大系数为 18、y 放大系数为 60 的 Sin(x)图形。程序运行界面如图 9.14 所示。

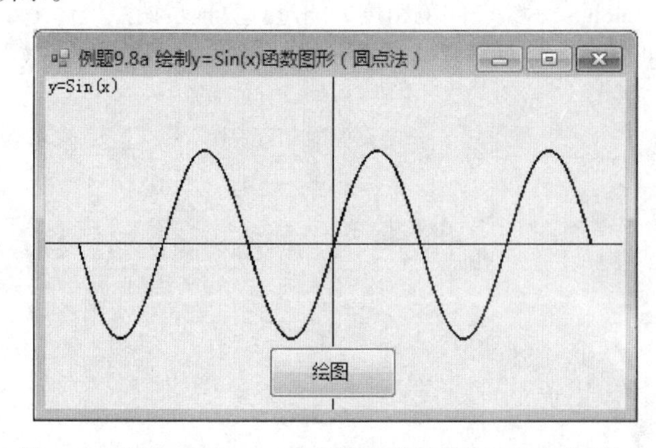

图 9.14　运用 DrawEllipse 方法简化绘制函数图形（圆点法）

设计分析：运用 g.TranslateTransform(x0,y0)方法平移坐标系后，不仅在新坐标系中绘制坐标轴简单了，而且函数的计算简化成 $\begin{cases} x_2 = x * \text{amp}X \\ y_2 = -f(x) * \text{amp}Y \end{cases}$。在前述例题中，要依赖前后 2 个点画折线连线，本程序运用 DrawEllipse 方法，只需计算当前点（x_2,y_2），在误差小于 0.5（半个像素）的条件下，大大简化了绘图程序。

程序代码：

```
    Const PI As Double=3.1415926                              '定义π常量
    Private Sub Button1_Click(…) Handles Button1.Click
                                                              '******* “绘图”按钮事件
        Dim g As Graphics=Label1.CreateGraphics()             'Label1 标签做画布
        Dim p As New Pen(Color.Black)                         '画笔
```

```
        Dim x0,y0,x,x2,y2,delt As Single
                                      'x0,y0: 新原点; x2,y2: 当前绘图点; delt: x 步长
        Dim ampX, ampY As Integer      'x 轴放大系数、y 轴放大系数

        ampX=18 : ampY=60              '定义 x 轴放大系数 18; 定义 y 轴放大系数 60
        x0=Label1.Width / 2 : y0=Label1.Height/2
        g.TranslateTransform(x0,y0)
        g.DrawLine(p,0,-y0,0,y0)       '在新坐标系下, 画 y 轴
        g.DrawLine(p,-x0,0,x0,0)       '在新坐标系下, 画 x 轴

        delt=0.01      '还可以试画 delt=0.1; 0.2; 0.3; 0.5; 0.9 看效果
        For x=-3 * PI To 3 * PI Step delt       'x 取值范围中按照 delt 间隔取离散点
           x2=x * ampX                          'x 变换: 不用位移 x0, 只需放大(ampX)倍
           y2=-Math.Sin(x) * ampY
                   'y 变换: 不用位移 y0, 直接计算 y 函数值, 再放大(-ampY)倍
           g.DrawEllipse(p,x2,y2,1,1)
        Next x
        p.Dispose() : g.Dispose()
    End Sub
```

不管是折线法还是圆点法，在绘制 y=f(x)函数时重点掌握如下步骤：

（1）构建具有 AutoSize=False，Dock=Fill 的标签画布。

（2）确定 x 放大系数 ampX、y 放大系数 ampY、delt 步长精度（已知条件，或调试确定）。

（3）确认 x 的变化范围（x_a,x_b），从而大致确定（x_0,y_0）的平移位置。

（4）绘制坐标轴（如有需要，还要绘制坐标刻度、书写标记）。

（5）在 x 循环中不断计算当前新的绘图坐标点：$\begin{cases} x_2 = x_0 + x * \text{amp}X \\ y_2 = y_0 - f(x) * \text{amp}Y \end{cases}$。

（6）绘制图形（（x_1,y_1）为前一次绘图坐标点）：

① 折线法：DrawLine（myPen,x_1,y_1,x_2,y_2）。

② 圆点法：DrawEllipse（myPen,x_2,y_2,1,1）。

9.4.2　绘制参数方程曲线

例题 9.9（线点法）在 200×200 的窗体上，选用 PictureBox 作为画布，将坐标原点通过坐标系平移方法平移至画布的中央位置（x_0,y_0）。单击画布，通过键盘输入参数方程系数 n，并显示在窗体左下角的标签上；然后绘制出坐标轴；再绘制参数 t 在 0～2π 范围，精度为 0.001，放大系数为 80 的参数方程：$\begin{cases} x = \sin(nt) * \cos(t) \\ y = \sin(nt) * \sin(t) \end{cases} (0 \leqslant t \leqslant 2\pi)$ 曲线。程序运行界面如图 9.15 所示。单击“清屏”按钮，清除图形和文字。

设计分析：引入 Math 命名空间，简化方程表达。PictureBox1 构建画布（Dock=Fill），计算该画布中心点坐标（x_0,y_0）。运用 TranslateTransform 方法平移坐标系后，在新坐标系中绘制坐标轴，根据精度间隔 delt，取值参数方程的参数 t 在 0～2π 范围内的离散点，分别计算出方程 x

与 y 的值。本程序运用 DrawLine 方法，只需计算当前点（x,y），自行构造与（x+1,y）的最短线段。将该最短线段当作（x,y）点，大大简化了绘图程序。

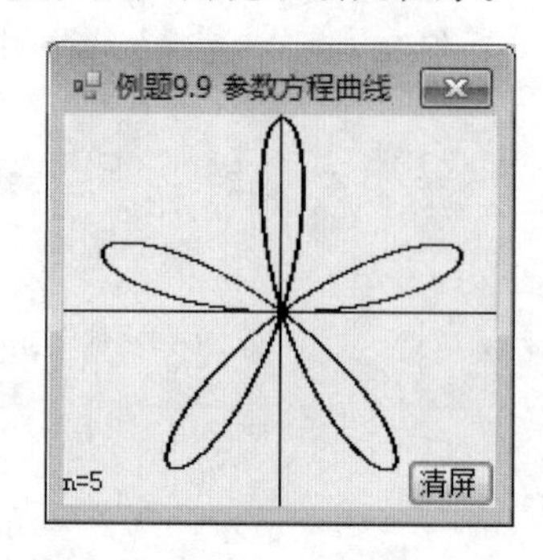

图 9.15　绘制参数方程曲线（线点法）

程序代码：

```
Imports System.Math
Public Class Form1
    Const PI As Double=3.1415926        '定义π常量
    Private Sub Button1_Click(…) Handles Button1.Click
                                        '*******  “清屏”按钮事件
        Dim g As Graphics=PictureBox1.CreateGraphics()
        g.Clear(PictureBox1.BackColor)     '清除画布
        Label1.Text=""                     '清空 n 参数标记
    End Sub
Private Sub PictureBox1_Click(…) Handles PictureBox1.Click
                                        '**** 图片框画布单击事件
        Dim g As Graphics=PictureBox1.CreateGraphics()     '构建 PictureBox1 画布
        Dim p As Pen=New Pen(Color.Black)                  '画笔
        Dim x0,y0,t,x,y As Single
                          '(x0,y0): 平移坐标原点; t 参数; (x,y) 当前绘图点
        Dim amp As Integer,n As Integer,delt As Single
                          'amp 放大系数; n 系数; delt 间隔（精度）

        n = InputBox("请输入 n: ")  '键盘输入 n 系数
        Label1.Text="n=" & n        '窗体标签显示当前系数 n
        amp=80                      'x 与 y 具有相同的放大系数 amp
        x0=PictureBox1.Width/2 : y0=PictureBox1.Height/2
                                    '计算平移坐标偏移量(x0,y0)
        g.TranslateTransform(x0,y0)
        g.DrawLine(p,-x0,0,x0,0)       '在新坐标系下，画 x 轴
        g.DrawLine(p,0,-y0,0,y0)       '在新坐标系下，画 y 轴

        delt=0.001
```

```
        For t=0 To 2 * PI Step delt
                                    '参数方程参数t，在取值范围内按delt间隔取离散点
            x=Sin(n * t) * Cos(t) * amp         '计算绘制点x值，并放大amp倍
            y=-Sin(n * t) * Sin(t) * amp        '计算绘制点y值，并放大-amp倍
            g.DrawLine(p,x,y,x+1,y)
                                    '以(x,y)为起点，画最短线段(x+1,y)作为近似"线点"
        Next t
        g.Dispose() : p.Dispose()
    End Sub
End Class
```

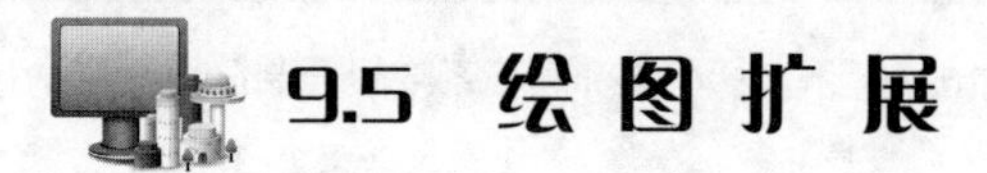

9.5 绘图扩展

9.5.1　坐标变换与坐标系变换

1. 坐标变换

在例题 9.8 中，默认坐标系下采用坐标变换计算绘图点的方法。变换计算的算式为 $\begin{cases} x_2 = x_0 + x * \text{amp}X \\ y_2 = y_0 - f(x) * \text{amp}Y \end{cases}$，其中（$x_0,y_0$）为用户的“虚拟原点”，（$x_2,y_2$）为新换算出的绘图点，f(x)为函数计算式，ampX、ampY 分别为绘图时在 x 轴、y 轴上的放大倍数。通过程序控制 x 变量的取值范围和 delt 离散点，在画布的默认坐标系下，运用圆点法（或线点法、折线法）即可以绘制出函数 f(x)的图形。

2. 坐标系变换

在例题 9.8a 和例题 9.9 中，通过 g.TranslateTransform(x0,y0)方法平移坐标系后，计算绘图点的算式已简化为 $\begin{cases} x_2 = x * \text{amp}X \\ y_2 = -f(x) * \text{amp}Y \end{cases}$，省去了（$x_0,y_0$）的平移计算部分。进一步运用 g.ScaleTransform(1, -1)缩放方法，将 y 轴保持原比例但方向反转（x 轴比例和方向保持不变），那么现在就完全将原来默认坐标系变换成数学意义上的笛卡儿坐标系。此时，在新的坐标系下，绘图点计算只需要考虑函数与像素点的放大关系，它们简化为 $\begin{cases} x_2 = x * \text{amp}X \\ y_2 = f(x) * \text{amp}Y \end{cases}$。通过同样的程序控制 x 变量的取值范围和 delt 离散点，在画布的新坐标系下，运用圆点法（或线点法、折线法）即可以绘制出函数 f(x)的图形。

3. 坐标变换与坐标系变换的程序比较

例题 9.10　在窗体上，分别构建 Label1（用作坐标变换）和 Label2（用作坐标系变换）两张画布。单击画布，分别运用坐标变换和坐标系变换方法，绘制函数 $y = 3x^3 + 4x^2 + \sin(x)$ 的曲线和坐标轴。函数 x 的取值范围、delt 精度和放大系数由实验试算获得，程序运行界面如图 9.16

所示。

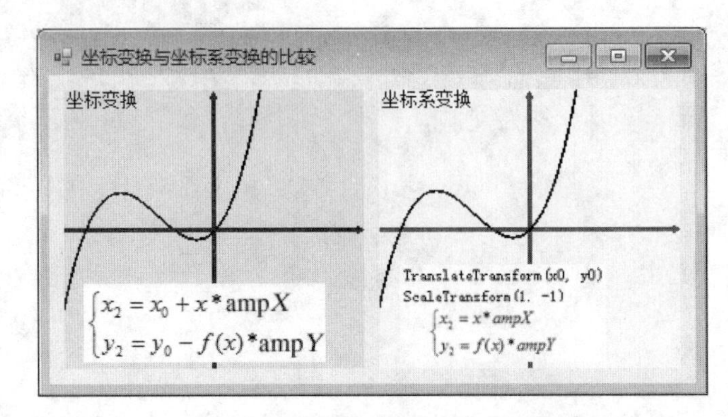

图 9.16　运用坐标变换和坐标系变换绘制函数图形的比较

程序代码：

```
Imports System.Math                         '引入数学库（此例中用到 Sin 函数）
Imports System.Drawing.Drawing2D             '引入高级 2D 绘图库（此例中用到箭头样式）
Public Class Form1
    Function f(ByVal x As Single) As Single        '************** 自定义函数
        f=3 * x^3+4 * x * x+Sin(x)                 '自定义函数计算式 f(x)
End Function
    Private Sub Label1_Click(…) Handles Label1.Click
                                            '*************标签 1 画布的坐标变换绘图
        Dim g As Graphics=Label1.CreateGraphics    '构建 Label1 画布
        Dim p1 As Pen=New Pen(Color.Black)         '定义黑色绘图笔 p1
        Dim p2 As Pen=New Pen(Color.Blue, 3)       '定义蓝色画轴笔 p2
        Dim ampX,ampY As Integer                   'x 轴放大系数、y 轴放大系数
        Dim x0,y0,x,x2,y2,delt As Single
                            '(x0,y0)虚拟原点; (x2,y2)计算出的绘图点

        x0=Label2.Width/2 : y0=Label2.Height / 2 '(x0,y0)设置在画布中央
        p2.SetLineCap(LineCap.Flat,LineCap.ArrowAnchor,DashCap.Flat)
                            '设置画轴笔的箭头样式
        g.DrawLine(p2,0,y0,Label1.Width,y0)
                            '在默认坐标系下, 画 x 轴(如在中央: 0,y0,x0*2,y0)
        g.DrawLine(p2,x0,Label1.Height,x0,0)

        delt=0.001 : ampX=80 : ampY=80
        For x=-5 To 2 Step delt                    'x 取值范围的离散点
            x2=x0+x * ampX                         '绘图点 x2 在默认坐标系下的计算式
            y2=y0-f(x) * ampY                      '绘图点 y2 在默认坐标系下的计算式
            g.DrawEllipse(p1,x2,y2,1,1)            '圆点法绘图
        Next x
    End Sub
```

```
    Private Sub Label2_Click(…) Handles Label2.Click
                                    '********* 标签 2 画布的坐标系变换绘图
        Dim g As Graphics=Label2.CreateGraphics    '构建 Label2 画布
        Dim p1 As Pen=New Pen(Color.Black)         '定义黑色绘图笔 p1
        Dim p2 As Pen=New Pen(Color.Brown,3)       '定义棕色画轴笔 p2
        Dim ampX,ampY As Integer                   'x 轴放大系数、y 轴放大系数
        Dim x0,y0,x,x2,y2,delt As Single
                                    '(x0,y0)新坐标系原点；(x2,y2)计算出的绘图点

        x0 = Label2.Width/2 : y0=Label2.Height/2 '(x0,y0)设置在画布中央
        g.TranslateTransform(x0,y0)
        g.ScaleTransform(1,-1)
        p2.SetLineCap(LineCap.Flat,LineCap.ArrowAnchor,DashCap.Flat)
        g.DrawLine(p2,-x0,0,Label2.Width-x0,0)
        g.DrawLine(p2,0,-Label2.Height+y0,0,y0)

        delt=0.001 : ampX=80 : ampY=80
        For x=-5 To 2 Step delt                   'x 取值范围的离散点
            x2=x * ampX                           '绘图点 x2 在新坐标系下的计算式
            y2=f(x) * ampY                        '绘图点 y2 在新坐标系下的计算式
            g.DrawEllipse(p1,x2,y2,1,1)           '圆点法绘图
        Next x
    End Sub
End Class
```

9.5.2 窗体造型

窗体的 Region 属性可以改变或恢复窗体默认的矩形样式。通过引入 System.Drawing.Drawing2D，GDI+的图形路径 GraphicsPath 对象，可以构造各种规则（椭圆、圆、扇形等）和不规则轮廓。由 GraphicsPath 对象重新构造的窗体 Region，就具有了窗体外观的造型，如图 9.17 所示。

图 9.17 椭圆和扇形窗体造型

例题 9.11 在窗体上放置一个 PictureBox 控件，并加载 Image 图片，如图 9.18 所示。双击图片，将窗体的外观默认样式变成扇形造型，同时启动定时器工作，使窗体淡出淡入交替变幻；

再次双击图片，将扇形造型窗体恢复原来的默认样式，并使定时器停止工作。

图 9.18 窗体造型

设计分析：为了让 PictureBox 充满窗体，应使其 Dock=Fill，SizeMode=StretchImage。淡入淡出效果要运用定时器，通过窗体的透明度 Opacity 属性在 0～1 之间逐级变化。

程序代码：

```
    Dim delt As Single        '透明度间隔
    Private Sub PictureBox1_DoubleClick(…) Handles PictureBox1.DoubleClick
       If Me.Text="例题 9.11 窗体造型" Then
          Me.Text=""                                        '1）窗体标题栏清空
          Me.ControlBox=False                               '2）窗体控制按钮关闭
          Me.FormBorderStyle=Windows.Forms.FormBorderStyle.None
                                                            '3）无窗体边界
          delt=0.05       '设置透明度逐级变化量值和方向
          Dim myGPath As GraphicsPath=New GraphicsPath        '构建图形路径对象
    '添加扇形轮廓至图形路径（起始角=逆时针 15°，逆时针扫过角度 150°）
          myGPath.AddPie(New  Rectangle(0,0,Me.Width,Me.Height  *  1.5),-15,
-150)
          Me.Region=New Region(myGPath) '将扇形图形路径替换窗体的默认矩形区域
          Timer1.Enabled=True           '并启动定时器工作
       Else  '恢复窗体默认样式
          Me.Text="例题 9.11 窗体造型"      '1）设置窗体标题栏
          Me.ControlBox=True             '2）窗体控制按钮有效
          Me.FormBorderStyle=Windows.Forms.FormBorderStyle.Sizable
Me.Region=Nothing                    '取消图形路径轮廓，恢复窗体默认矩形区域
          Me.Opacity=1               '窗体完全不透明
          Timer1.Enabled=False       '关闭定时器工作
       End If
    End Sub
    Private Sub Timer1_Tick(…) Handles Timer1.Tick         '****定时器
       Me.Opacity=Me.Opacity-delt                          '透明度变化一个 delt
       If Me.Opacity<=0 Or Me.Opacity>=1 Then
          delt=-delt     '透明度为 0（完全透明）或 1（完全不透明）时，取 delt 的相反数
       End If
    End Sub
```

课后习题

一、单选题

（1）以下________不属于画图三步骤。

A．画布　　B．画笔

C．绘图方法　　D．颜色

（2）将坐标系 X 方向平移 60，Y 方向平移 60 的语句是________。

A．TranslateTransform(60, 60)　　B．ScaleTransform(60, 60)

C．TranslateTransform(6, 6)　　D．ScaleTransform(6, 6)

（3）执行语句“Circle(50,40),10,,,,2”时，则绘制的是________。

A．圆　　B．椭圆

C．扇形　　D．弧形

（4）画刷 Brush 用于封闭图形的填充和书写字体时的笔画，其中图案网格刷是________。

A．SolidBrush　　B．HatchBrush

C．LinearGradientBrush　　D．TextureBrush

（5）不属于 Visual Basic 作图方法的是________。

A．Pset　　B．Line

C．Shape　　D．Circle

二、填空题

（1）常用的绘图方法有________（绘制直线）、________（绘制矩形）、________（绘制椭圆）和________（绘制扇形）等。

（2）使用 Circle 方法画扇形，起始角、终止角取值范围为________。

三、编程题

（1）在窗体上定义一支宽度为 2 的黑色画笔 myPen，绘制三角形。程序运行界面如图 9.19 所示，请编程实现。

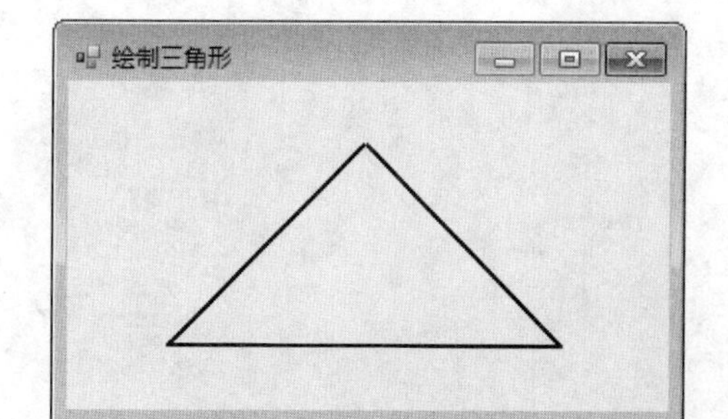

图 9.19　绘制三角形

（2）在 200×200 的窗体上，选用 PictureBox 作为画布，将坐标原点通过坐标系平移方法平移至画布的中央位置（x_0,y_0）。单击画布，绘制出坐标轴；再绘制参数 t 在 0～8π范围，精度为 0.001 的阿基米德螺线：$\begin{cases} x = 10*t*\cos(t) \\ y = 10*t*\sin(t) \end{cases} (0 \leqslant t \leqslant 8\pi)$ 曲线。程序运行界面如图 9.20 所示。单击“清屏”按钮，清除图形和文字。。

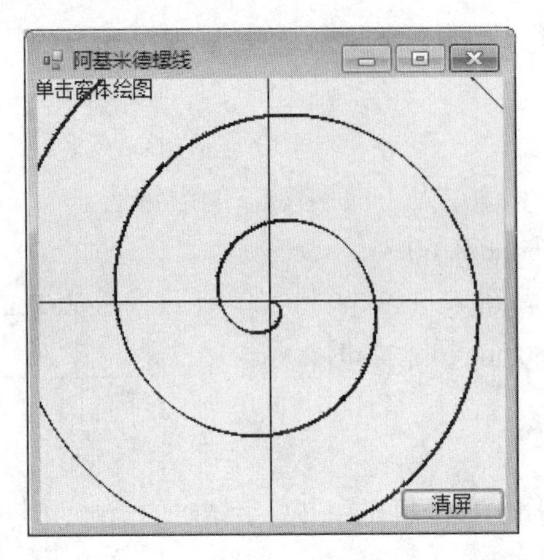

图 9.20　绘制阿基米德螺线

第10章 文　件

用程序实现对数据的处理，往往会包括数据的输入、处理、结果的输出等步骤。前面的学习中，数据的输入很多情况下来自于键盘；结果的输出则是存放在内存空间。为实现对数据的“长期存储”（不因断电而丢失），可将数据以“文件”的形式存储在计算机外围存储设备中。文件既可以当作数据输入的来源，也可作为数据输出的目标。

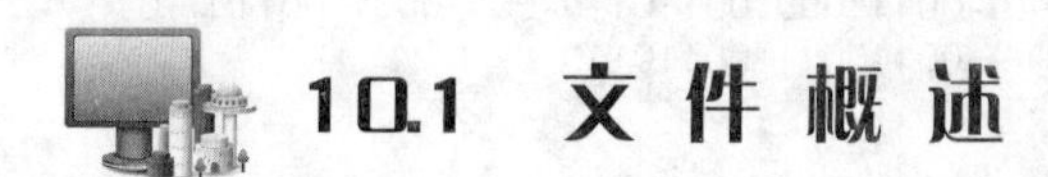

10.1 文件概述

文件（File）也称文档，一般是指存储在磁盘、光盘、磁带、U 盘等外存储器上的数据集合。因为存储在外存储器，所以文件通常不会因为断电而丢失。操作系统也是以文件为单位对数据进行管理的。

10.1.1 文件类型

文件可按存取方式、数据格式等不同方式进行分类。

1. 按存取方式分类

按存取方式的不同，文件可分为“顺序文件”和“随机文件”。

顺序文件是指文件中数据的物理顺序是按其在文件中的逻辑顺序依次存入存储介质而建立的。该类文件的主要优点是连续存取时速度较快，占用存储空间少，但查找效率不高。因为采用扫描文件的方法，即从文件头开始，逐个检查数据，直到数据被找到，或文件被扫描完毕时仍未找到。当文件容量很大时，这种扫描过程会变得相当长。

随机文件是由固定长度的记录组成的，能够随机存取其中的记录数据，每个记录可以由不同的数据域组成。表 10.1 所示是有关图书信息的记录，由书名、作者、价格、出版社等域组成。

表 10.1　定长记录

书名（30）	作者（20）	价格（2）	出版社（30）
计算机网络	S.Tanenbaum	89	清华大学出版社
数据库系统概论	Silberschatz	99	机械工业出版社
Visual Basic.NET 程序设计	Microsoft	86	高等教育出版社

2. 按数据格式分类

按数据格式分类，文件可分为“文本文件”和“二进制文件”。其中文本文件是基于“字符”编码（常用编码有 ASCII、UNICODE、UTF-8 等）；二进制文件是基于“值”编码，由具体的应用来决定值的逻辑含义。

以存储十进制整数 1094861636 为例：当数据以采用 ASCII 编码的文本文件存储时，每个字符占一个字节，因此需 10 个字节的存储空间；当以二进制文件存储时，将 1094861636 作为一个整数处理（在 Visual Basic.NET 中整型数据类型长度为 4 个字节），因此文件占用 4 个字节的存储空间。如图 10.1 所示，无论是文本文件，还是二进制文件，它们在物理介质上的存储都是二进制形式的。当从存储介质中读取数据字节流后，以何种编码进行解析，将会得到不同的结果：

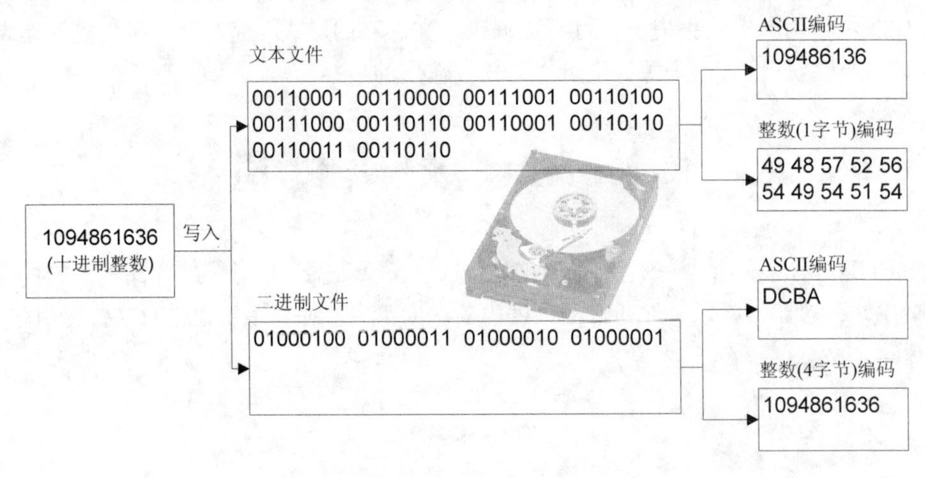

图 10.1　文本文件与二进制文件

（1）对于存储 1094861636 的文本文件，以 ASCII 编码形式解析时，每个字节作为一个 ASCII 字符，显示结果是 1094861636；若将每个字节作为一个十进制数，则得到每个字符对应的 ASCII 值。对应表 10.2，可得字符'1'对应 49，'0'对应 48，依此类推。

表 10.2　字符 0～9 ASCII 码

字　符	ASCII 码值（十进制）	ASCII 码值（二进制）
0	48	00110000
1	49	00110001
2	50	00110010
3	51	00110011
4	52	00110100
5	53	00110101
6	54	00110110
7	55	00110111
8	56	00111000
9	57	00111001

（2）对于存储 1094861636 的二进制文件，将四个字节数据作为整型数据类型解析时，将存储的二进制数转换成十进制数，即可得 1094861636。注：1094861636 对应的二进制是 01000001 01000010 01000011 01000100，存储时高字节数据在低位，因此在二进制文件中四个字节是逆序的（见图 10.1）。若以 ASCII 编码形式解析时，每个字节作为一个 ASCII 字符，显示结果是 DCBA（请读者思考原因）。

由于文本文件与二进制文件的区别主要在于编码上的不同，因此这两类文件的优缺点主要体现在编码的优缺点上。文本文件基于字符定长编码，因此译码容易，结构简单。当文本文件中的部分信息出现错误时，往往能够容易地恢复并继续处理其余的内容。但它不能存储声音、动画、图像、视频等二进制信息。二进制文件编码灵活，而且存储空间利用率比较高。读写数据时不会出现二义性，但难以读取逻辑格式未知的二进制文件，保密性好。用“记事本”打开这类文件时经常会出现“乱码”。

10.1.2　Visual Basic.NET 访问文件的方式

Visual Basic.NET 中有三种访问文件系统的方法：

（1）运行时（run-time）函数进行文件访问（即采用 VB6 传统方式直接文件访问）。

（2）通过.NET 中的 System.IO 模型访问。

（3）通过文件系统对象模型 FSO 访问。

10.1.3　文件操作步骤

在程序设计中，对文件的访问一般遵循文件的打开、读写、关闭三个步骤。

根据三级存储系统结构可知，计算机需要将外存的数据加载到内存才能直接访问。因此，文件的打开就是将数据从外存加载到内存，并分配一定容量的 I/O（输入/输出）缓冲区予以保存；在接下来的读写操作中，将对该缓冲区数据进行操作；文件关闭时，可将缓冲区中的数据更新到外存中的文件（如果文件以可写方式打开），并释放分配的 I/O 缓冲区。

10.2　运行时函数访问方式

“运行时函数访问”也称“直接文件访问”。Visual Basic（如 VB6.0）提供了相应的过程和函数对文件进行操作。Visual Basic.NET 保留了这种文件处理方法，只是语句与函数略有改变。

10.2.1　常用运行时函数

Visual Basic.NET 提供了打开、读写、关闭等一系列文件操作的运行时函数和过程。对于不同类型文件的操作，使用方法也会有所不同，所以关于运行时函数和过程的具体使用将在顺序文件和随机文件的访问中进行详细描述，以下仅给出函数与过程的原型。

1. 文件打开

Visual Basic.NET 中可以用 FileOpen 过程打开顺序文件或随机文件。该过程格式如下：

```
Public Shared Sub FileOpen(FileNumber,FileName,Mode,Access,Share,RecordLength)
```

2. 文件读/写

Visual Basic.NET 对于不同的文件类型提供了不同的读写过程：

1）文本文件读

```
Public Shared Sub Input(FileNumber,Value)
Public Shared Function LineInput (FileNumber) As String
```

2）文本文件写

```
Public Shared Sub Write(FileNumber,Output)
Public Shared Sub WriteLine(FileNumber,Output)
Public Shared Sub Print(FileNumber,Output)
Public Shared Sub PrintLine(FileNumber,Output)
```

3）随机文件读

```
Public Shared Sub FileGet(FileNumber,Value,RecordNumber)
```

4）随机文件写

```
Public Shared Sub FilePut (FileNumber,Value,RecordNumber)
```

3. 文件关闭

对于使用 FileOpen 过程打开的文件，在完成读/写等操作后，可使用 FileClose 来关闭。该过程格式如下：

```
Public Shared Sub FileClose(FileNumbers)
```

4. 其他常用函数

除了以上文件打开、读写、关闭操作过程中使用的函数或过程外，Visual Basic.NET 还提供了一些辅助函数用于在文件操作中获取某些状态，如读操作是否到达文件末尾；文件的长度是多少；当前的读写位置在何处等。

1）FreeFile 函数

```
Public Shared Function FreeFile() As Integer
```

参数：无。

功能：返回一个整数类型的值，该值表示 FileOpen()函数可用的下一个文件号。由于在程序中可能会打开多个文件，当无法确定哪些文件号已被使用时，为了避免冲突，可使用 FreeFile 获取可用的文件号。

2）EOF 函数

```
Public Shared Function EOF(FileNumber As Integer) As Boolean
```

参数：FileNumber：必选参数，用于指定一个有效的文件号。

功能：返回文件号指定的文件指针是否到达文件的末尾，并返回布尔值。到末尾返回 True，否则返回 False。

3）LOC 函数

```
Public Shared Function LOC(FileNumber As Integer) As Long
```

参数：FileNumber：必选参数，用于指定一个有效的文件号。

功能：返回指定打开文件中当前读/写的位置。返回值类型为 Long。

4）LOF 函数

```
Public Shared Function LOF(FileNumber As Integer) As Long
```

参数：FileNumber：必选参数，用于指定一个有效的文件号。

功能：返回一个 Long 值，该值表示使用 FileOpen()函数打开的文件的大小（以字节为单位）。

10.2.2 顺序文件访问

1. 打开文件

可以用 FileOpen()函数打开顺序文件，格式如下：

```
FileOpen(文件号, 文件名, 访问模式)
```

说明：

（1）文件号：整数类型，打开文件成功后获得的 I/O 输入输出缓冲号。用户可以指定文件号，通常使用 1～255 的整数，但一个文件号只能对应一个已打开的文件。因此，为避免文件号冲突，建议使用 FreeFile()函数获取下一个可用的文件号。

（2）文件名：字符串类型，该参数用于指定文件在外存储器中存储的文件名（可以是包含绝对路径的文件名）。

（3）访问模式：访问文件的模式可以通过 OpenMode 枚举值指定。该参数用于顺序文件，通常使用 Input（读方式）、Output（写方式）、Append（追加方式）。

若文件打开成功，将为文件分配一个 I/O 缓冲区，并可用相应的文件号对文件进行读/写访问；若打开失败，则会产生异常，可以通过捕获异常来分析导致失败的原因（如指定文件的路径有误；文件号超出取值范围或已被使用；试图对只读文件进行写操作等都会引起异常）。

以下示例通过 FileOpen()函数打开了三个文件：

```
Dim n,fileNum As Integer,f As String
FileOpen(1,"C:\test1.txt",OpenMode.Input)
                                    '以读方式打开 C:\test.txt 文件，并指定文件号 1
n=2 : f="D:\test2.dat"
FileOpen(n,f,OpenMode.Append)       '追加方式打开 D:\test2.dat 文件，并指定文件号 2
fileNum=FreeFile()
FileOpen(fileNum, "E:\test3.xml",OpenMode.Output)
                                '以写方式打开 E:\test3.xml 文件，文件号由 FreeFile 获取
```

FreeFile()是无参函数，它返回一个整数类型的值，该值表示 FileOpen()函数可用的下一个文件号。由于在程序中可能会打开多个文件，当无法确定哪些文件号已被使用时，为了避免冲突，可使用 FreeFile()获取可用的文件号。

2. 关闭文件

对于使用 FileOpen()过程打开的文件，在完成读/写等操作后，可使用 FileClose()来关闭文件。

该过程格式如下：

```
FileClose(文件号列表)
```

说明：参数“文件号列表”是可选参数，数据类型为整型数组，用于指定要关闭的文件号。若有多个文件号，则可将文件号存入整型数组或用逗号分隔。如果省略该参数，则表示关闭由 FileOpen 打开的所有活动文件。

若文件关闭操作执行成功，则解除文件与文件号之间的关联；若操作失败，则可通过捕获异常了解产生异常的原因（如指定的文件号未使用等）。由于文件打开是建立 I/O 缓冲区与文件的关系；读/写操作是对缓冲区进行操作的，因此，对于写操作，关闭文件可确保缓冲区的数据保存到文件中，否则可能会引起数据丢失。

以下示例通过 FileClose()函数关闭前面打开的三个文件：

```
FileClose(1,n,fileNum)
```

3. 写文件

文本文件的写操作可使用 Write()、WriteLine()和 Print()、PrintLine()等函数。

以用 Write()和 Print()函数写入品牌名称为“acer Swift3”的计算机信息后的文件效果为例，其中价格（Integer 类型）：4699 元；生产日期（Date 类型）：2018-09-17；重量（Single 类型）：1.45kg；是否独立显卡（Boolean 类型）：True。

Write/WriteLine 以紧凑格式存放数据，数据项之间用逗号分隔。当写入字符串时，字符串会用双引号括起；写入布尔型数据时，则用#TRUE#或#FALSE#表示。由于会区分写入文件数据的类型，所以有时也称“有格式写”，如图 10.2 所示。

用 Print/PrintLine 写文件时，不管数据是什么类型，一律根据制表符边界对齐，所以有时也称“无格式打印输出”，如图 10.3 所示。

图 10.2　Write 写入的数据

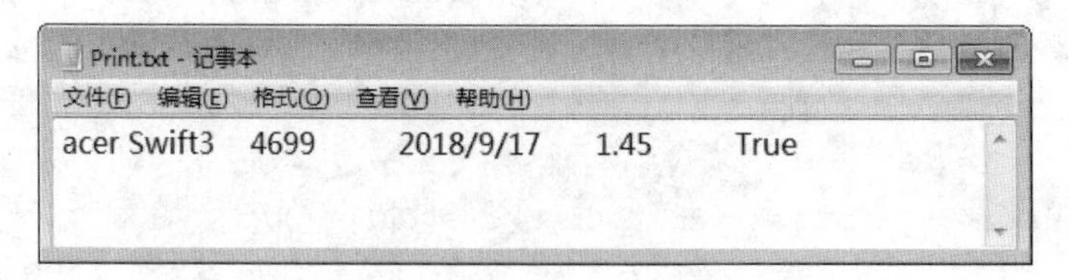

图 10.3　Print 写入的数据

以下分别说明以上四个过程的格式、参数含义及功能：

1）格式输出 Write/WriteLine

格式输出 Write/WriteLine 的函数格式如下：

```
Write(文件号,[输出列表])
```

```
WriteLine(文件号,[输出列表])
```

说明：

（1）文件号：表示要写入数据的文件号。

（2）输出列表：表示写入文件的一个或多个用逗号分隔的表达式，数据可使用 Visual Basic.NET 所支持的各种数据类型。

以上两个函数都可以将“输出列表”中的数据写入由文件号对应的文本文件中。WriteLine 与 Write 格式相同，功能上的区别在于：WriteLine 将数据写入文件后，会再写入回车换行符，即 Chr(13)和 Chr(10)。这两个函数写入的数据通常可用 Input 读取。

2）无格式输出

无格式输出 Print/PrintLine 的函数格式如下：

```
Print(文件号,[输出列表])
PrintLine(文件号,[输出列表])
```

说明：参数含义与上述 Write/WirteLine 的函数格式相同。

以上两个函数写入文件的数据将根据制表符边界对齐。PrintLine 与 Print 的唯一区别也在于前者会在写入数据后，自动插入回车换行符。这两个函数写入的数据可使用 LineInput 或 Input 读取。以下例子分别实现往文件号 1 和 2 中写入数据：

```
g=True : d=#9/17/2018#                    'g 是 Boolean 变量，d 是日期型变量
Write(1,"acer Swift3")                    '往文件号 1 写入字符串
Write(1,4699,1.45!)                       '往文件号 1 写入整数与浮点数据
WriteLine(1,g,d)                          '往文件号 1 写入布尔型数据与日期型数据并换行
Print(2," i5-8250U")                          '往文件号 2 写入字符串
PrintLine(2,"操作系统 Windows10 HOME")        '往文件号 2 写入字符串并换行
```

4. 读文件

文本文件的读操作可使用 Input()/LineInput()函数。前者表示从打开的文件中读取指定数据类型的数据内容；后者用于读取一行字符串（包括回车换行符）。

1）格式输入 Input()

格式输入 Input()函数的格式如下：

```
Input(文件号,变量)
```

说明：

（1）文件号：表示要读取数据的文件号（一般使用由 FileOpen 打开的文件号）。

（2）变量：用于保存从文件中读取的内容。该参数可以是 Visual Basic.NET 支持的基本数据类型，如 Boolean、Double、Integer、Single、String 等。Visual Basic.NET 根据不同数据类型对 Input()函数进行了重载。

函数从指定文件号关联的文本文件中，读取相应数据存放到指定的变量中。使用过程中，要注意参数“变量”与文件内容在“数据类型”与“逻辑含义”上的一致性。该函数通常用于读取由 Write()函数写入文件的内容。例如有以下数据写入与读出代码：

```
Write(1,"《Unity 5.X 从入门到精通》", " Unity Technologies ", 119, "中国铁道出版社
")
Dim bookName,author,publisher As String,price As Integer
```

```
Input(1,author) : Input(1,bookName) : Input(1,price) : Input(1,publisher)
```

由于写入数据的逻辑含义与数据类型分别为书名（字符串）、作者（字符串）、价格（浮点数）、出版社（字符串）；而读取时的变量分别表示作者、书名、价格与出版社，其中价格为整数类型。因此，作者与书名数据在逻辑含义上错位，价格则因为在数据类型上不一致而无法读取到小数位。

2）行读入 LineInput()

行读入 LineInput()函数的格式如下：

```
LineInput(文件号)
```

说明：文件号用于指定要读取数据的文件号。该函数从打开的顺序文件中读取一行字符。以下例子分别实现从文件号 1 和 2 中读取数据：

```
Dim p As Integer,n,s As String
Input(1,n)            '从文件号 1 读取字符串
Input(1,p)            '从文件号 1 读取整数
InputLine(2,s)   '从文件号 2 读取一行字符串
```

例题 10.1 顺序文件读写操作。单击窗体上的“写入”按钮，将表 10.3 所示的计算机信息写入 C:\computer.txt 文件；单击窗体上的“读出”按钮，将文件中的数据读出，并显示在列表框中，程序运行效果如图 10.4 所示。

表 10.3 计算机信息

型号/String	价格/Integer	生产日期/Date	重量/Float	独立显示/Boolean
Acer Swift3	4699	2018-09-17	1.45	是
HUAWEI MateBook	5188	2018-07-01	1.90	是
Lenovo YOGA720	5299	2018-05-11	1.25	否

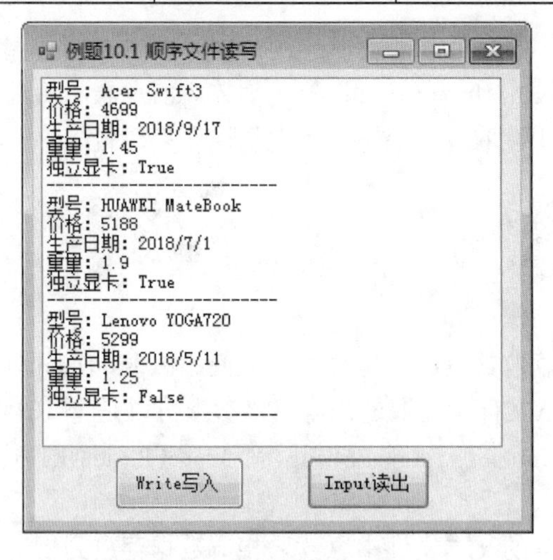

图 10.4 顺序文件格式读写

设计分析：在主窗体中添加一个列表框 ListBox1，ListBox1 用于显示从文件中读取的数据内容；Button1 和 Button2 分别用于“Write 写入”与“Input 读出”。在 Button1 的 Click 事件中，先用 FileOpen()打开文件（访问模式为 Output）；再用 Write()将数据有格式（分界符）地逐项写入文件；最后用 FileClose()关闭并保存文件。在 Button2 的 Click 事件中，先用 FileOpen()打开文

件（访问模式为 Input）；再用 Input()函数有格式地从文件中逐项读取数据，存入相应变量，并添加到列表框 ListBox1 中显示；最后关闭文件。

程序主要代码：

```
Private Sub Button1_Click(…) Handles Button1.Click          'Write 写入
    Dim fileNum,p As Integer,n As String,d As Date, w As Single,g As Boolean
    '变量 n、p、w、g、d 分别表示计算机信息的类型、价格、生产日期、重量、是否独立显卡
    n="Acer Swift3" : p=4699 : d=#9/17/2018# : w=1.45 : g=True
    fileNum=FreeFile()                                    '获取可以使用的文件号
    FileOpen(fileNum,"D:\computer.txt",OpenMode.Output)   '1.以写方式打开文件
    Write(fileNum,n,p,d,w,g)                             '2.将变量中的数据写入文件
    Write(fileNum,"HUAWEI MateBook",5188,#7/1/2018#,1.9,True)
                                                         '将常量数据写入文件
    Write(fileNum,"Lenovo YOGA720",5299,#5/11/2018#,1.25,False)
    FileClose(fileNum)                                    '3.关闭文件
    MsgBox("写文件成功！")
End Sub

Private Sub Button2_Click(…) Handles Button2.Click   'Input 读出
    Dim fileNum,p As Integer,n As String, d As Date,w As Single,g As Boolean
     n=""                                                 '用于读取计算机类型
     fileNum=FreeFile()                                   '获取可以使用的文件号
     FileOpen(fileNum,"D:\computer.txt",OpenMode.Input)  '1.以读方式打开文件
     Do While Not EOF(fileNum)                            '2.从文件中循环读取内容
        Input(fileNum,n) : ListBox1.Items.Add("型号: " & n) '读取字符串型数据
        Input(fileNum,p) : ListBox1.Items.Add("价格: " & p) '读取整型数据
        Input(fileNum,d) : ListBox1.Items.Add("生产日期: " & d) '读取日期型数据
        Input(fileNum,w) : ListBox1.Items.Add("重量: " & w)    '读取浮点型数据
        Input(fileNum,g) : ListBox1.Items.Add("独立显卡: " & g) '读取逻辑型数据
        ListBox1.Items.Add(StrDup(25,"-"))                '添加横线分隔记录
   Loop
   FileClose(fileNum)                                     '3.关闭文件
   MsgBox("读文件成功！")
End Sub
```

以上程序无论是写文件还是读文件，在注释中标注的序号都注明了访问文件的三个步骤：打开文件、读/写文件、关闭文件。

3）文件尾检测函数 EOF()

在连续读取文件的数据时，常常在循环条件中引入 EOF()函数来判断当前读指针的位置是否到达文件末尾。该函数的格式为：

```
EOF(文件号)
```

“文件号”是由 FileOpen()函数打开时关联文件的整数。该函数返回布尔型结果，用于表示“文件号”指定的文件指针是否到达文件的末尾。如果到文件末尾，则返回 True，否则返回 False。

10.2.3 随机文件访问

1. 打开文件

FileOpen()函数也可以打开随机文件。通常在使用该函数时，指定的访问模式为“随机”，并传递“记录长度”这一参数。具体格式如下：

```
FileOpen(文件号,文件名,访问模式,,,[记录长度])
```

各参数的含义如下：

- “文件号”与“文件名”参数同前。
- 访问模式：通常指定文件的访问模式为 OpenMode.Random。
- 记录长度：取值小于等于 32767。对于随机文件，该值表示记录长度；对于顺序文件，该值表示缓存的字符数（注：在介绍顺序文件时，没有强调该参数。因为一般情况下，通常使用默认缓存区大小）。
- “访问模式”与“记录长度”之间省略了两个参数，分别是“访问权限 Access”和“共享模式 Share”。有关这两个参数的详细介绍可以参考 MSDN。这里省略参数采用的是默认值，但相应逗号不能省略。

若文件打开成功，则可用相应的文件号对文件进行读/写访问；若打开失败，则会产生异常。

2. 关闭文件

随机文件的关闭操作同样使用 FileClose()函数，使用方法与顺序文件部分相同。

3. 写文件

随机文件的写操作可用 FilePut()函数完成，该函数格式如下所示：

```
FilePut(文件号,数据值 [,记录号])
```

各参数的含义如下：

- 文件号：要写入数据的文件号（一般使用由 FileOpen 打开的文件号）。
- 数据值：写入文件的记录数据，通常使用自定义结构类型的变量。
- 记录号：指定数据记录写入的位置。如果省略，则在最近一次文件读/写操作后或 Seek()函数指向的文件位置写入数据。

4. 读文件

随机文件的读操作可用 FileGet()函数完成，该函数格式如下所示：

```
FileGet(文件号,变量名 [,记录号])
```

各参数的含义如下：

- 文件号：要读取数据的文件号（一般使用由 FileOpen 打开的文件号）。
- 变量名：用于保存从文件读入数据的有效变量，通常使用自定义结构类型的变量。
- 记录号：指定读取数据记录的位置。

随机文件中的数据必须采用定长记录。由于每个记录的长度固定，系统就能快速计算出记录号对应的开始位置。数据记录由类似表 10.1 所示的栏目（也称域、字段）构成。

例题 10.2　随机文件读写操作。根据表 10.1 的数据，在窗体上逐条输入图书记录信息。单击“添加”按钮，将当前数据以固定长度记录方式写入“C:\BookInfo.dat”文件中。通过单击“读取”按钮，再将文件中的所有图书记录读出，并显示在下方的表格中。程序运行结果如图 10.5 所示。

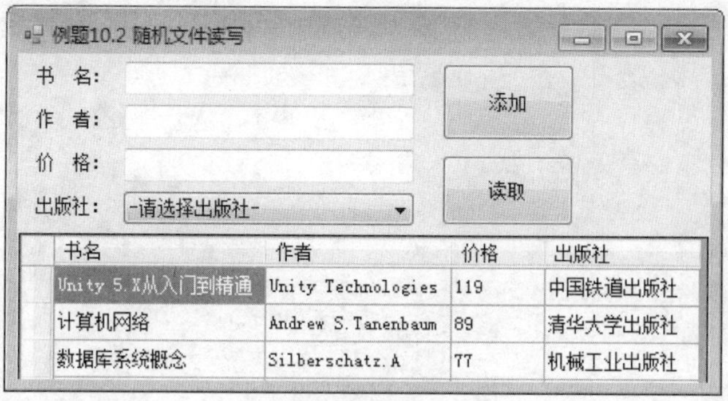

图 10.5　随机文件读写

设计分析：自定义结构类型 BookType 用于存放图书信息。它由 Name（书名）、Author（作者）、Price（价格）和 Press（出版社）成员组成。“价格”为整型（4 字节），其他成员为定长字符串（分别为 30、20、30 字节）。txtName、txtAuthor 和 txtPrice 文本框分别用于输入“书名”“作者”和“价格”信息；cbxPress 是下拉列表框控件（DropDownStyle=DropDownList），用于选择出版社；dgvBooks 是 DataGridView 控件，用于表格形式显示图书信息；btnWrite 是“添加”按钮，用于将输入的数据以“追加（Append）”形式添加到 BookInfo.dat 文件；btnRead 是“读取”按钮，用于读出随机文件中的固定长度记录，并显示在表格控件中。

程序主要代码：

```
Structure BookType                                   '自定义结构类型
    <VBFixedString(30)>Dim Name As String            '书名    字符串型  30 字节
    <VBFixedString(20)>Dim Author As String          '作者    字符串型  20 字节
    Dim Price As Integer                             '价格    整型
    <VBFixedString(30)>Dim Press As String           '出版社  字符串型  30 字节
End Structure
Private Sub Form1_Load(…) Handles MyBase.Load        '加载窗体初始化
    cbxPress.Items.Add("-请选择出版社-")              '加载出版社选项
    cbxPress.Items.Add("清华大学出版社")
    cbxPress.Items.Add("高等教育出版社")
    cbxPress.Items.Add("中国铁道出版社")
    cbxPress.Items.Add("机械工业出版社")
    cbxPress.Items.Add("人民邮电出版社")
    cbxPress.Items.Add("电子工业出版社")
    cbxPress.SelectedIndex=0
End Sub
Private Sub btnWrite_Click(…) Handles btnWrite.Click      '添加 Click 事件
    Dim book As BookType,fileNum As Integer,p As Integer
                                             '定义 book 为 BookType 类型
```

```
        book.Name=Trim(txtName.Text)        '将书名存入book结构的Name成员中
        book.Author=Trim(txtAuthor.Text)    '将作者存入book结构的Author成员中
        book.Price=Val(Trim(txtPrice.Text))     '将价格存入book结构的Price成员中
        book.Press=cbxPress.SelectedItem
                                            '将选择的出版社存入book结构的Press成员中
        fileNum=FreeFile()                  '获取可以使用的文件号
        FileOpen(fileNum,"D:\BookInfo.dat",OpenMode.Random,,,Len(book))
                                            '随机方式打开文件
        p=LOF(fileNum)/Len(book)
                              'LOF获取文件长度,Len获取单条记录长度,p是文件中记录数
        FilePut(fileNum,book,p+1)       '将book变量中的记录作为最后一条记录写入文件
        FileClose(fileNum)              '关闭文件
        MsgBox("第" & p+1 & "条记录添加成功！")
       txtName.Text=""  :  txtAuthor.Text=""  :  txtPrice.Text=""  :  cbxPress.
SelectedIndex=0
    End Sub
    Private Sub btnRead_Click(…) Handles btnRead.Click    '******读取Click事件
        Dim book As BookType,fileNum As Integer, n As Integer, i As Integer, t%
        fileNum=FreeFile()              '获取可以使用的文件号
        FileOpen(fileNum,"D:\BookInfo.dat",OpenMode.Random,,,Len(book))
                                  '随机方式打开文件
        n=LOF(fileNum)/Len(book)  '计算当前文件中定长记录条数: n=文件长度/记录长度
        dgvBooks.Rows.Clear()           '清空DataGridView中已显示的内容（记录行）
        For i=1 To n                '记录数遍历: 从文件中读取所有记录并显示
            FileGet(fileNum,book, i)   'FileGet读取第i条记录,并存入book结构变量
            t=dgvBooks.Rows.Add()  'DataGridView网格添加一行,t为行标索引
            dgvBooks.Rows.Item(t).Cells(0).Value=Trim(book.Name)
                                        '网格t行0列显示书名
            dgvBooks.Rows.Item(t).Cells(1).Value=Trim(book.Author)
                                        '网格t行1列显示作者
            dgvBooks.Rows.Item(t).Cells(2).Value=Trim(book.Price)
                                        '网格t行2列显示价格
            dgvBooks.Rows.Item(t).Cells(3).Value=Trim(book.Press)
                                        '网格t行3列显示出版社
        Next i
        FileClose(fileNum)              '关闭文件
        MsgBox("共有" & n & "条记录成功读出！")
    End Sub
```

例题中的记录长度由 BookType 结构类型的成员类型决定，计算可得每条记录的长度为 84 字节（30+20+4+30）。如果随机文件包含 3 条记录时，BookInfo.dat 文件会占用 252 字节（84×3）存储空间。

虽然使用定长记录会浪费一定的存储空间（如第 3 条记录的作者信息“Microsoft”长度为 9 字节，而定长记录分配的是 20 字节的字符串），但以此换来记录长度、数量、位置的可计算性，

使得对文件的“快速访问”和“随机访问”变为可能。

随机文件中的记录数量可通过“文件长度/记录长度”得出。文件长度可用“LOF(文件号)”函数计算（返回 Long 类型表示的文件长度）；记录长度可用“Len（结构类型变量）”函数计算。记录的读/写可使用 FileGet()和 FilePut()函数实现。

10.2.4　二进制文件访问

1. 打开/关闭文件

可以使用 FileOpen()函数打开二进制文件，但需要将访问模式指定为 OpenMode.Binary。关闭操作同样使用 FileClose()函数，使用方法同前。

2. 读/写文件

二进制文件的读写也用 FileGet()和 FilePut()函数实现。只是二进制文件通常是以“字节”为访问单位，而随机文件是以“记录”为访问单位的。二进制文件的读/写格式如下：

```
FileGet(文件号,变量 )
FilePut(文件号,数据 )
```

FileGet()函数从“文件号”关联的文件开头位置开始，每次读 1 个字节的数据存入“变量（通常是 Byte 字节类型变量）”；FilePut()函数向“文件号”关联的文件每次写 1 个字节的数据。

例题 10.3　二进制文件读写操作。单击“位图反相”按钮，以字节为单位读取位于应用程序目录中的“"D:\Tomato1.bmp”图像文件。位图文件 bmp 结构如图 10.6 所示。必须先定位找到图像文件的像素数据区位置（由第 11 到第 14 的四个逆向字节计算而得）；然后将数据区中的每个字节用 255 相减（即图像的反相操作），并写入“"D:\Tomato2.bmp”文件；最后将原图与反相效果图显示在各自的图片框中。程序运行结果如图 10.7 所示。

设计分析：PictureBox1 和 PictureBox2 分别用于显示原图和反相后的效果图。Button1 是“位图反相”命令。bmp 位图文件的结构是由文件头、信息头、调色板和像素数据等部分组成（见图 10.6）。其中文件头的第 11 到第 14 四个字节表示像素数据的开始位置。要对像素数据进行“反相”操作，首先需要知道数据区的开始位置，然后对数据区读到的每个字节用 255 相减后写入新文件（反相）。假设一个 bmp 文件的第 11 到第 14 这四个字节取值分别为 36、04、00、00（十六进制表示），则像素数据的起始位置（逆向存放）是 00000436H=1078（36H=54，所以 4*256+54=1078）。将第 1 078 个字节开始的位置读取到的值（以 b 表示），用 255-b 后写入新文件即可。

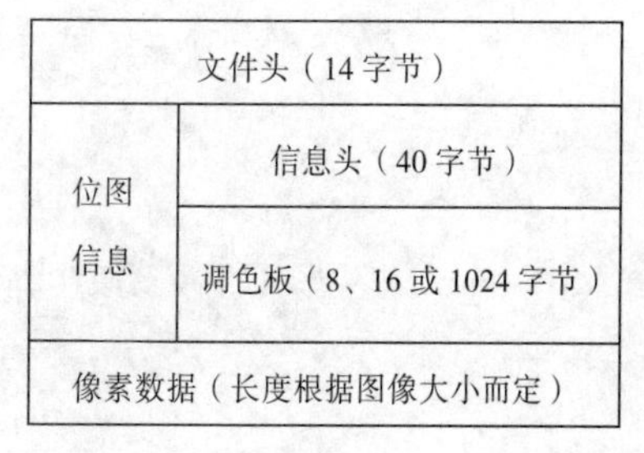

图 10.6　位图文件 bmp 格式

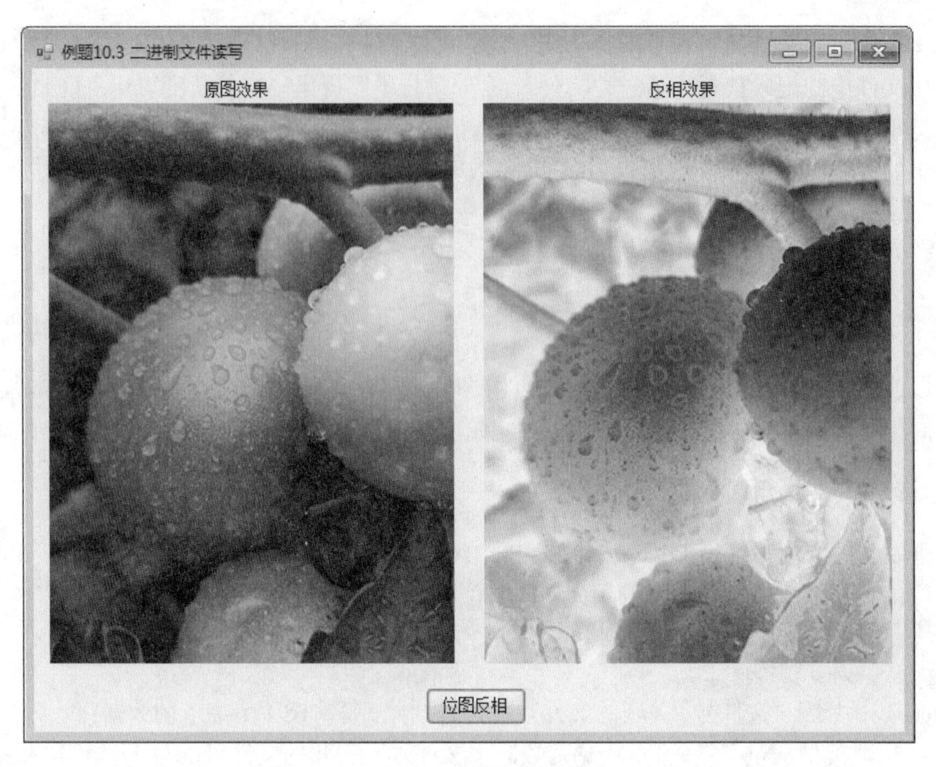

图 10.7 二进制文件的读写

程序主要代码：

```
Private Sub Button1_Click(…) Handles Button1.Click          '位图反相
    Dim fileNum1,fileNum2 As Integer,b As Byte,i,offset As Integer
    fileNum1=FreeFile()              '获取可以使用的原图文件号
    FileOpen(fileNum1,"D:\Tomato1.bmp",OpenMode.Binary)
                                     '以二进制方式打开"D:\Tomato1.bmp 文件
    fileNum2=FreeFile()              '获取可以使用的反相图文件号
    FileOpen(fileNum2,""D:\Tomato2.bmp",OpenMode.Binary)
                                     '以二进制方式打开"D:\Tomato2.bmp 文件
    i=0 : offset=0                   'i 表示当前读取的位置，offset 表示数据区所在的位置
    Do While Not EOF(fileNum1)       '逐字节循环读取原图文件直到末尾
        FileGet(fileNum1,b)          '读取一个字节存放到变量 b 中
        i=i+1                        '计数器 i：当前读取位置（已读取字节数）加 1
        If i>=11 And i<=14 Then      '如果已读数据进入第 11 到第 14 字节
            offset+=b * 256^(i-11)
                                     '计算数据区位置（由低到高位计算 4 字节的十进制数）
        End If
        If i>14 And i>=offset Then       '如果读取的是像素数据区的内容
            b=255-b                      '反相操作
        End If
        FilePut(fileNum2,b)              '写入"D:\Tomato2.bmp 文件
    Loop
```

```
    FileClose(fileNum1)                       '关闭原图文件
    FileClose(fileNum2)                       '关闭反相图文件
    PictureBox1.Image=Image.FromFile(""D:\Tomato1.bmp")
                                              '将原图显示在图片框 1 中
    PictureBox2.Image=Image.FromFile(""D:\Tomato2.bmp")
                                              '将反相图显示在图片框 2 中
End Sub
```

若用 i 表示字节位置，b 表示读取的字节值（十进制），则第 11 到第 14 字节数据逆向按权展开可表示为 b*256^(i–11)的十进制累加（本例是 54+4×256）。通过循环累加即可计算出像素数据区所在的位置。

若用 offset 表示像素数据区的起始位置（即从文件开头计数的第几个字节），则判断 i 所指位置是否为像素数据区，条件应设置为 i > 14 And i >= offset。因为 offset 初始值为 0，要当 i 达到 14 后才能计算出 offset 的值。条件中的 i > 14 避免了对位图文件头的反相操作。

10.3 System.IO 访问方式

“直接文件访问”可看作是 Visual Basic.NET 对 Visual Basic 以前版本文件访问方式的“兼容”。此外，Visual Basic.NET 还可通过 Imports System.IO 引入 System.IO 命名空间，提供高效的访问文件方法。该命名空间包含了文件和数据流的读写类型，以及基本文件和目录支持的数据类型。

1. Directory 类与 DirectoryInfo 类

Directory 和 DirectoryInfo 类主要用于目录（文件夹）的操作。这两个类包含了创建、删除、移动、遍历目录的多种方法。两者的主要区别在于：Directory 类提供的方法都是“静态”的，因此无需建立对象，可以直接使用这些方法完成对目录的操作；DirectoryInfo 类中的方法是“实例化”的，因此需要先用该类创建对象后才能调用。由此可见，如果只想执行一次操作，那么使用 Directory 方法的效率比使用 DirectoryInfo 的实例方法更高。相反，如果要多次重用某个对象，则可考虑使用 DirectoryInfo 的实例方法。因为 DirectoryInfo 并不总是需要安全检查，而 Directory 类的静态方法对所有方法都执行安全检查，这会影响效率。

Directory 类的常用方法有 CreateDirectory、Delete、Exists、GetCurrentDirectory、GetFiles、Move 等，它们分别用于创建目录、删除空目录、判断目录是否存在。获取应用程序的当前工作目录、返回指定目录中文件的名称、将文件或目录及其内容移到新位置。

DirectoryInfo 类的常用属性有 CreationTime、Exists 等，它们分别用于获取或设置当前目录的创建时间、判断指定目录是否存在。常用方法有 Create、Delete、GetDirectories、GetFiles 等，它们分别用于创建目录、删除目录、返回当前目录下的下一级子目录、返回当前目录的文件列表。

2. File 类与 FileInfo 类

File 和 FileInfo 类主要用于文件的操作。这两个类包含了创建、复制、删除、移动和打开文件的多种方法，并且可协助创建 FileStream 对象。File 类提供的是“静态方法”；FileInfo 类则提供的是属性和实例方法。

File 类的常用方法有 AppendAllText、Copy、Create、Exists、GetCreationTime、GetLastWriteTime、Move、Open、ReadAllLines、Replace、WriteAllLines 等。FileInfo 类也有类似的属性和方法用于实现文件操作的功能。

例题 10.4 将指定文件夹（不包括子文件夹）下的文本文件（扩展名为.txt）复制到应用程序所在文件夹的 txtFiles 子文件夹下（如果该文件夹不存在则先建立该文件夹，如果已存在，则先删除该文件夹下的所有文件）。单击“...”按钮，弹出浏览搜索文件夹对话框，指定复制源文件所在的文件夹，确认后会显示在文本框（只读）中；再单击“复制文件”按钮，指定文件夹下的 txt 文件就会全部复制到当前应用程序所在目录下的 txtFiles 子文件夹下。程序运行结果如图 10.8 所示。

图 10.8 复制指定文件夹下的文件

设计分析：txtSrcPath 文本框用于显示源文件所在的全路径（ReadOnly）；dlgSelectFold 是 FolderBrowserDialog 控件，用于浏览打开指定文件夹；btnSelectFold 是“...”按钮；btnCopyFile 是“复制文件”按钮。dlgSelectFold.ShowDialog 方法可打开文件夹浏览对话框选择目录。可用 Directory 类的 Exists 方法检测 txtSrcPath 所指定的目录是否存在。如果存在，可用 Directory 类的 GetCurrentDirectory 方法获得当前应用程序所在的目录，并用 Directory 类的 CreateDirectory 方法创建 txtFiles 子目录；然后，通过 Directory 类的 GetFiles 方法获取所选文件夹下的所有文本文件，通过 File 类的 Copy 方法将文件逐个复制到 txtFiles 目录下。

程序主要代码：

```
Imports System.IO
Public Class Form1
    Private Sub btnSelectFold_Click(…) Handles btnSelectFold.Click
                                                    '****浏览搜索文件夹
        If dlgSelectFold.ShowDialog()=Windows.Forms.DialogResult.OK Then
                                                    '打开文件夹对话框
            txtSrcPath.Text=dlgSelectFold.SelectedPath
                                                    '单击“确定”按钮，显示源文件夹路径
        End If
    End Sub
    Private Sub btnCopyFile_Click(…) Handles btnCopyFile.Click    '****复制文件
        Dim curDir As String,newDir As String,files() As String,i As Integer
        If Directory.Exists(txtSrcPath.Text)=True Then
                                                    '如果已选择文件夹路径存在的话
            files=Directory.GetFiles(txtSrcPath.Text, "*.txt")
                                                    '搜索该文件夹下的所有 txt 文件
```

```
        curDir=Directory.GetCurrentDirectory()
                                          '获取当前应用程序所在的文件夹
        newDir=curDir & "\txtFiles"          'txtFiles 作为目标路径子文件夹
        If Directory.Exists(newDir)=True Then '如果 txtFiles 已经存在
           Directory.Delete(newDir,True)       '则删除该文件夹及其下所有内容
        End If
        Directory.CreateDirectory(newDir)           '重新创建 txtFiles 子文件夹
        For i=0 To files.Length-1
                                       '将搜索到的 txt 文件逐个复制到 txtFiles 文件夹下
           Dim info As New FileInfo(files(i))
                                       '根据源文件名 files 创建 FileInfo 对象 info
           File.Copy(files(i),newDir & "\" & info.Name, True) '执行复制操作
        Next i
        MsgBox(files.Length & "个文件复制成功！")
     End If
   End Sub
End Class
```

3. FileStream 类

流（Stream）是 Visual Basic.NET 中文件操作的一个重要概念。使用流的原因在于程序数据来源的多样性（它可以是文件、内存缓冲区、网络等）。流技术使得应用程序能够基于一种统一的编程模型来获取各种数据。可以把流当作一种通道，程序的数据沿着这个通道“流”到各种数据存储空间（可以是文件、字符串、数组，也可以是其他形式的流）。

FileStream 是以字节流的方式对文件进行访问。

例题 10.5　改写例题 10.3 的程序，用 FileStream 类完成图像文件的“反相”操作。

程序代码：

```
Dim fs1 As New FileStream("Bamboo1.bmp",FileMode.Open,FileAccess.Read)
                                       '可读文件流
Dim fs2 As New FileStream("Bamboo2.bmp",FileMode.Create,FileAccess. Write)
                                       '可写文件流
Dim b,i,offset As Integer
b=fs1.ReadByte()                       '从 fs1 流对象中读取一个字节
i=0                                    'i 用于计数已读取到的字节,初始值为 0
Do While b<>-1                         '如果读取值为-1,表示已到达流末尾
   i=i+1                               '已读字节计数器
   If i>=11 And i<=14 Then             '如果已读数据是第 11 到第 14 字节
      offset=offset+b * 256^(i-11)     '计算像素数据区位置
   End If
   If i>14 And i>=offset Then               '如果读取的是像素数据区的内容
      b=255-b                               '反相操作
   End If
   fs2.WriteByte(b)                             '新字节写入 fs2 流对象
```

```
    b=fs1.ReadByte()                                '从流对象中读取下一个字节
Loop
fs1.Close()                                         '关闭文件流 fs1，释放与文件的关联
fs2.Close()                                         '关闭文件流 fs2，释放与文件的关联
PictureBox1.Image=Image.FromFile("Bamboo1.bmp")  '将原图显示在图片框中
PictureBox2.Image=Image.FromFile("Bamboo2.bmp")  '将反相图显示在图片框中
```

例题 10.5 的运行速度明显比例题 10.3 快许多。显然“文件流”方式对文件的访问操作速度要快于“运行时函数直接访问文件”的方法。当图像文件比较大时，两者区别尤为明显。

由于 FileStream 类是字节流，用 ReadByte 方法读取的是一个字节。而中文字符是多字节的（长度根据不同的编码而不同），因此逐字节读取并用 Chr 转换成字符后，将无法显示中文效果。我们经常使用 FileStream 来创建关联文件的流对象并将该流作为参数传递给其他文件操作对象（如 StreamReader、StreamWriter、BinaryReader 和 BinaryWriter 等）。

4. StreamReader 类和 StreamWriter 类

StreamReader 和 StreamWriter 类用于实现对文本文件的操作。前者用于读取数据；后者用于写入数据。使用时需要先进行实例化，即用类创建对象后，才能调用其中的属性与方法。两个类重载了多种构造函数，使用时可根据具体需求进行选择。有关类的详细信息可参考 MSDN。以下通过例子说明这两个类在读/写文件时的使用方法。

例题 10.6 用 StreamReader 和 StreamWriter 类从 C:\Anny.txt 文件中读出所有内容，并保存到新建的 C:\Anny_copy.txt 文件中。程序运行效果如图 10.9 所示。

图 10.9　复制文件并显示文件内容

设计分析：在窗体中添加一个文本框，设置名称为 txtDispFile、MultiLine 为 True。用于显示读取的文件内容。添加一个按钮，设置名称为 txtDispFile，在单击事件中完成程序功能，即逐行读取文件内容并写入到新文件。

程序主要代码：

```
Private Sub btnCopyFile_Click(…) Handles btnCopyFile.Click
    Dim s As String
    Dim fRead As New StreamReader("C:\Anny.txt",System.Text.Encoding.Default)
                                                    '以默认编码打开文件
    Dim  fWrite  As  New  StreamWriter("C:\Anny_copy.txt",False,System.Text.
Encoding.Default)                                   '以默认编码新建 C:\Anny_copy.txt
    Do While fRead.Peek() <> -1 '调用 Peek 方法返回一个整数值以便判断是否到达文件末尾
        s=fRead.ReadLine            '从流中读取一行字符到变量 s
        fWrite.WriteLine(s)         '将读取到的字符写入 StreamWriter 流对象
```

```
        txtDispFile.Text+=s & vbCrLf
                                        '文本框中显示内容,用于验证.vbCrLf 表示回车并换行
    Loop
    fRead.Close()                                          '关闭 StreamReader 对象
    fWrite.Close()                                         '关闭 StreamWriter 对象
End Sub
```

说明：文本文件可能会采用不同的编码，如 ASCII、UTF-8 等。在用 StreamReader 类打开文件时，构造函数中可指定编码类型。本例代码中用了 System.Text.Encoding.Default，即当前系统默认的编码。如果编码不兼容，则会出现“显示乱码”现象。通过创建 StreamReader 对象 fRead，将输入流与 C:\Anny.txt 文件关联，从该流中读取数据，即从文件中读取数据。通过 ReadLine 方法逐行读取数据，并写入 StreamWriter 流对象 fWrite。当关闭 fWrite 时，会将缓冲区的内容写入关联的文件 C:\Anny_copy.txt。

5. BinaryReader 类和 BinaryWriter 类

BinaryReader 和 BinaryWriter 类是用于对二进制文件进行读写的。使用时同样需要先进行实例化，再调用其中的属性与方法。有关类的详细信息可参考 MSDN。以下通过例子说明这两个类在读/写二进制文件时的使用方法。

例题 10.7　将产生的十个 10～100 的随机数写入二进制文件 binary.dat，读取奇数编号的整数并显示出来。运行界面如图 10.10 和图 10.11 所示。

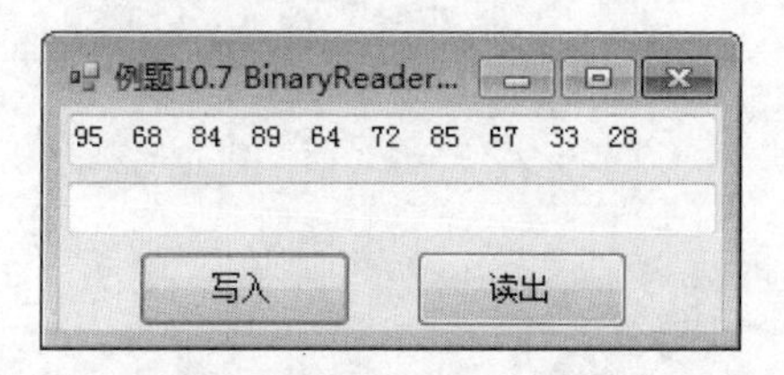

图 10.10　将随机数写入文件

图 10.11　从文件读取奇数编号的随机数

设计分析：从 MSDN 帮助文档可知，BinaryWriter 重载了三个构造函数，格式分别为：

（1）BinaryWriter()：初始化向流中写入的 BinaryWriter 对象。

（2）BinaryWriter(Stream)：根据提供的流，用 UTF-8 作为字符编码初始化对象。

（3）BinaryWriter(Stream, Encoding)：根据提供的流和指定字符编码初始化对象。

由此可得，可先用 FileStream 类创建一个关联二进制文件 binary.dat 的文件流对象，并将该对象作为参数传递给 BinaryWriter 构造函数（第二和第三种构造函数均有 Stream 参数）。此外，BinaryWriter 重载了十多个 Write()方法，用于向流中写入各种数据类型的值。当调用流对象的 Flush()或 Close()方法时，数据会保存到文件中。

读取数据时，可用 BinaryReader 类，该类的构造函数有：

（1）BinaryReader(Stream)：根据提供的流，用 UTF-8 作为字符编码初始化对象。

（2）BinaryReader(Stream, Encoding)：根据提供的流和指定字符编码初始化对象。

可以用读方式打开文件，并将创建的文件流对象作为参数传递给 BinaryReader 构造函数。通过 BinaryReader 的 ReadInt32()方法读取 32 位（4 字节）整数，并用 BaseStream.Seek 方法设置流的读取位置，每次跳过 4 字节，即可读取文件中奇数编号的整数。

在窗体上添加两个文本框：txtBox1 和 txtBox2，分别用于显示产生的随机数和从文件中读取到的整数。添加两个按钮：btnWrite（写入）和 btnRead（读出），分别用于将产生的随机数写入 binary.dat 文件和从 binary.dat 文件中读取奇数编号的整数。

程序主要代码：

```
    Private Sub btnWrite_Click(…) Handles btnWrite.Click
    Dim i As Integer,t As Integer
    ' 为 C:\binary.dat 创建可写文件流对象,如果文件不存在,则创建该文件
    Dim fStream As New FileStream("C:\binary.dat",FileMode.OpenOrCreate, FileAccess.
Write)
    '用已创建的文件流对象创建 BinaryWriter 对象(二进制数据写入器)
    Dim fWrite As New BinaryWriter(fStream)
    Randomize()                                      '初始化随机数生成器
    For i=1 To 10
        t=10+Int(Rnd() * 91)                         '产生 10~100 随机数
        TextBox1.Text+=CStr(t)+" "                   '随机数显示在文本框中
        fWrite.Write(t)                              '随机数写入文件流
    Next i
    fWrite.Close()                                   '关闭二进制数据写入器
    fStream.Close()                                  '关闭文件流对象
    End Sub
    Private Sub btnRead_Click(…) Handles btnRead.Click
    Dim i As Integer,t As Integer
    Dim fStream As New FileStream("C:\binary.dat",FileMode.Open, FileAccess.Read)
                                                 '可读文件流
    Dim fRead As New BinaryReader(fStream)       '为打开的文件流对象创建 BinaryReader 对象
    For i=1 To 5                                 '循环五次,每次读取奇数号整数
        t=fRead.ReadInt32()                      '从二进制读取流对象中读取整数(4 字节,32 位)
        TextBox2.Text+=CStr(t)+" "               '读取的整数显示在文本框中
        fRead.BaseStream.Seek(Len(t),SeekOrigin.Current)  '设置下一次读取的位置
    Next i
    fRead.Close()                                '关闭二进制数据读取器
    fStream.Close()                              '关闭文件流对象
    End Sub
```

说明：BaseStream 是 BinaryReader 的属性，类属性是 Stream 类对象，其中 Seek()方法用于设置当前流中的位置。需要指出的是，流中的读取位置会根据每次读取的数据量发生相应长度的偏移。因此，如果以顺序方式读取全部数据，可不用 Seek 进行定位。但是这个例题是要读取

奇数编号的数据，所以当读取第一个整数后(当前流的位置已自动偏移到第二个整数所在有位置)，还要跳过一个整数长度的位置，这样才能读取第三个整数，依次类推即可读取奇数编号的整数。Seek()方法的两个参数分别表示流字节偏移量，偏移参考点。Seek(Len(t), SeekOrigin.Current)表示以当前流位置为参考点，偏移长度为整型变量 t 所占的空间大小。

10.4　My.Computer.FileSystem 访问方式

Visual Basic.NET 的 My 命名空间提供了一些能轻松使用.NET Framework 强大功能的属性和方法。使用该命名空间可以简化常见编程问题，甚至可将一个困难的任务简化为一行代码。Computer 是 My 空间提供的一个重要成员，该对象主要用于访问主机资源、数据和服务，并提供了用于操作计算机组件（如音频、时钟、键盘、文件系统等）的若干属性。其中 FileSystem 对象提供用于处理文件系统（包括驱动器、文件和目录）的属性和方法。使用 My.Computer.FileSystem 可以方便地对当前主机的文件系统进行操作。该类的常用属性有 CurrentDirectory、Drives 等，分别用于获取当前目录、返回描述系统驱动器的 DriveInfo 对象集合等。常用的方法有 CopyDirectory、CopyFile、CreateDirectory、DeleteDirectory、DeleteFile、DirectoryExists、FileExists、GetDirectories、GetDirectoryInfo、GetDriveInfo、GetFileInfo、GetFiles、GetParentPath、MoveDirectory、MoveFile、RenameDirectory、RenameFile 等。除此之外，My.Computer.FileSystem 还提供了用于文本文件和二进制文件读写的各种方法，感兴趣的读者可以参考 MSDN 中关于该对象成员的介绍。以下通过实例 10.8 来体会 My.Computer.FileSystem 对文件处理的强大功能。

例题 10.8　用 My.Computer.FileSystem 制作一个图像浏览器：用户可以先从下拉列表中选择一个驱动器，在列表框中显示该驱动器下的所有目录（文件夹）；双击某一目录，能在列表框中列出该目录下的所有子目录，在另一个列表框中列出所有扩展名为.jpg 的图像文件；双击某一 jpg 的图像文件，可在右边的图片框中显示该图像。以选择 C 盘为例，双击 flower 目录，列表框中分别列出了该目录下的所有子目录和 JPG 文件；双击 C:\flower\6.jpg 后的效果如图 10.12 所示。

图 10.12　图像浏览器运行效果

设计分析：

（1）根据程序界面效果，可以先在窗体中添加一个 ComboBox 控件（名称为 cbxDrivers）、PictureBox 控件（名称为 PictureBox1）和两个 ListBox 控件（名称为 lbxDirs 和 lbxPics，分别用于显示目录与图像文件）。

（2）在窗体的 Load 事件中，可以通过使用 My.Computer.FileSystem.Drives 对象加载本地计算机中的所有驱动器到下拉列表 cbxDrivers。

（3）由于选择驱动器时就能列出该驱动器下的所有目录，所以在下拉列表的 SelectedIndexChanged 事件中，可以使用 My.Computer.FileSystem 的 GetDirectories 和 GetFiles 方法获取已选驱动器下的所有子目录和 JPG 文件，并分别加载到 lbxDirs 和 lbxPics 中。

（4）由于双击能打开某一目录，并显示该目录下的子目录和 JPG 文件，所以在列表框 lbxDirs 的 DoubleClick 事件中，同样使用 My.Computer.FileSystem 的 GetDirectories()和 GetFiles()方法获取被双击的目录下的子目录和 JPG 文件，并分别加载到两个列表框中。

（5）可以在 lbxPics 列表框的 DoubleClick 事件中，用 Image.FromFile 方法，把选择的 JPG 文件显示在图片框控件中。

程序代码：

```
    Private Sub Form1_Load(…) Handles MyBase.Load              '窗体加载
        Dim info As System.IO.DriveInfo,i As Integer
        For i=0 To My.Computer.FileSystem.Drives.Count - 1  '循环遍历每项驱动器信息
            info=My.Computer.FileSystem.Drives.Item(i)
                                                   '从 Drivers 对象中提取每个驱动器信息
            cbxDrivers.Items.Add(info.Name)        '将驱动器名称加载到下拉列表
        Next i
    End Sub
    Private Sub lbxPics_DoubleClick(…) Handles lbxPics.DoubleClick
                                                   '***** 双击图像列表框
        PictureBox1.Image=Image.FromFile(lbxPics.SelectedItem.ToString)
                                                   '将图像显示在图片框中
    End Sub
    Private Sub cbxDrivers_SelectedIndexChanged(…) Handles cbxDrivers. Selected-
IndexChanged
        Try                             '从下拉列表选择某一驱动器时执行以下代码
            lbxDirs.Items.Clear()       '先清空两个列表框中的内容
            lbxPics.Items.Clear()
            For Each dir As String In My.Computer.FileSystem.GetDirectories
(cbxDrivers.Text,FileIO.SearchOption.SearchTopLevelOnly)
                lbxDirs.Items.Add(dir) '将该驱动器下的所有子文件夹加载到 lbxDirs 列表框
            Next
            For Each picFile As String In My.Computer.FileSystem.GetFiles
(cbxDrivers.Text,FileIO.SearchOption.SearchTopLevelOnly,"*.jpg")
                lbxPics.Items.Add(picFile)
                                '将该驱动器下的所有 jpg 文件加载到 lbxPics 列表框
            Next
        Catch ex As System.Exception '如有异常，在此捕获，但不做处理
        End Try
    End Sub
```

```
    Private Sub lbxDirs_DoubleClick(…) Handles lbxDirs.DoubleClick
                                                    '双击选中某一目录时执行的代码
        Dim curDir As String
        curDir=lbxDirs.SelectedItem.ToString()      '将选中的目录名称保存到 curDir 变量中
        lbxDirs.Items.Clear()                       '先清空两个列表框中的内容
        lbxPics.Items.Clear()
        For Each dir As String In My.Computer.FileSystem.GetDirectories(curDir,
FileIO.SearchOption.SearchTopLevelOnly)             '循环遍历该目录下的所有子目录
            lbxDirs.Items.Add(dir)                  '加载子目录名称到 lbxDirs 列表框
        Next
        For Each picFile As String In My.Computer.FileSystem.GetFiles(curDir,
FileIO.SearchOption.SearchTopLevelOnly, "*.jpg")  '循环遍历该目录下的所有文件
            lbxPics.Items.Add(picFile)
                                                '加载该目录下的 jpg 文件到 lbxPics 列表框
        Next
    End Sub
```

课后习题

一、单选题

（1）以下用于获取文件大小的 VB 函数是________。

A．EOF()　　B．LOC()

C．LOF()　　D．FreeFile()

（2）以下能判断是否到达文件尾的函数是________。

A．EOF()　　B．LOC()

C．LOF()　　D．BOF()

（3）执行语句 FileOpen(1,"D:\Test.dat",OpenMode.Random,,,100) 后，对文件 Test.dat 中的数据能够执行的操作是________。

A．只能写，不能读　　B．只能读，不能写

C．既可读，又可写　　D．不能读，不能写

（4）若有语句 FileOpen(1, "D:\Test.dat", OpenMode.Output)，则以下错误的叙述是________。

A．该语句打开 D 盘根目录下一个已存在的文件 Test.dat

B．该语句在 D 盘根目录下建立一个名为 Test.dat 的文件

C．该语句建立的文件的文件号为 1

D．执行该语句后，就可以通过 Print()函数向文件 Test.dat 中写入数据

（5）为了把一个记录型变量的内容写入文件中指定的位置，所使用的语句为________。

A．FileGet(文件号，记录号，变量名)

B．FileGet(文件号，变量名，记录号)

C．FilePut(文件号，变量名，记录号)

D．FilePut(文件号，记录号，变量名)

（6）以下叙述中正确的是________。

A．一个记录中所包含的各个元素的数据类型必须相同

B．随机文件中每个记录的长度是固定的

C．FileOpen()函数的作用是打开一个已经存在的文件

D．使用 Input()函数可以从随机文件中读取数据

（7）以下关于文件的叙述中，错误的是________。

A．顺序文件中的记录一个接一个地顺序存放

B．随机文件中记录的长度是随机的

C．若成功打开文件后，会建立文件号与文件的关联

D．LOF()函数返回文件的字节数

二、填空题

（1）操作系统以________为单位对数据进行管理。

（2）程序设计中，对文件的访问一般遵循三个步骤，分别是________、________和________。

（3）Visual Basic .NET 提供的对数据文件的三种访问方式为顺序访问方式、________访问方式和________访问方式。

（4）文件访问模式 OpenMode 的枚举值 Input、Output、Append 分别表示以________、________和________方式打开文件。

三、写表达式

（1）获取当前系统可用的文件号，并保存在 fn 变量中。

（2）以读方式打开 C:\data.txt 文件，并用变量 fn 表示文件号。

四、程序填空

（1）以下程序的功能是：把 D 盘 data.txt 文件中内容读取出来，并显示在文本框 TextBox1 中。请将以下程序补充完整，使之运行正常。

```
Private Sub Button1_Click(…) Handles Button2.Click
   Dim n As Integer,s As String
   n=FreeFile()
   TextBox1.Text=""
   FileOpen(n,"d:\data.txt",OpenMode. __________)
   Do While Not __________
      s=LineInput(__________)
      TextBox1.Text &= s & vbCrLf
   Loop
   FileClose(n)
End Sub
```

（2）以下程序的功能是：单击“读取图书信息”按钮读取 D:\books.txt 文件中的数据（见图 10.13），找出高价格书名、最高价格和图书数量。将程序补充完整，使之运行正常（见图 10.14）。

图 10.13　books.txt 文件

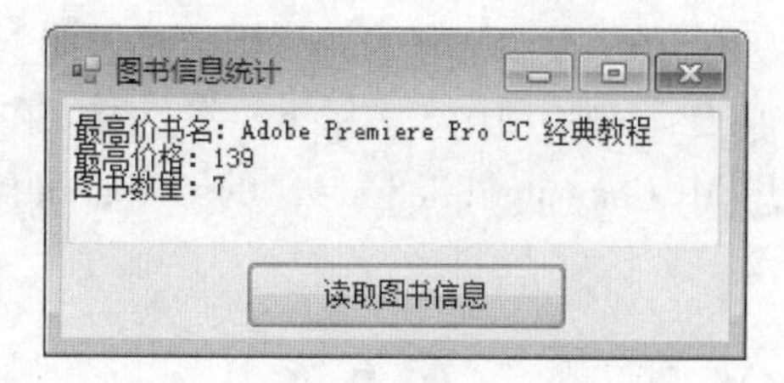

图 10.14　图书信息统计

```
Private Sub Button1_Click(…) Handles Button1.Click
    Dim fn%,bookName$,price%,maxBookName$,maxPrice%,n%
    n=0
    fn=__________ ()
    FileOpen(fn,"D:\books.txt",OpenMode.Input)
    Do While Not EOF(__________)
        Input(fn,bookName)
        Input(fn,__________)
        If __________ Then
            maxBookName=bookName
            maxPrice=price
        End If
        __________
    Loop
    FileClose(fn)
    TextBox1.Text &= "最高价书名：" & maxBookName & vbCrLf
    TextBox1.Text &= "最高价格：" & maxPrice & vbCrLf
    TextBox1.Text &= "图书数量：" & __________
End Sub
```

五、编程题

（1）用 StreamReader 和 StreamWriter 类改写“例题 10.2 随机文件访问”的程序；并思考能否用 BinaryReader 和 BinaryWriter 类实现，如果能，请编程实现。

（2）读取 score.txt（文件格式如图 10.15 所示）文件中的学生成绩，将学生信息根据成绩从高到低排序，并将排序的结果保存到 C:\sort.txt 文件。并根据 A（90～100）、B（80～89）、C（70～79）、D（60～69）、E（0～59）的统计规则画出图 10.16 所示的柱状图。

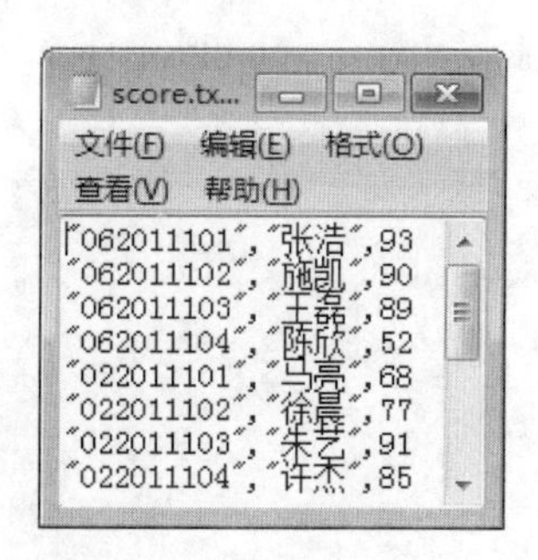

图 10.15　score.txt 文件格式

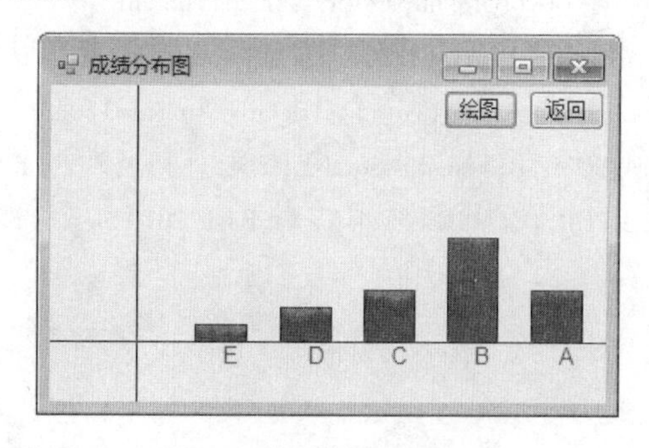

图 10.16　成绩分布图

（3）完善例题 10.8 的程序效果：目前该程序存在“当双击打开某一目录后，能显示该目录下的所有 JPG 文件和子目录，但无法返回上一级目录”。请完成这一功能（提示：在 lbxDirs 中添加“..”列表项用于表示上一级目录，在双击目录列表项时判断是否选择该选项，如果是，则可用 My.Computer.FileSystem 的 GetParentPath 方法取得上一级目录，但要注意记录当前是什么目录）。

六、简答题

（1）文件按不同的存取方式、数据格式，分别可分为哪些文件？

（2）二进制文件可以是“顺序文件”或是“随机文件”吗？如果可以，请各举一例。

（3）列举文件操作的三个主要步骤，并思考为什么要关闭文件？如果在写文件操作后，未关闭文件可能会产生什么现象？

（4）可用 Write 或 Print 对文本文件进行写操作，请描述两者的区别。通过编程体会写入各种不同数据类型（Integer、Boolean、String、Date）后，文件在数据格式上的差别。

（5）对于已知记录结构的随机文件，如何计算该文件中的记录数？请用函数表达式描述（假设结构变量名为 T，已打开的随机文件号为 1）。

参 考 文 献

[1] 向珏良. 可视化程序设计.NET 教程[M]. 上海：上海交通大学出版社，2013.

[2] 龚沛曾，杨志强，陆慰民，等. Visual Basic.NET 程序设计教程[M]. 2 版. 北京：高等教育出版社，2010.

[3] 郑阿奇，彭作民，崔海源，等. Visual Basic.NET 程序设计教程[M]. 2 版. 北京：机械工业出版社，2011.

[4] 上海市教育考试院. 上海市高等学校计算机等级考试（二级）《Visual Basic.NET 程序设计》考试大纲（2016 年修订）[EB/OL]. https://www.shmeea.edu.cn/.

[5] PAUL VICK P, WISCHIK L. The Microsoft Visual Basic Language Specification Version 11.0[EB/OL]. https://www.microsoft.com/en-us/download/details.aspx?id=15039.

[6] NEWSOME B. Visual Basic .NET 2015 入门经典[M]. 8 版. 李周芳，石磊，译. 北京：清华大学出版社，2016.

[7] HALVORSON M. Microsoft Visual Basic 2010 Step by Step[M]. Washington: Microsoft Press, 2010.